"十四五"职业教育国家规划教材

多媒体技术与应用

（第二版）

主　编　张振宇　周　凯

ZHEJIANG UNIVERSITY PRESS
浙江大学出版社
·杭州·

图书在版编目(CIP)数据

多媒体技术与应用 / 张振宇，周凯主编—2 版
.— 杭州：浙江大学出版社，2022.2(2025.2 重印)
ISBN 978-7-308-22310-2

Ⅰ.①多… Ⅱ.①张…②周… Ⅲ.①多媒体技术
Ⅳ.①TP37

中国版本图书馆 CIP 数据核字(2022)第 015307 号

内容简介

本书主要介绍多媒体技术的基础知识，图形图像、音视频、动画等多媒体作品的创作技能。教材编写遵循现代高职教育教学理念，采用基于工作过程的思维方法，将教学内容的知识、技能培养分解到工作项目之中。全书共 12 单元，36 教学任务，并通过二维码、网站、网盘等新形态提供教学视频及素材资料。

学习任务明确、准备充分、实施具体，学习情境清晰，符合现代高职教育教学理念。适合作为高等院校、高职高专相关课程的教材，也可作为多媒体类培训的教材或参考书。

多媒体技术与应用(第二版)
DUOMEITI JISHU YU YINGYONG
张振宇　周　凯　主编

策划编辑　吴昌雷
责任编辑　吴昌雷　黄娟琴
责任校对　王　波
封面设计　北京春天
出版发行　浙江大学出版社
(杭州市天目山路 148 号　邮政编码 310007)
(网址：http://www.zjupress.com)
排　　版　杭州晨特广告有限公司
印　　刷　浙江新华数码印务有限公司
开　　本　787mm×1092mm　1/16
印　　张　15
字　　数　366 千
版 印 次　2022 年 2 月第 2 版　2025 年 2 月第 4 次印刷
书　　号　ISBN 978-7-308-22310-2
定　　价　49.00 元

前　言

随着科学技术的进步、社会需求的不断变化和专业教学的发展，新版教材从下几个方面进行设计：

党的二十大报告首次提出“加强教材建设和管理”，凸显了教材编写工作在和国家事业发展全局中的重要地位，体现了以习近平同志为核心的党中央对材工作的高度重视和对“尺寸课本、国之大者”的殷切期望。在本次改版中做落实党和国家意志、适应国家战略需求、服务高质量教育体系建设。明确为党人、为国育才的高政治站位。

将课程思政内容引入教材。在充分考虑到知识、项目完整性的基础上，将爱、爱国、诚实、守信等内容安排在多媒体项目之中，将课程思政内容与教学内容机地结合起来，有利于启发学生创新思维和激发学生的学习热情，实现技能教与素质教育并举。

教材编写遵循现代高职教育教学理念，采用基于工作过程的思维方法，将教内容的知识、技能培养分解到工作项目之中，每个项目包括任务要求、知识准、任务实施等生产实际环节，学习任务明确、准备充分、实施具体，学习情境清，符合现代高职教育教学理念。

根据多媒体技术的工作要求，教材除基础知识外设计了图形图像处理、声音频处理、动画设计与制作三部分，软件完全采用最新的版本。教材编写围绕实项目展开，教材共组织 16 个单元，32 个教学任务，每个任务都包括任务要求、识准备、任务实施三部分，每个单元包括知识目标、技能目标、教学任务和课后题等部分，除此之外，我们还设计了拓展内容，以满足学生的不同要求。

教材编写团队由具有多年一线教学和教材编写经验的高职院校教师、企业

高级工程师组成，企业专家和教育管理专家参与，加强产教融合，强化课程思政

教材除了文字教材以外还配有课程学习平台、微课视频、教学内容录像、果展示录像、学生学习资料录像、教学课件、课后练习视频等新形态教学形式，学生可以通过教学平台或手机随时进行学习或与教师交流。

“互联网＋”时代的到来，对教育产生了重大影响，本教材把信息技术与现教育思想融合在一起，使学生获取知识和技能的途径不仅仅局限于书本，也不仅局限于课内时间。学生通过多媒体教室、互联网、手机等现代技术手段可以越时间和空间的限制完成学习任务。

本书由张振宇、周凯担任主编，袁国兴、梅林担任副主编，在编写过程中得了部分企业专家和同行教师的大力支持，在此表示感谢。

由于多媒体技术是一门年轻的新兴学科，新方法、新技术不断涌现，加之者水平有限，书中难免存在疏漏之处，敬请广大读者批评指正。

目　录

单元 1

走进多媒体世界

知识教学目标

- 掌握多媒体技术的应用领域；
- 掌握常用的多媒体处理软件和多媒体创作软件；
- 理解多媒体的定义、类型和主要特性；
- 了解多媒体的发展历史、发展现状和未来的发展趋势。

技能培养目标

- 能使用 Windows 自带的录音机录制声音文件；
- 能在网上查阅多媒体相关资料；
- 能上网下载多媒体素材。

任务 1.1　初识多媒体

1.1.1　多媒体的定义

在了解"多媒体"这个概念之前，先要了解一下媒体。在多媒体技术中，媒体(Media)是个重要的概念。什么是媒体呢？媒体是信息表示和传输的载体。它具有两层含义：一层义是指信息的物理载体(即信息的存储和传递的实体)，如书本、挂图、磁盘、光盘、磁带以一些相关的播放设备等；另一层含义是指信息的表现形式(或称传播形式)，如文字、图形像、视频、音频和动画等。在多媒体技术中所说的媒体，通常是指后者。那么什么是多媒呢？到目前为止，关于多媒体尚没有严格的定义。1990 年 2 月，利平科特(Lippincott)和宾逊(Robinson)在字节(*Byte*)杂志上发表文章，给出了不太严格的定义，将多媒体的概念纳为：计算机交互式综合处理多媒体信息——文本、图形、图像和声音，使多种信息建立辑连接集成为一个系统并具有交互性。由此可知，多媒体被定义为一个具有交互性的集系统——多媒体系统。目前人们比较认同的观点是：多媒体是指能够同时获取、处理、编、存储和显示两个及以上不同类型的信息媒体的技术。这些信息媒体包括文字、声音、图、图像、动画和活动影像等。今天我们之所以拥有处理多媒体信息的能力，使"多媒体"成为一种现实，是因为计算机技术和数字信息处理技术的飞速发展。因此，现在所谓的“多体”并不是指多媒体本身，而主要是指处理和应用多媒体的一整套技术系统。

综上所述，可以这样理解多媒体的概念：多媒体是指多种媒体（文本、图形、图像、动和声音等）的有机组合，通过计算机可对其进行综合处理和控制，能支持完成一系列交互操作。

其中，特别强调以下几点：

(1) 多种媒体的有机组合是指各种媒体之间要有一定的内在逻辑关系，并不是多种体的简单复合。

(2) 要以计算机为中心，因为多媒体技术本身是基于计算机技术基础的。

(3) 具有一定的交互性，强调人在信息传递过程中的主动性和人机之间的交互性。

1.1.2 多媒体的类型

现代科技的发展大大地方便了人与人之间的交流与沟通，也给媒体赋予了许多新的涵。国际电报电话咨询委员会[CCITT，已被国际电信联盟(ITU)取代]曾对媒体做了如分类。

1. 感觉媒体

感觉媒体(Perception Medium)指能直接作用于人的感官，使人能直接产生感觉的类媒体，如语言、音乐、自然界的各种声音、图形、图像、动画、文字和符号等都属于感媒体。

2. 表示媒体

表示媒体(Representation Medium)是为了加工、处理和传输感觉媒体而人为研究构出来的一种媒体。此种媒体的作用是可以更加有效地存储、加工和处理感觉媒体，以便将觉媒体从一地传送到另一地，如语言编码、电报码和条形码等。

3. 显示(表现)媒体

显示(表现)媒体(Presentation Medium)是用于通信中，使电信号和感觉媒体之间产转换所用的媒体，如键盘、鼠标、显示器、打印机、话筒和扫描仪等。

4. 存储媒体

存储媒体(Storage Media)是用于存放表示媒体(感觉媒体转换后的代码等数据)，以计算机随时处理、加工和调用信息编码，如硬盘、优盘、软盘、光盘等。

5. 传输媒体

传输媒体(Transmission Medium)是用于将媒体从一处传送到另一处的物理载体，它通信的信息载体，如同轴电缆、光纤和电话线等。

但在多媒体技术中，我们所说的媒体一般是指感觉媒体。

1.1.3 多媒体技术的主要特性

多媒体技术具有以下8个主要特征。

1. 集成性

能够对各种类型的多媒体信息进行统一化储存与传输，结合高度集成的网络平台、管流、硬件设备等进行便利的读取、浏览和更新。

2. 控制性

多媒体技术是以计算机为中心，综合处理和控制多媒体信息，并按人的要求以多种媒体式表现出来，同时作用于人的多种感官。

3. 交互性

交互性是多媒体应用有别于传统信息交流媒体的主要特点之一。传统信息交流媒体只单向地、被动地传播信息，而多媒体技术则可以实现人对信息的主动选择和控制。

4. 非线性

多媒体技术的非线性特点将改变人们传统循序性的读写模式。以往人们读写方式大都用章、节、页的框架，循序渐进地获取知识，而多媒体技术将借助超文本链接（Hyper Text k）的方法，把内容以一种更灵活、更具变化的方式呈现给读者。

5. 实时性

当用户给出操作命令时，相应的多媒体信息都能够得到实时控制。

6. 互动性

它可以形成人与机器、人与人及机器间的互动、互相交流的操作环境及身临其境的场人们根据需要进行控制。人机相互交流是多媒体最大的特点。

7. 信息使用的方便性

用户可以按照自己的需要、兴趣、任务要求、偏爱和认知特点来使用信息，任取图、文、声信息表现形式。

8. 信息结构的动态性

“多媒体是一部永远读不完的书”，用户可以按照自己的目的和认知特征重新组织信息，加、删除或修改节点，重新建立链接。

(1) 传统媒体处理的信息基本上是模拟信号，而多媒体所处理的信息都是数字化信号。

(2) 传统媒体只能让人们被动地接受信息，而多媒体则提供一个友好交互界面，让人们接受信息时进行主动交互。

任务 1.2 了解多媒体技术的应用领域

随着多媒体技术的飞速发展，多媒体计算机已经和人们朝夕相伴。作为一种新型媒体，媒体正使人们的学习方式、工作方式和生活方式发生巨大的变化。随着计算机的全面普多媒体已逐渐渗透到各个领域。在文化教育、技术培训、电子图书、旅游娱乐、商业及家等方面，已如潮水般地出现了大量以多媒体技术为核心的多媒体产品，且备受用户的欢

多媒体之所以能博得用户如此厚爱，其原因是它能使图片、动画、视频片段、音乐以及解等多种媒体统一为有机体，将内容生动地展现给用户，并使用户自始至终处于主导地位，接近人们自然的信息交流方式和心理需求。

1. 教育领域

目前在国内，多媒体在教育领域中的应用已经十分广泛，这是近年来在教育界取得的最进步之一。学校的教师通过多媒体可以非常形象、直观、生动、活泼地讲述清楚一些难以

描述的内容,而且学生也可以更形象地去理解和掌握相应的教学内容。学生还可以通过媒体进行自学、自考等。教育领域是最适合用多媒体进行辅助教学的领域。多媒体的辅和参与将使教育发生一场质的革命,其对教育的影响体现在教材、教学模式、教育观念、教机构、教育工作、远距离教育等方面。

2. 商业应用

在商业和公共服务中,多媒体正扮演着一个重要的角色。互动多媒体正越来越多地担着向客户、职员和大众发布信息的任务。它以一种新方式来进行传达信息和销售等活同时还能提高机构办事效率和用户的使用乐趣。我们可以在越来越多的地方,如商场导系统、电子商场、网上购物和辅助设计等领域应用多媒体技术。

3. 家庭娱乐

在现代家庭中,人们随处可见多媒体的应用痕迹,如家庭电子影集、家庭影院、游戏和子旅游等。利用多媒体,人们不仅可以记录美好难忘的瞬间,把事情的全过程制作CD-ROM(只读碟),以便作为自己美好的回忆,还可以使用电子游戏来丰富生活,提高力,体验各种人生的乐趣。

4. 网络通信

随着网络的不断发展与健全,多媒体在网络中的应用已悄然兴起。用户不出家门就享受多媒体给他们带来的方便。如以多媒体为主体的综合医疗信息系统,可以使大众在里之遥享受到名医为自己精心诊断,充分改善了大众的医疗状况。再如视频会议系统,可使广大异地与会者在繁忙的工作中准时出席,通过摄像头、监视器等多媒体技术,让每一与会者具有身临其境的感觉。还有视频点播(VOD)系统、视频购物系统等服务系统,它的发展前景也是相当乐观的。当然,随着互联网的普及和电话线路带宽的改进,多媒体技在互联网上越来越普及,一个有声音、动态的页面比静态的只有文字和图片的页面更能引网民的注意,更具吸引力。

5. 计算机支持协作系统

1) 计算机支持协作学习

这是基于网络多媒体进行的群体或小组形式的学习,强调通过网络和计算机支持学与同伴之间的交互活动。学者可以突破地域和时间限制,与同伴进行互教、讨论交流、课活动或协作完成某一课题等。目前,许多学校已建立自己的校园网和计算机网络教室,为算机支持协作学习提供了实现条件。

2) 计算机支持协同工作

计算机支持的协同工作是指在网络上利用计算机支持群体成员间进行协同工作,以同完成某项任务,并为他们提供一个共享环境的界面。多媒体通信技术和分布式计算机术相结合所组成的分布式多媒体计算机系统能够支持远程协同工作,其环境支持用户存时间和空间的差异,工作者之间的交互可以同步进行,也可以异步进行。如各医学专家通计算机支持协作系统异地会诊,科研专家通过计算机支持协作系统共同做课题研究等。同工作关系见表 1.1。

初识多媒体教学视频

表 1.1 协同工作关系

地点方面	时间方面	
	同时(Same Time)	异时(Different Time)
地(Same Place)	集中式,在线式,通常是面对面并在同一地点中进行的交互	异步对话,通常是同一地点不同时间的交互
地(Different Place)	同步分布式,通常是通过计算机网络进行远程实时的交互	异步分布式,通常是通过电子邮件等因特网手段的交互

任务 1.3 了解多媒体技术的发展过程

多媒体计算机系统是一个不断发展与完善的系统,在不同历史时期,其特定的含义也不样。随着微电子和数字化技术的进一步发展,多媒体又被赋予许多新的内涵。下面来介一下多媒体技术发展的全过程。

1.3.1 多媒体技术的发展历史

多媒体技术在 X86 时代初露端倪。如果真的要从硬件上来印证多媒体技术全面发展的间的话,准确地说应该是在个人计算机(PC)上第一块声卡出现后。在没有声卡之前,显就已经出现,至少显示芯片已经出现了。显示芯片的出现自然标志着计算机已经初具处图像的能力,但是这不能说明当时的计算机可以发展多媒体技术。20 世纪 80 年代声卡的现,不仅标志着计算机具备了音频处理能力,也标志着计算机的发展终于进入了一个崭新阶段——多媒体技术发展阶段。

1984 年美国苹果(Apple)公司在研制 Macintosh 计算机时,创造性地使用了位映射itmap)、窗口(Window)和图标(Icon)等技术。这些技术跨越式地增加了计算机的图形处功能,很大程度上改善了人机交互界面,备受用户欢迎。与此同时,鼠标问世并成为实现机交互的纽带。

1985 年,微软(Microsoft)公司推出了 Windows 系统,它是一个多层窗口多任务的图形作系统,为实现人机友好交互提供了环境。同年,美国 Commodore 公司推出了世界上第台多媒体计算机 Amiga。

1986 年,荷兰飞利浦(Philips)公司和日本的索尼(Sony)公司联合推出了 CD-I(交互式奏光盘系统),同时公布了该系统所采用的 CD-ROM 光盘的数据格式。这对大容量存储备光盘的发展产生了巨大的影响,并通过国际标准化组织(ISO)认可成为国际标准,是集字、图像、声音和视频等高质量数字化媒体为一体的多媒体系统。

1988 年,运动图像专家组(Moving Picture Expert Group,MPEG)的建立又对多媒体技术的发展起到了推波助澜的作用。进入 20 世纪 90 年代后,随着硬件技术的提高,自 80486 处理器推出以后,多媒体时代终于到来。

自 20 世纪 80 年代之后,多媒体技术发展之快可谓是让人惊叹不已。不过,无论在技上多么复杂,在发展上多么混乱,但是似乎有两条主线可循:一条是视频技术的发展;

另一条是音频技术的发展。从 AVI 出现开始,视频技术进入了蓬勃发展时期。这个时内的三次高潮主导者分别是 AVI、Stream(流格式)以及 MPEG。AVI 的出现无异于为算机视频存储奠定了一个标准,而 Stream 使得网络传播视频成了非常轻松的事情,MP则是将计算机视频应用进行了最大化的普及。而音频技术的发展大致经历了两个阶一个是以单机为主的 WAV 和 MIDI 阶段;另一个就是随后出现的以形形色色的网络音压缩技术为标志的阶段。

20 世纪 90 年代以后,专家相继对多媒体工具、媒体同步、超媒体、视频应用、压缩与编和通信协议等技术做了广泛的研究与攻关。

从 PC 喇叭到创新声卡,再到目前丰富的多媒体应用,多媒体正在改变我们生活的方面面,逐步走进千家万户。

1.3.2 多媒体技术发展现状和技术特点

1. 多媒体技术的发展现状

多媒体计算机技术是面向三维图形、环绕立体声、彩色和全屏幕运动画面的处理技而数字计算机面临的是数值、文字、语言、音乐、图形、图像、动画视频等多种媒体的问题承载着由模拟量转化成数字量信息的吞吐、存储和运输。数字化了的视频和音频信号的量之大是非常惊人的,它给存储器的存储容量、通信干线的信道传输率以及计算机的速度增加了极大的压力,特别是近年来虚拟现实(VR)技术的应用使这个矛盾更加突出。要解这一问题,单纯用扩大存储器容量、增加通信干线的传输率的办法是不现实的。网络、有无线通信系统的迅猛发展,交互式计算机和交互性电视技术的普遍应用,以及视频、音频据综合服务等应用的发展趋势,对计算机多媒体数据压缩编码、解码技术及其遵循的标准出了更多、更高的要求。同时,由于信息的种类也愈趋丰富,例如静态图像、图形、3D 模音频、视频以及最普遍的多媒体数据等,面对海量的多媒体信息,传统的基于关键词或文的检索方法已不能满足人们对于多媒体信息获取的需求,对多媒体信息进行组织、建库到快速、有效的检索,成为信息时代人们亟待解决的问题。MPEG-7 正是在这种背景下运而生的。

2. 现代多媒体技术的技术特点

(1) 多样性。它是指计算机所能处理的范围从单一传统的数值、文字、静止图像,扩到文本、图形、图像、动画、音频和视频影像等多种信息。

(2) 交互性。它是多媒体技术最重要的特性之一,即与用户能有人机对话交互作用户可以操纵和控制多媒体信息,能自由获取和使用信息,借助这种人机对话方式沟通和习,从而达到解决实际问题的目的。

(3) 集成性。它是指计算机能以多种不同的信息形式综合地表现某个内容。多媒体技是建立在数字处理的基础上,而将文字、声音、图形、图像、动画、音频和视频等多种媒体集于体的应用,具有多种技术的系统集成性,基本上包含了当今计算机领域内最新的软、硬件技术

1.3.3 多媒体未来的发展趋势

世界正迈向数字化、网络化、全球一体化的信息时代,信息技术将渗透到人类社会的

面面,其中网络技术和多媒体技术是促进信息社会全面发展的关键技术。在以互联网nternet)为代表的通信网上提供的多种多媒体业务会给信息社会带来深远影响,同时令多异地互联的多媒体计算机协同工作,更好地实现信息共享,提高工作效率。这种协同工作境代表了多媒体应用的发展趋势。

受益于大宽带网络的普及和移动端用户的爆炸式增长,多媒体技术的应用不再局限于些传统的专业领域,而是深入到电子商务、科研设计、企业管理、办公自动化、远程教育、远医疗、检索咨询、文化娱乐、自动测控等领域。

1) 多媒体的网络发展趋势

受益于大宽带网络的普及和移动端用户的爆炸式增长,多媒体技术的应用不再局限于些传统的专业领域,而是深入到电子商务、科研设计、企业管理、办公自动化、远程教育、远医疗、检索咨询,文化娱乐、自动测控等领域。

多媒体技术的发展将使多媒体计算机形成更完善的计算机支撑的协同工作环境,消除间距离和时间距离的障碍,为人类提供更完善的信息服务。交互的、动态的多媒体技术能在网络环境创建出更加生动逼真的二维与三维场景。多媒体交互技术的发展,使多媒体术在模式识别、全息图像、自然语言理解和新的传感技术等基础上,利用人的多种感觉通和动作通道,通过数据手套和跟踪手语信息,提取特定人的面部特征,合成面部动作和表,以并行和非常精确的方式与计算机系统进行交互。

2) 多媒体技术的部件化、智能化和嵌入化发展趋势

随着计算机软硬件系统的发展,多媒体技术也出现了各自专门的终端设备。这些设备大数据、人工智能的支持之下,也实现了更高的智能化。各自嵌入式多媒体终端配合定制控制系统应用在人们工作和生活的各个方面:比如工业控制领域的智能工控设备,家庭域的网络数字机顶盒、数字电视、安防系统、智能家电等。同时在医疗设备、办公设备、智手机、车载导航、休闲娱乐等方面有着更高的专业化应用。比如人们去无人超市购物,顾选好商品后,只要扫码结算,刷脸支付,整个购物过程非常轻松便利。因此多媒体终端的能化和嵌入化具有很大的发展前景,其用途非常广泛,将促使人类更快的迈进信息化会。

1.3.4 多媒体技术的最新突破

1. 摄影摄像(Photo & Video)

实拍一直是多媒体领域最常见也是最不可替代的媒体素材获取方式,在这项技术的发展历程中也衍生出了许多的风格和技法,随着科技的进步,摄影摄像的技术革新一直走在技革命的前沿。

1) 微距拍摄

微距,特别适合用来展示被摄物体的细节,比如小昆虫的五官,花蕊上的露水,冰霜上的本结构等。通常来讲人眼最近对焦距离是 15cm,小于这个距离就无法看清,而专业的光矫正镜头按照近距离拍摄需求进行设计,可以拍摄出一个极端的近景视图,可以得到肉眼去看到的细节。这种技术应用在产品广告中时,展示产品的局部细节时可以让画面更有感。为了实现这种拍摄效果,市面上也出现了越来越多的微距镜头。近两年比较经典的

一个就是 LAOWA24mm 镜头，由于它独特的形状它可以到达普通镜头无法企及的位置，位更加独特。

2）升格拍摄

升格拍摄无疑是让视频表现提升几个档次的常用手段之一，电影的标准帧速率是 24 每秒，但是为了实现升格就需要用高于 24 帧每秒的帧频进行拍摄，当这种视频以 24 帧每的速度播放时就能呈现一种高清的“慢动作”。现有的升格拍摄帧数基本上分为 30 帧、帧、120 帧、240 帧，影视和特殊拍摄中甚至能达到更高。由于肉眼观察高速运动物体是有制的，在拍摄高速运动的物体时，利用升格将画面播放速度变慢便可以更好地观察到物体速运动时的状态。升格拍摄也大量应用于商业广告和视频日志（Vlog）、短视频等领域。

3）无人机航拍

航拍一直以来都是一个不可或缺的拍摄手法，在很多的电影以及广告宣传片当中我都可以看到不少大范围的运镜片段，天空中的俯视视角，不但能完美展示宽阔宏大的场还可以增加不少高级感。

如今随着无人机的民用化推广，市面上出现了大量的航拍无人机，让普通人也可以在空拍出想要的风景。加上如今 4G 和 5G 技术的发展，短视频的流行，令网络上的自媒体也拥有了更好的展现自己作品的平台，这些拍摄技术的推广让自媒体人可以更好地进行作，而不会总是受限于技术。

4）高质量色彩呈现

在大多数专业和专业消费级相机中，通过 LOG 配置文件，可以进行 LOG 模式拍LOG 模式的颜色看起来非常平均，因为这样可以最大程度地减少截取捕获的高光或阴这使得输出的视频几乎没法直接使用，需要对其进行编辑。它的优点在于，以输出高比溶的视频方式来调整颜色和对比度（对其进行分级），从而可以得到自己想要的视频颜色风格

LOG 指的是数学上的曲线函数，并不是一个独立的拍摄风格，而是风格用上了 LOG 数转换，在这个模式下我们可以看到无论是明处或暗部 LOG 都将细节保留了下来，在这基础之上调出我们想要的颜色才能得到一个更加清晰的图像。在数据图当中我们也可以到 LOG 模式下所有的颜色数据都处于中间值，不会有过度夸张的位置，编辑之后的图像有颜色的明暗都区分开来了，也形成了自己想要的色调。

2. 视频动画（Animation）

纵观整个互联网设计行业发展史，计算机图形技术一直在影响着设计。

1）高效和高质量输出

在计算机图形输出里，最终效果呈现靠的是图像渲染（Renderding），渲染又分离线渲和实时渲染，追求高效时多采用实时渲染，追求高质量则是采用离线渲染。所谓实时渲就是图形数据的实时计算和输出。在游戏中，因为需要实现与玩家的快速互动，因而对渲的实时性有很高的要求。随着计算机图形技术的不断发展、硬件计算能力的不断升级，游实时渲染的画面逐渐从简陋走向逼真。离线渲染大概的流程需要经过模型—场景—绑定材质—灯光—特效—合成—输出，多用于广告和影视之中。离线渲染对时间往往没有很端的要求，用接近现实的光线跟踪算法技术，设置很高的采样值和迭代次数，就如阿凡达一帧画面需要渲染几十个小时以上，只要画面质量够真实，这些时间成本都可以被容忍。

2020年5月13号，虚幻引擎(Unreal engine)公司的官网发布了Unreal Engine 5并带了两大全新核心技术：纳米粒子(Nanite)和管腔(Lumen)。Nanite提供的虚拟微多边形何体可以让美术师们创建出人眼所能看到的一切几何体细节。它的出现意味着由数以亿的多边形组成的影视级美术作品可以被直接导入虚幻引擎。Lumen是一套全动态全局照解决方案，能够对场景和光照变化做出实时反应，且无需专门的光线追踪硬件。该系统在宏大而精细的场景中渲染间接镜面反射和可以无限反弹的漫反射；小到毫米级、大到千级，Lumen都能支持。美术师和设计师们可以使用Lumen创建出更动态更逼真的场景。两大功能可以让实时渲染更接近影视级渲染，并简化了复杂的工作流程，让创造变得更简，必将促进CG行业的高速发展。

2）更真实的自然质感

随着软件和硬件技术的高速发展，为了能够更加真实地模拟自然的运动规律和真实的感，像工业光魔、迪士尼、皮克斯这些影视公司都会建立独立的R&D(Research and velopment研究与开发)部门。这个部门的艺术家们会对某个产品的材质和物理学等多方进行研究，并用三维特效软件(houdini C4D等)视觉化出来。最近几年随着三维技术进步化，更多的人加入这个行业，个人R&D艺术家也大量地出现在网络社交平台上。他们的务对象不只是影视动画，还有广告、汽车、消费品等行业。在广大R&D艺术家的共同努下，特性视频的画面趋向更为克制的颜色呈现。在一些品牌广告短片中，使产品的属性与象的自然属性相结合，使用相似的自然形态去表现产品的特性，突显产品的特点。

3）突破传统建模方式

通过使用VR设备进行环境建模工作，突破传统的建模方式，极大地提高了工作效率。

4）2D与3D的结合

随着大量优秀的三维影视作品的出现，人们对于手绘等真实朴实的质感又有了新的追，各类动画的制作方式得到了不断优化和流程上的整合，在软件使用上也多了更多选择，得动画的呈现方式趋向于多种形式结合。例如常见的3D的场景和镜头运动搭配2D的色动画，使用非常流畅的镜头运动和丰富细致的3D场景，而视觉表现上保留传统2D动的一些特性，两者结合形成的一种新奇动画语言，在未来还会继续流行。

任务1.4 熟知多媒体集成工具

在多媒体应用当中，其素材主要是文本、声音、静止图像、动画和视频等种类。在制作的程中，现存的素材不可能都令我们满意，此时就需要对其进行编辑与处理，使其尽量符合求。那么，需要用哪些工具来处理多媒体信息呢？要创作出多媒体优秀作品又需要哪些具呢？这正是本节所要讲的内容。下面就来对多媒体集成工具进行简单的介绍。

1.4.1 多媒体处理软件

1. 声音的处理软件

常见的声音处理软件有以下几个。

1) Windows自带的录音机

用户可以执行如下操作启动该软件：选择“开始”→“所有程序”→“附件”→“娱乐
“录音机”选项。这个应用程序就像一台录音机，可以将存储的声音文件播放出来，还可以
声音文件进行音效编辑，如回音、混音、插入声音片段等。当然其最常用的功能就是进行
置录音。

2) Wave Studio 软件

Wave Studio 是 Creative Labs 公司的产品，它运行在 Windows 环境下，具有易于使用的
点，是一种功能强大的应用软件。它具有录音、播放和编辑较高音质(CD 音质)波形数据的
力，配以各种特殊效果的应用，可以增强波形文件的听觉效果，如可以对声音追加反向、回音
效果。此外，它还支持对多个波形文件同时进行编辑，使编辑波形文件的过程简单化。

3) 闪电音频剪辑软件

闪电音频剪辑软件是一款多功能的音乐音频编辑软件，提供了剪切、复制、粘贴、插入
频、添加效果等多种编辑功能，支持的常见音视频音乐格式有：mp3、mp2、ogg、flac、m
wav、amr、ac3、wma、aiff、aifc、caf、m4r、aac、wv、mmf、ape、amr、au、voc、3gp、avi、flv、m
mov、mp4、mpg、swf、wmv，是一款非常适合初级用户的音频编辑工具

4) WinDAC32 软件

WinDAC32 是 Windows 窗口下抓音轨的工具，其特点是速度快，且可连续抓多个音
还可让用户外挂 L3enc. exe 或是配合 MPEG Layer-3 Audio Codec(professional)直接
CD 转成 MP3。

当然，声音处理软件有很多，除上述以外，还有 Goldwave、AudioEditor、Wavedit、C
Edit、Premiere 等软件，都可以对声音进行理想的编辑操作。它们都有各自的特点，用户
以根据自己的兴趣进行选用，这里就不一一介绍了。

2. 图形图像处理软件

图像是多媒体软件中极其重要的信息表现形式之一，是决定一个多媒体软件视觉效
的关键因素。图像也是信息容量较大的一种信息表达方式，它可以将复杂和抽象的信息
常直观形象地表达出来，有助于用户理解内容、解释观念或现象，是常用的媒体元素。运
图像表述事物信息，可根据具体内容，采用客观真实的实物图，这样既可以在最短的时间
传递更多的信息，又可以使界面精致而美观。然而，并不是一切现有图像都能符合我们的
要，因此必须对其进行修改与处理，使其为己所用。图形图像处理软件有很多，下面介绍
种最为常见的图像处理软件。

1) Adobe Photoshop 软件

Photoshop 是一个功能全面的图像修饰、图像编辑以及彩色绘图功能的软件，由美
Adobe 公司推出，是目前世界上非常著名、应用极为广泛的图形图像处理软件之一。它拥
了强大的有关图片处理的功能，是进行图像处理、创意设计的好帮手。它除了可以用来对
像进行各种编辑处理外，还可以对图像进行修补与修复；图形设计者还可以利用它来创造
许多不同的场景和作品。利用此软件所提供的多种滤镜效果、路径、蒙版与通道菜单，用
可以轻松地给图像追加各种艺术效果。另外，用户还可以执行该软件中的“图像”→“调
命令，对那些存在曝光不足、亮度不够、严重偏色的图像进行校正。用此软件处理的图像

R存的文件格式有 PSD、JPEG、BMP、GIF、PDF 和 PNG 等，其中 PSD 格式是 Photoshop 标准格式。

Photoshop 作为一种优秀的图形图像处理软件，在平面设计、图像处理、艺术文字、绘建筑效果图后期修饰、处理三维贴图等工作领域都有广泛的应用。

2) Adobe Fireworks 软件

Fireworks 主要应用于图像处理，可与 Dreamweaver 紧密结合，将处理的图像插入 amweaver 中，其处理后的图像通过切片，可被分成若干个单元图像，以便在网页浏览时速下载。只要将 Dreamweaver 的默认图像编辑器设为 Fireworks，那么在 Fireworks 里修的文件将立即在 Dreamweaver 里更新。Fireworks 的另一个功能是可以在同一文本框里变单个字的颜色。当然，Fireworks 可以引用所有 Photoshop 的滤镜，并且可以直接导入 D 格式图片。Fireworks 用于图像处理，相当于结合了 Photoshop（处理点阵图）以及 elDRAW（绘制向量图）的功能。而且 Fireworks 支持网页十六进制的色彩模式，提供安色盘的使用和转换。用户若想要切割图形，做影像对应（ImageMap）、背景透明，使图像又又漂亮，在 Fireworks 中做起来都非常方便。用 Fireworks 修改图形也很容易，不需要再打开 Photoshop 和 CorelDRAW 等各类软件进行切换。

3) CorelDRAW 软件

CorelDRAW 是一款由加拿大渥太华的 Corel 公司开发的矢量图型编辑软件。最初 elDRAW 被开发运行于 Windows 版，数年后 Macintosh 版也随之发布。你能够在任何要制作矢量图形的地方使用到它，例如简报彩页、手册、产品包装、标识、网页等。elDRAW 是形象化的图形设计应用软件，致力于达到当下技术水平下专业设计师建立包印刷或 Web 广告宣传或附着物时的要求。CorelDRAW 提供的智慧型绘图工具以及新的态向导可以充分降低用户的操控难度，允许用户更加容易精确地创建物体的尺寸和位置，少点击步骤，节省设计时间。

4) Adobe Illustrator 软件

作为一款优秀的图片处理工具，Illustrator 被广泛应用于印刷出版、专业插画、多媒体图像理和互联网页面的制作等，也可以为线稿提供较高的精度和控制，适合生产任何小型设计到型的复杂项目。Illustrator 提供了一些相当典型的矢量图形工具，诸如三维原型工具、多边和样条曲线工具等，提供了丰富的像素描绘功能以及顺畅灵活的矢量图编辑功能，能够快速建设计工作流程。借助 Expression Design，可以为屏幕、网页或打印产品创建复杂的设计和形元素。它支持许多矢量图形处理功能，拥有很多拥护者，也经历了时间的考验。Illustrator 最大特征在于贝塞尔曲线的使用，使得操作简单、功能强大的矢量绘图成为可能。它还集成字处理、上色等功能，不仅在插图制作方面，而且在印刷制品（如广告传单、小册子）设计制作面也被广泛使用，它事实上已经成为桌面出版（DTP）业界的默认标准。

1.4.2 多媒体创作软件

1. 视频编辑软件 Adobe Premiere

对多媒体应用系统的开发者来说，将模拟视频信号进行数字化采样后，还应对视频文件行编辑或加工，然后才能在多媒体应用系统中使用。因此，视频处理是多媒体应用系统创作过程中不可缺少的环节。目前最常用的视频处理软件就是 Adobe Premiere。Ad Premiere 是 Adobe System 公司推出的一种专业化数字视频处理软件，它可以配合多种硬进行视频捕获和输出，并提供各种精确的视频编辑工具，能产生电视级质量的视频文件能为多媒体应用系统增添精彩的创意效果。其基本功能有如下几点：

（1）将多种媒体数据综合处理为一个视频文件。

（2）具有多种活动图像的特技处理功能。

（3）可以配音或叠加文字和图像。

（4）可以实时采集视频信号，采集精度取决于视频采集卡和计算机的性能，其主要的据文件格式为 AVI。

2. 手机视频剪辑软件剪映

剪映是抖音官方推出的一款手机视频编辑剪辑应用。带有全面的剪辑功能，支持变有多样滤镜和美颜的效果，有丰富的曲库资源。自 2021 年 2 月起，剪映支持在手机移动 Pad 端、Mac 电脑、Windows 电脑全终端使用。

1）软件亮点

“剪辑黑科技”支持色度抠图、曲线变速、视频防抖、图文成片等高阶功能；

“简单好用”切割变速倒放，功能简单易学，留下每个精彩瞬间；

“素材丰富”精致好看的贴纸和字体，给视频加点乐趣；

“海量曲库”抖音独家曲库，让视频更“声”动；

“高级好看”专业风格滤镜，一键轻松美颜，让生活一秒变大片；

“免费教程”创作学院提供海量课程免费学，边学边剪易上手。

主要功能

视频编辑剪辑：

“切割”快速自由分割视频，一键剪切视频；

“变速”0.2 倍至 4 倍，节奏快慢自由掌控；

“倒放”时间倒流，感受不一样的视频；

“画布”多种比例和颜色随心切换；

“转场”支持交叉互溶、闪黑、擦除等多种效果；

“贴纸”独家设计手绘贴纸，总有一款适合你的小心情；

“字体”多种风格字体，字幕，标题任你选；

“曲库”海量音乐曲库，独家抖音歌曲；

“变声”一秒变“声”萝莉、大叔、怪物；

“一键同步”抖音收藏的音乐，轻松 get 抖音潮流音乐；

“滤镜”多种高级专业的风格滤镜，让视频不再单调；

“美颜”智能识别脸型，定制独家专属美颜方案。

3. Adobe Flash 软件

Flash 是一种用于制作和编辑动画和电影的软件。用它可以制作出一种扩展名为 swf”格式的动画文件，这种文件可以插入到 HTML 文档中，也可以单独成为网页。用此件不但能够制作出一般的动画，而且可以制作出带有背景声音，具有较强的交互性能的。其最大的优点是文件所占的空间小，特别有利于在网上传输。目前，它已成为网络动画标准格式，是发布网络多媒体的首选动态网页设计工具。它还应用于交互式多媒体软件发，不但可以在专业级的多媒体制作软件 Authorware 和 Director 中导入使用，而且还可独立地制作多媒体演示、多媒体教学软件等，它代表着多媒体在网上发展的方向。

目前，其主要应用领域为：网页动画和网络动画广告制作，动画 MTV 制作（主要在网上输），制作一个具有观赏性和宣传性的网页和制作多媒体作品（课件、游戏等）等。当然，它时也可以用来画图和对图像进行处理。它也是集多种媒体信息为一体的多媒体创作软件之一。

4. 3DS MAX 软件

由 Autodesk 公司推出的 3DS MAX 三维动画制作软件，功能非常强大，在影视广告、筑装潢、机械制造、生化研究、军事科技、医学治疗、教育娱乐、电脑游戏、抽象艺术和事分析等专业三维动画设计及影视创作方面都有广泛应用。其标准文件格式的扩展名为3ds"，是集多种媒体信息为一体的三维平面的多媒体开发工具。

任务1.5 学会采集图像

1.5.1 图像的基本概念

1. 图像

图像一般是指自然界中的客观景物通过某种系统的映射，使人们产生视觉感受的实物像，如照片、图片等。在计算机中，图像是用像素点进行描述的，是一组数据的集合。有序列的像素点表达了自然景物的形象和色彩，图像的每个像素点采用若干个二进制位进行述，因此，图像又被称为"位图"，其形式如图 1.1 所示。

图 1.1 图像

2. 图形

图形是指计算机在平面直角坐标系和空间坐标系中，通过对运算表达式进行矢量运算对坐标数据进行描述而形成的运算结果，由具有方向和长度的矢量线段构成。图形的描使用坐标数据、运算关系以及颜色描述数据，因此，图形又被称为"矢量图"，如图 1.2示。

图像和图形除了在构成原理上的区别外，还有以下不同：

（1）表示图像的数据量相对图形要大很多。

（2）图像的像素点之间没有内在联系，在放大和缩小时，部分像素点数据被丢失或被重复添加，导致图像的清晰度受影响；而图形由运算关系支配，放大和缩小不会影响图形的种特征。

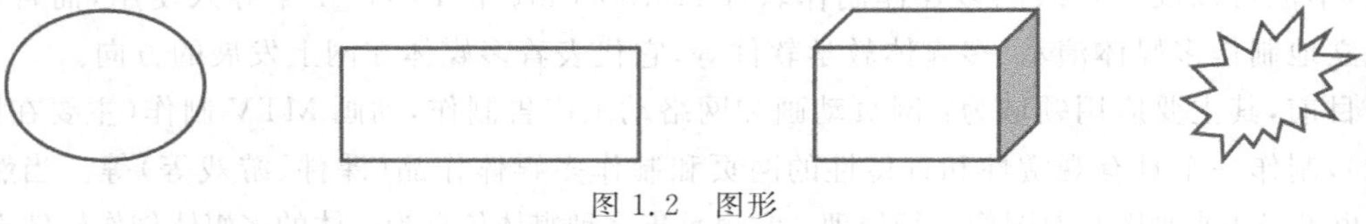

图 1.2　图形

(3) 图像的表现能力强，层次和色彩较丰富；图形则适合表现曲线和简单的图案。

3. 图像的描述

描述一幅图像主要有分辨率、像素深度和真/伪彩色等。

(1) 图像分辨率是指组成一幅图像的像素密度的度量方法。对同样大小的一幅图果组成该图的图像像素数目越多，则图像的分辨率越高，看起来就越逼真；相反，图像显得粗糙。图像显示分辨率的单位是 dpi(Display Pixels/Inch)，即每英寸(in)(1 英寸＝2.54米)显示的像素点数。例如，某图像的分辨率为 300dpi，则该图像的像素点密度为 300 个每英寸，这就是说一幅 1 英寸×1 英寸的位图图像上共有 300×300 个像素点。为了方便算，常用图像长和宽方向上的像素点表示图像的分辨率，如 320×240、600×600 等。dpi数值越大，像素点密度越高，对图像的表现力越强，图像越清晰。

(2) 度是指存储每个像素所用的位数，它也用来度量图像的分辨率。像素深度决彩色图像的每个像素可能有的颜色数，或者确定灰度图像的每个像素可能有的灰度级例如，一幅彩色图像的每个像素用红、绿、蓝(R、G、B)三个分量表示，若每个分量用 8那么一个像素要用 24 位表示，即像素深度为 24，每个像素可以是 2^{24}＝16777216 种颜中的一种。因此，一个像素的位数越多，它能表达的颜色数目就越多，它的深度就越深。

(3) 彩色是指在组成一幅彩色图像的每个像素值中包含有各种不同的色调、亮度和和度。如果组成图像的每个像素值都有 R、G、B 三个基色分量，每个基色分量直接决定显设备的基色强度，这样产生的彩色称为真彩色。

如果每个像素的颜色不是由每个基色分量的数值直接决定的，而是把像素值作为彩查找表的表项入口地址，去查找一个显示图像时使用的 R、G、B 值，那么用查找出的 R、C值产生的彩色称为伪彩色。

组成彩色图像的三基色按照一定比例混合，可产生无穷多的颜色，用以表达色彩丰富图像。对于显示器来说，三基色的叠加，将产生如图 1.3 所示的色彩效果。

1.5.2　图像文件格式

1. BMP 文件格式

BMP 是标准的 Windows 和 OS/2 操作系统的图形图像的基本位图格式，它是一种与备无关的图形文件格式，也是 Windows 软件推荐使用的一种格式。随着 Windows 的普BMP 已使用得相当广泛，Windows 的画图应用程序便以此格式存取图形文件。BMP 文有压缩和非压缩之分，压缩方法采用行程长度编码(Run-Length Encoding，RLE)。一般为图像资源使用的 BMP 文件都是不压缩的。BMP 支持黑白图像、16 色和 256 色的彩色

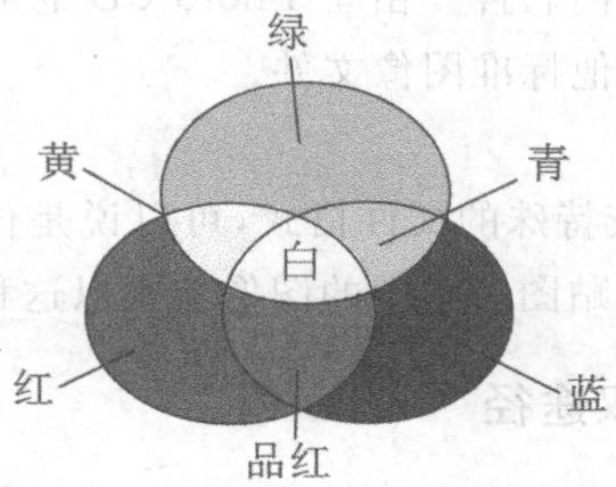

图 1.3 三基色的叠加

以及 RGB 真彩色图像。

2. GIF 文件格式

GIF 文件格式的全称是图形交换文件格式(Graphic Interchange Format),由mpuServe公司开发,目的是为了在不同的平台上进行图像交流和传输。GIF 格式是目前一仅使用 LZW 压缩方法的主要图像文件格式。GIF 文件压缩比较高,文件长度较小。F 图像有两个主要的规范,即 GIF87a 和 GIF89a 规范,后者支持图像内的多画面循环显可以用来制作小型的动画,现在万维网(WWW)上的许多微小动画就是用这种方法做成GIF 格式已成为网络上特别流行的图像文件格式之一。

3. JPG 文件格式

JPG 文件格式的最大特点是文件非常小,而且可以调整压缩比。由于 JPG 文件的压缩比高,因此它非常适用于处理大量图像的场合,也是现在 WWW 上极其流行的图像格式之一。之是一种有损压缩的编码格式,它以牺牲图像中某些信息为代价来换取较高的图像压缩比,股不适合用来存储原始图像素材。

4. PCX 文件格式

PCX 文件格式是随着 Z-soft 公司著名的图形图像编辑软件 PC Paint Brush 一起公布常被称为 Z-soft PCX 图像文件格式。PCX 文件可以分为 3 类:各种单色 PCX 文件,不过 16 种颜色的 PCX 文件和具有 256 色的 PCX 图像文件。PCX 格式是计算机上使用十广泛的图像文件格式之一,绝大多数图像编辑软件,如 Photo Style、CorelDRAW 和ndows 中的画笔等均能处理这种格式,而且各种扫描仪得到的图像均能存储为 PCX 格式文件。PCX 文件格式使用行程长度编码(RLE/RLC)方法进行压缩,压缩比适中,压缩和压缩速度快,适用于一般的软件。

5. TIF 文件格式

TIF 文件格式(Tagged Image File Format)是由 Adobe 和 Microsoft 公司合作开发的。F 格式图像的颜色可以从单色到 RGB 真彩色,其格式非常灵活,适合于所有图像应用领,TIF 文件分成压缩和非压缩两大类,非压缩的 TIF 文件独立于软、硬件,使用较广泛,但缩文件要复杂得多。由于非压缩的 TIF 文件具有良好的兼容性,压缩的 TIF 文件在存储又有很大的选择余地,所以这种格式是许多图像应用软件所支持的主要文件格式之一。

6. PCD 文件格式

PCD 格式是柯达(Kodak)公司的 Photo CD 专用的存储格式,一般都存在光盘上,读取

PCD 文件要用 Kodak 公司的专门软件。由于 Photo CD 的应用非常广泛,许多图像处理件都可以将 PCD 文件转换成其他标准图像文件。

7. WMF 文件格式

WMF 文件格式是一种比较特殊的文件格式,可以说是位图和矢量图的一种混合体出版领域应用十分广泛,许多剪贴图片集中的图像就是以这种格式存储的。

1.5.3 图像素材的获取途径

图像素材的获取方法主要有以下几种:

(1) 使用扫描仪扫入图像。通过彩色扫描仪能够把各种印刷图像及彩色照片数字化传送到计算机中以文件的形式存储。

(2) 使用数码照相机(摄像机)拍摄图像。利用数码照相机(摄像机)将图像以文件的式存储在数码照相机(摄像机)的存储器中,得到的图像文件可方便地调入计算机中并进编辑和存储。这不仅省略了传统相机拍摄图像后最耗时的冲洗和扫描过程,同时也减少扫描过程中的图像细节损失。

(3) 使用摄像机拍摄图像,然后通过视频采集(捕获)卡将摄像机等视频源的视频信实现单帧或动态捕获并存储。

(4) 利用绘图软件(著名的软件有 Photoshop、Illustrator、CorelDRAW、FreeHand创建图像以及通过计算机语言编程生成图像。

(5) 购买图像光盘或从网上下载。目前图像数据库很多,它们内容广泛,质量精美储在光盘中或网上,便于用户选择、使用。

任务 1.6 学会采集音/视频

1.6.1 声音、视频的基本概念

1. 声音的基本概念

声音是通过空气传播的一种连续的波,叫声波。声音信号的三个基本参数是频率、幅和音色。信号的频率是指信号每秒变化的次数,单位为赫兹(Hz)。人的听觉能够听到的音频率范围是 20Hz~20kHz,因此,在多媒体技术中,处理的信号主要是音频信号,它的率范围为 20Hz~20kHz。幅度又称为响度,即声音的大小,它取决于声波振幅的大小。色是由混入基音的泛音所决定的,每个基音又都有其固有的频率和不同音强的泛音,从而得每个声音具有特殊的音色效果。

声音进入计算机的第一步是数字化,数字化实际上就是采样和量化。连续时间的离化通过采样来实现;连续幅度的离散化通过量化来实现。我们用采样频率和采样精度来述采样和量化这两个过程。

采样频率的高低是根据奈奎斯特理论和声音信号本身的最高频率决定的。奈奎斯特论指出:采样频率不低于声音信号最高频率的两倍。

采样精度用每个声音样本的位数 bit/s(即 b/s)表示,它反映度量声音波形幅度的精

卜位数的多少影响到声音的质量，位数越多，声音的质量越高，而需要的存储空间也越多；数越少，声音的质量越低，需要的存储空间越少。

2. 视频的基本概念

视频是将一幅幅独立图像组成的序列按照一定的速率连续播放，利用视觉暂留现象在的眼前呈现出连续运动的画面。因此，动画与视频从视觉角度看应该是一样的。有人这来划分计算机视频与计算机动画，认为凡是扩展名为".avi"的文件都是视频文件，扩展名.mov"的文件都是动画文件。其实，划分动画与视频的依据应该是生成它们的手段，利摄像机进行现场拍摄而获得的信息为视频文件，利用工具软件人为创造出来的动作序列成的文件称为动画。与静止图像相比，视频媒体是一组运行图像，其速率为 25 帧/秒或帧/秒。帧是构成视频信息的基本单元。

1.6.2　声音、视频文件格式

1. 声音文件格式

1）WAV 文件

WAV 文件也称为波形文件，是 Windows 系统所使用的标准数字音频文件，它是对实际音进行采样所得到的数据。使用波形文件能够记录和重现各种声音，从不规则的噪声到少的音乐。波形文件最大的缺点就是文件太大，不适合长时间记录声音。例如，同样时长小时的立体声音乐，MIDI 文件只有 200KB 左右，而 WAV 文件则差不多有 300MB。用ndows 系统的对象链接与嵌入(OLE)技术，可把波形文件嵌入到其他应用程序中。由于形文件记录的是声音的数字化数据，所以可用一些声音工具软件对其进行处理，如加快或慢放音速度，对声音进行重新组合等。

2）MIDI 文件

MIDI 是 Music Instrument Digital Interface(乐器数字接口)的缩写。与波形文件不同，DI 文件不对音乐进行采样，而是将音乐的每个音符记录为一个数字，所以与波形文件相文件要小得多，可以满足长时间记录音乐的需要。MIDI 标准规定了各种音调的混合及发通过输出装置可以将这些数字重新合成为音乐。

MIDI 音乐的主要限制是它缺乏重现真实自然声音的能力，因此不能用在需要语音的场此外，MIDI 文件只能记录标准所规定的有限种乐器的组合，而且回放质量受到声卡的成芯片的限制。近年来，国外流行的声卡普遍采用波表法进行音乐合成，使 MIDI 文件的乐质量大大提高。

MIDI 文件有几个变通格式，如 RMI 和 CMF 等。其中 CMF(Creative Music Format)件是随声霸卡一起使用的音乐文件，RMI 文件是 Windows 系统使用的 RIFF(Resource erchange File Format)文件的一种子格式，称为 RMID，即包含 MIDI 文件的格式。

3）CD－DA 音频

CD－DA 是数字音频(Compact Disc Digital Audio)的英文缩写，即大家日常使用的 CD 片，专业术语为红皮书标准音频。它是一种数字化的声音，以 16 位、44.1kHz 频率进行采几乎可以达到完全再现原始声音的效果。在每一张 CD 唱片上能存放长达 72 分钟的高量的音乐。利用 Windows 98 系统的"CD 播放器"和"媒体播放机"都可以播放 CD 音乐。音乐不是以磁盘文件方式保存的，因此不能随便将其中一段音乐复制到其他地方，这使

得 CD 音乐的使用范围变得比较狭窄。但是，随着声音处理软件的普及，利用像"抓音轨
样的专门软件也可以将 CD 唱片中的一段音乐分离出来，保存为独立的文件。

4) MP3 文件

随着计算机网络的普及和发展，MP3 格式的音乐越来越受到人们的欢迎。因为这是
种压缩格式的声音文件，音质好、数据量小是它的最大优点。

MP3 是一种数据音频压缩标准方法，它的全称是 MPEG－Layer 3，是 VCD 影像压缩
准 MPEG 的一个组成部分，用该标准制作存储的音乐就是 MP3 音乐。因为 MP3 是经过
缩产生的文件，因此需要一套 MP3 播放软件进行还原。互联网上有许多 MP3 播放软件
以下载，比较出色的如 Winamp 软件（下载地址：http://www.winamp.com）。另外，许
硬件生产厂商也生产了许多小巧玲珑的数字 MP3 播放机，可供用户下载及播放 MP3 音
MP3 文件的扩展名是".mp3"。

5) 其他文件格式

其他文件格式包括 VOC 文件、AU 文件和 MOD 文件等。VOC 文件是随声霸卡一
诞生的常用的声音文件，主要用于 DOS（磁盘操作系统）程序（特别是游戏）中，VOC 文件
波形文件可互相转换。AU 文件是 UNIX 操作系统下的数字声音文件，由于早期在 Inter
上的 Web 服务器主要是基于 UNIX 系统的，所以这种文件成为 WWW 上使用的标准声
文件。MOD 文件最初产生于 Commodore 公司的 AMIGA 型计算机中，它并不是 PC 上
用的标准文件，PC 上用于播放 MOD 音乐的软件多数是共享软件或自由软件。

常用声音文件特性对照见表 1.2。

表 1.2　常用声音文件特性对照

声音类型	优　点	缺　点	尺寸大小举例
WAV	通用性好	文件尺寸大	2.52s 的声音文件长 32.7KB
MIDI	文件尺寸小，可重新合成	缺乏重现真实自然声音的能力	2.02h 的声音文件长 32.7KB
CD－DA	音质非常好	保存方式单一	60h 的声音文件长 650MB
MP3	质量高，文件尺寸小，对声卡要求低	通用性差	25h 的声音文件长 105KB

2. 视频文件格式

1) AVI 文件格式

AVI 文件格式是 Video for Windows（简称 VFW 环境）所使用的文件格式，其扩展名
".avi"。它采用了英特尔（Intel）公司的 Indeo 视频有损压缩技术，把视频和音频信号混合
错地存放在一个文件中，较好地解决了音频信息与视频信息的同步问题，是目前较为流行
视频文件格式。AVI 文件使用的压缩方法有多种，主要使用有损压缩方法，通常采用纯软
的压缩和还原手段。

2) MOV 文件格式

MOV 文件格式是 Apple 公司的播放软件工具（QuickTime for Windows）所使用的视频

格式。和 AVI 文件相同，MOV 文件也使用了 Intel 公司的 Indeo 视频有损压缩技术把视频音频信号混合交错在一起，但具体实现不同。一般认为 MOV 文件图像较 AVI 好，但这只是对而言的，因为不同版本的 AVI 和 MOV 文件的画面质量是很难进行比较的。

3) MPG 文件格式

MPG 文件是最新的数字视频标准文件，也称为系统文件或隔行数据流，是采用 MPEG 法进行压缩的全运动视频图像，许多视频处理软件都支持该文件格式。在一定条件下，可 1024×768 的分辨率下以每秒 24、25 或 30 帧的速度播放 128000 种颜色的全运动视频图和同步 CD 音质的伴音。

4) DAT 文件格式

DAT 是数据流格式(即卡拉 OK CD，为面向大众化消费的另一种 CD 标准)。DAT 文格式是 VCD 专用的视频文件格式，也是基于 MPEG 压缩/解压缩技术的视频文件格式。计算机配备视霸卡或软解压程序后，可利用计算机对该格式的文件进行播放。

5) MP4 文件格式

MP4 是一套用于音频、视频信息的压缩编码标准，由国际标准化组织(ISO)和国际电工员会(IEC)下属的“运动图像专家组”制定，第一版在 1998 年 10 月通过，第二版在 1999 年月通过。MPEG-4 格式的主要用途在于网上流媒体、光盘、语音发送(视频电话)，以及视广播。

1.6.3 声音、视频素材的获取途径

1. 声音素材的获取途径

(1) 使用声卡录制、采集声音信息，并以文件的形式存储在计算机中。

(2) 使用声卡及 MIDI 设备在计算机上创作乐曲。

(3) 从互联网上下载或购买音乐光盘。

(4) 影视频编辑软件自带音频素材库。

2. 视频素材的获取途径

(1) 使用摄像设备摄取，然后输入到计算机中。

(2) 使用屏幕抓图软件抓取。

(3) 使用视频采集卡从电视中采集。

(4)影视频编辑软件自带音频素材库。

任务 1.7 认识动画

1.7.1 动画的基本概念

动画的概念不同于一般意义上的动画片，动画是一种综合艺术，它是集合了绘画、漫画、影、数字媒体、摄影、音乐、文学等众多艺术门类于一身的艺术表现形式。动画最早发源于世纪上半叶的英国，兴盛于美国，中国动画起源于 20 世纪 20 年代。1892 年 10 月 28 日米尔·雷诺首次在巴黎著名的葛莱凡蜡像馆向观众放映光学影戏，标志着动画的正式诞

生，因此埃米尔·雷诺也被誉为“动画之父”。动画艺术经过了100多年的发展，已经有了为完善的理论体系和产业体系，并以其独特的艺术魅力深受人们的喜爱。动画技术较规的定义是采用逐帧拍摄对象并连续播放而形成运动的影像技术。不论拍摄对象是什么要它的拍摄方式采用的是逐帧方式，观看时连续播放形成了活动影像，它就是动画。

1.7.2 动画的发展和应用

世界动画大国是美国和日本，但两国的动画作品风格有所不同。美国的动画以数字的电脑制作为主，号称“美国没有‘动画绘制人’”。其特点是夸张的人物形象和动作，且节较快，体现了美国人的直率、爽快的性格。代表企业有迪士尼、华纳等公司。而日本的动以赛璐珞和喷笔绘制为主，体现的是一种唯美的风格。其特点是以优美的人物造型、内涵富的对白及剧情吸引观众，但定格画面较多，节奏也较慢。代表企业有 GAINA SUNRISE、吉卜力、东映等公司。

新中国成立后的《大闹天宫》《哪吒闹海》开创了中国动画的历史先河。从20世纪30代的《铁扇公主》到21世纪的《风云决》《超蛙战士之初露锋芒》《魁拔之十万火急》《藏獒吉》等。

2011年，由北京青青树动漫科技有限公司（VASOON Animation）原创、中国电影集公司发行的玄幻热血系列动画电影《魁拔之十万火急》制作完成。首部动画电影《魁拔之万火急》前期筹备历时4年，绘制3年，制作精良，投资超过3000万元人民币。该片已2011年7月8日上映。

2012年5月中国推出了首部灾难动画电影《今天·明天》，借助中国特色熊猫的形象述防震救灾知识，从而向孩子们普及相关知识。

2012年6月环球数码公司推出了动画电影《潜艇总动员2》。该电影采用全3D国产术，发行当月就取得1700万票房，可见中国动画电影的市场非常之巨大。

2013年，中国第一部手指滑板题材动画片《翼空之巅》推出，该片由广东奥飞动漫文股份有限公司出品，广州千骐动漫有限公司创作，星力量动漫游戏学院师生参与制作。该制作的顺利完成，标志着星力量动画专业校企合作的培养模式逐渐成熟。

2013年，同样由北京青青树动漫科技有限公司原创、中国电影集团公司发行的玄幻血系列动画电影《魁拔之大战元泱界》制作完成。《魁拔之大战元泱界》耗时2年，已于2年5月31日以2/3D格式在全国上映。

2013年，中国第一部由高等院校（吉林动画学院）自主制作和出品的3D院线动画电《青蛙王国之我嘞个去》横空出世，在审批阶段曾获国家广电总局“新中国成立以来最优3D动画电影”的高度赞扬，让中国动画事业的发展迈向一个新高度。

2014年，《熊出没之夺宝熊兵上映，该片以精致而又通俗的表现手法，取得了票房的丰收

2015年，《西游记之大圣归来》上映后因为画面精美，细节出色，配音、背景音乐优秀得了观众的好评。

2016年是国产动画复兴的开始，主打国画风格的《大鱼海棠》上映后跃居国产电影票榜第二，该片的美术设计、细节控制和画面布局为今后的国画元素电影的热潮提供了指引

2017年，儿童电影《大耳朵图图：美食狂想曲》上映。2017年还出现了首部VR交互

电影《拾梦老人》,该片拍摄时长仅为 12 分钟,通过游戏引擎设计,与人实现交互。VR 动影院可以为观众提供高度超于想象的互动性体验和沉浸式的体验,让观众与故事之间产更强的感情连接,比 3D 电影更具有时间感、真实感。

2018 年,中国风经典影片《风语咒》上映。

2019 年,《白蛇缘起》上映,该片以唯美的视觉效果,感人的爱情故事感动了观众。

2020 年,声画幻境与内容迭新的《姜子牙》上映,影片重构了人物的精神内核,让观众看了新的艺术创作方向。

小结

本单元从多媒体的定义、多媒体的类型以及多媒体的主要特性三个方面讲述了多媒体的基本概念。多媒体是指多种媒体(文本、图形、图像、动画和声音等)的有机组合,并通过计算机对此有机体进行综合处理和控制,能支持完成一系列交互式操作。多媒体的类型主要有感觉媒体、表示媒体、显示(表现)媒体、存储媒体和传输媒体。多媒体的主要特性是集成性、交互性、实时性、控制性和非线性。

习　题

一、填空题

1. 多媒体的类型有________、________、________、________和________共 5 种。
2. 多媒体的特性主要包括________、________、________、________、________。

二、选择题

1. 描述一幅图像主要有________。

A. 大小、颜色、对比度　　B. 颜色、分辨率、大小

C. 真/伪彩色、对比度、像素深度　　D. 分辨率、像素深度、真/伪彩色等

2. 以下属于视频文件的是________。

A. MOV 文件、MPG 文件、DAT 文件、DOC 文件

B. MPG 文件、DAT 文件、DOC 文件、BMP 文件

C. JPG 文件、MOV 文件、MPG 文件、DAT 文件

D. MOV 文件、MPG 文件、DAT 文件、AVI 文件

三、判断题

1. 多媒体就是多种媒体的集合。　(　)
2. 学习多媒体技术就是学习几种多媒体处理软件。　(　)

四、简述题

1. 多媒体技术是如何改变我们的工作、学习和生活的?请举例说明。
2. 通过你的学习体会,比较多媒体教学形式与传统教学形式各自的优、缺点。

单元 2

图像处理

知识教学目标

- 掌握 Photoshop CC 工作窗口的组成；
- 掌握 Photoshop CC 工具箱的工具组成；
- 了解 Photoshop CC 工具属性的相关知识。

技能培养目标

- 能使用套索工具实现区域的选择；
- 能使用快速蒙版对图像进行编辑处理；
- 能使用仿制图章工具、魔棒工具等对图像进行处理。

任务 2.1 美化图像

任务描述

本任务原图片中人物脸上有痘痘，肤色较黑，光线明暗对比度大，利用 Photoshop 软件提供的相关工具对图片进行美化处理，美化前、后的效果如图 2.1 和图 2.2 所示。

图 2.1 原图片

图 2.2 处理后的图片

识准备

1. Adobe Photoshop CC 的启动

选择“开始”→“程序”→“Adobe Photoshop CC”选项可启动 Adobe Photoshop CC。

2. Adobe Photoshop CC 的窗口组成

Adobe Photoshop CC 窗口由工具箱、画布、属性栏、调板等组成，如图 2.3 所示。

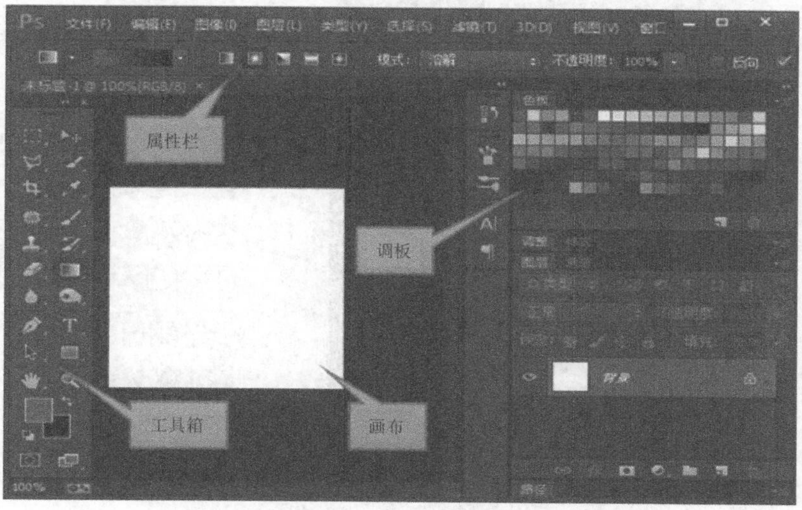

图 2.3　Adobe Photoshop CC 的窗口组成

工具箱：工具箱中包含了用于创建和编辑图像的工具，按照使用功能可以将它们分成组，包括选框工具组、裁剪工具组、修饰工具组、图形工具组、文字工具组和移动工具组，如图 2.4 所示。

提示

工具图标右下角有小黑三角的，说明此图标下还有其他工具，在该图标上按住鼠标左键可显示和选择其他工具。

属性栏：工具箱中的大部分工具都可以在属性栏中设置属性，选择不同的工具，相应的生栏会发生变化。如选择画笔工具，属性栏会出现画笔直径、流量等属性；选择文字工具，生栏会出现字体、字号等属性。

调板：位于工作窗口的右边，如导航器面板、样式面板、图层面板、历史记录面板和调色板等。各种调板都是浮动面板，不用时可以关闭，使用时可以通过菜单中的“窗口”选项打，在图层面板中当图层多于一个时，只有被选中的图层能够被处理，称为当前图层。

3. “套索工具”

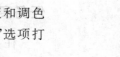

“套索工具”可以在图像或图层中创建不规则形状的选区，选取不规则形状的图像，按住示左键，沿预计的轨迹拖动鼠标，创建出闭合选区。

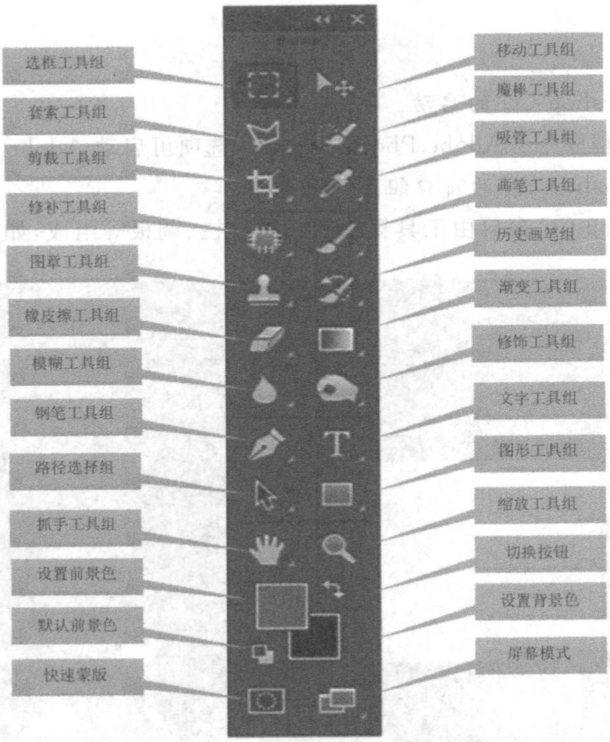

图 2.4　工具箱

4.“橡皮擦工具”。

“橡皮擦工具”可以擦除图像的颜色，并自动用背景色填充。所以，在使用时要注意先置背景颜色，并结合属性栏中的各项设置使用。

5.“仿制图章工具”

“仿制图章工具”可以从已有的图像中取样，然后将取到的样本应用于其他图像或同图像上。操作方法是选择“仿制图章工具”，按住 Alt 键，在取样点单击，完成取样工作释放 Alt 键，然后在应用点上单击就完成了一次仿制图章工具的使用。

仿制图章工具使用教学视频

6. 建立选区

建立选区是处理图像前的基本操作步骤之一。通过创建选区，用户可以方便地控制像处理区域。用户可利用“选框工具”、“套索工具”、“魔棒工具”等建立选区，使什么工具建立选区要根据实际问题灵活选用。按 Ctrl+D 键可以取消选区。

任务实施

任务流程：打开图片→选择区域→调整亮度→去除雀斑→增白肤色。

(1) 选择“开始”→“程序”→“Adobe Photoshop CC”选项启动 Adobe Photoshop CC，Adobe Photoshop CC 工作窗口中选择“文件”→“打开”命令打开素材文件 female.jpg。

(2) 选择工具箱中的“套索工具”，在图像右下角亮度比较大的区域边缘拖动鼠标择出一个区域，如图 2.5 所示。单击“以快速蒙版模式编辑”按钮进入快速蒙版模式，择“橡皮擦工具”，在窗口的上方属性栏中，设置橡皮擦工具画笔大小为 30 像素，流量

%，在刚才选出的选区中拖动鼠标，涂抹柔化选区。

(3) 单击“以快速蒙版模式编辑”按钮退出快速蒙版模式（此按钮是一个开关按钮，在
隹模式下单击此按钮即可进入快速蒙版模式进行编辑，在快速蒙版模式编辑方式下单击
安钮即可退出快速蒙版模式）。按 Ctrl＋Shift＋I 键反选选区，选择“图像”→“调整”→“曲
”命令，设置参数如图 2.6 所示，单击“确定”按钮。

图 2.5 建立选区

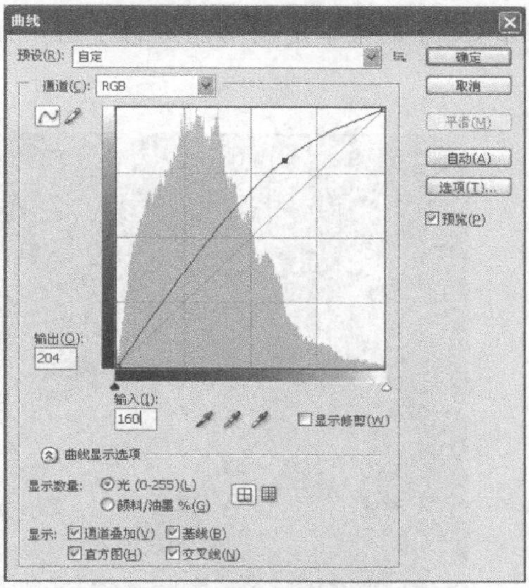

图 2.6 曲线设置窗口

(4) 单击“仿制图章工具”按钮，设置画笔大小为 5 像素，流量为 85%，按住 Alt 键单
俭部没有雀斑的位置（取样），释放 Alt 键，在雀斑处单击，即可实现清除雀斑的效果。重
比操作清除其他雀斑。

(5) 单击图层面板中的“创建新图层”按钮，创建一个新的图层。单击“通道”窗口，按
Ctrl 键的同时单击 RGB 通道，回到图层面板，将前景色设置为白色，按 Alt＋Delete 键（用
景色填充），此时可发现图像增白了。使用橡皮擦工具擦掉不需要增白的部位，设置图层
透明度为 46%，如图 2.7 所示。按 Ctrl＋D 键取消选区，最终得到如图 2.2 所示的效果。

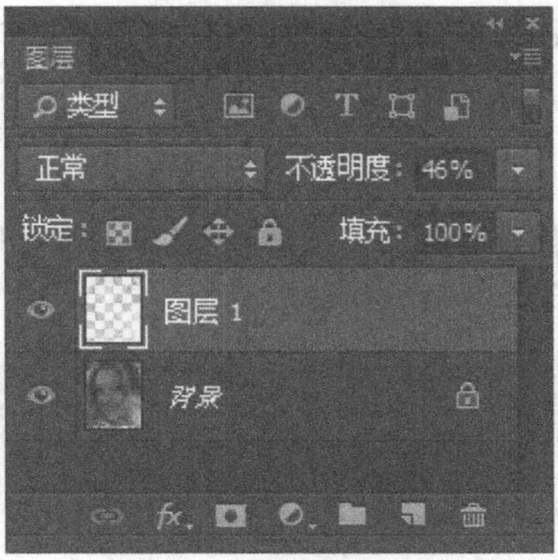

图 2.7 设置不透明度

拓展知识

1. 菜单栏的使用

在 Photoshop CC 版本中，增加了许多菜单定制选项，可以在菜单中给特定的菜单进指定颜色，使之突出显示，也可以隐藏不常使用的菜单项，定制自己的菜单空间。此Photoshop CC 还为不同任务附带了几个预置的定制菜单，如“新增功能”等。要Photoshop CC 中的菜单定制功能进行了解，可以执行“窗口”→“工作区”命令，如图所示。

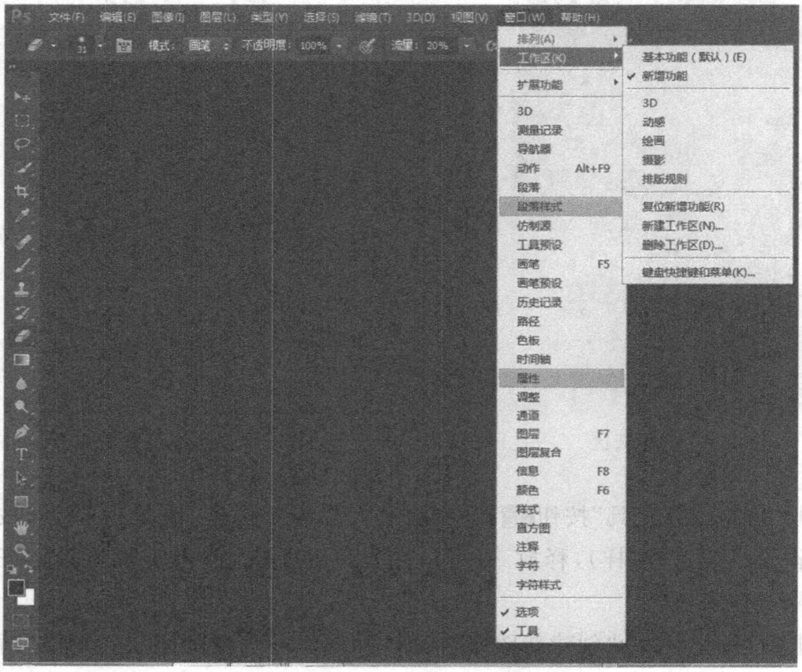

图 2.8 工作区菜单

> **提示**
>
> 某些菜单命令后面标注了该命令的快捷键，如“图像”→“调整”→“色彩平衡”命令的快捷键就是 Ctrl+B，用户直接按 Ctrl+B 组合键就可执行“色彩平衡”命令。

2. 属性栏的使用

属性栏中显示了当前所使用工具的各项属性，其中的选项随当前所选工具的不同而化。如图 2.9 所示为选择画笔工具后的属性栏。

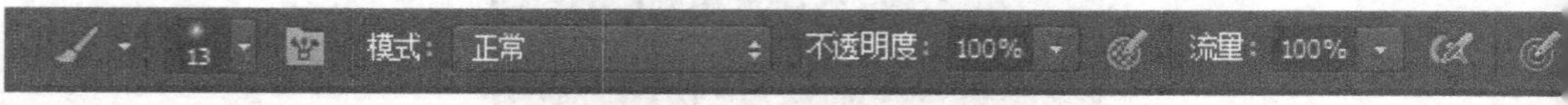

图 2.9 画笔属性栏

属性栏的使用方法如下：在工具箱中选择目标工具，属性栏中会显示出该工具的各项属

属性栏中的选项通常有参数选项、单选项、复选项和命令按钮。参数选项可以设置当前工的一些属性。如选择了工具箱中的画笔工具，属性栏中会有画笔形状、笔尖大小等参数，这参数决定了画笔的形状和大小等属性，如图 2.10 所示。单选项和复选项一般可以设置当前具工作的形式，比如选择修补工具后，在选项栏上就有单选项和复选项，如图 2.11 所示。

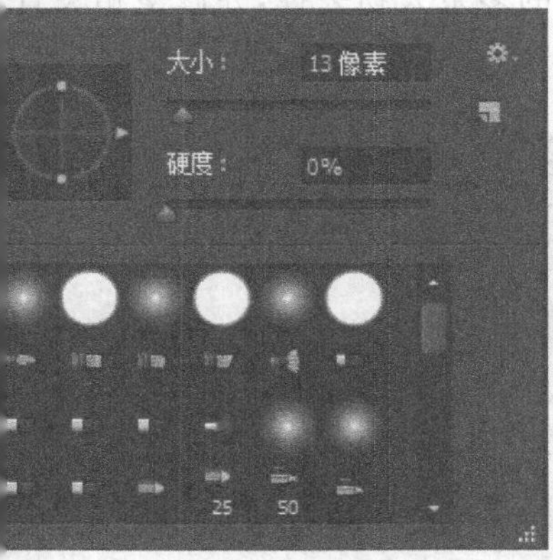

图 2.10　画笔选项栏

图 2.11　修补工具属性栏

命令按钮可以快速执行一些命令。比如使用移动工具选择连续的多个图层，此时属性中的排列图标被激活，单击所需的排列命令按钮即可排列对齐图像，如图 2.12 所示。

图 2.12　排列命令按钮

另外，在属性栏中更改了参数或者其他设置，要想恢复到默认值，只需右击属性栏最左的工具图标，在随即弹出的菜单中选择“复位工具”或“复位所有工具”即可，如图 2.13 所

如果选择的是“复位工具”命令，将把当前工具属性栏上的属性恢复至默认值；如果选择是“复位所有工具”命令，则将所有工具属性栏上的属性恢复到默认值。

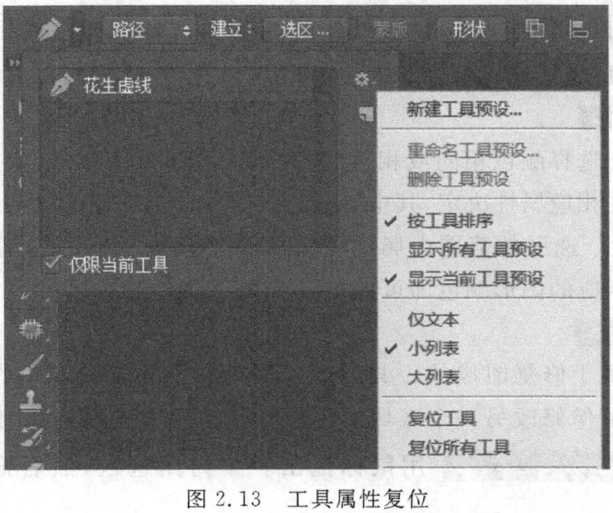

图 2.13　工具属性复位

任务2.2 修整图像

任务描述

本任务有一幅图片，如图 2.14 所示。要求将图片中的多余人物去掉，并修整相关背
修整后的图片如图 2.15 所示。

图 2.14 修整前的图片

图 2.15 修整后的图片

知识准备

1. “钢笔工具”

“钢笔工具”的主要作用是创建路径和形状，使用时在相应的位置单击，最后形成一个闭区域，这个封闭区域是路径还是形状，取决于事先在属性栏中对钢笔工具的属性设置。果选择“形状”，则建立一个形状图层；如果选择“路径”，则建立一个封闭区域。

2. “渐变工具”

“渐变工具”主要用于在图形文件中创建渐变效果，使用方法是选择“渐变工具”渐变工具属性栏中，设置渐变类型和渐变样式，然后在相应的区域或区拖动鼠标，则相应区域或选区就以渐变色填充。

3. “魔棒工具”

“魔棒工具”用于选择颜色相同或相近的区域范围，建立闭合选区。建立选区的形式魔棒工具属性栏中的相应属性决定，其中有“新选区”、“添加到选区”、“从选区减去”“与选区交叉”属性。选区的范围由属性栏中的容差 容差: 32 值决定，容差越大，选区越属性设置好后单击相应的图形颜色即可。

修补工具使用教学视频

4. “修补工具”

“修补工具”是用于修复图像的工具。此工具通过选区来完成对图像的修复，具体说是用一个区域的图像修改另一个区域的图像。其使用方法是选择“修补工具”，设修补工具属性 修补: 正常 源 目标，用鼠标拖出一个封闭选区，然后拖动移动这个选

果属性选择“源”，则实现用目标选区修补源选区；如果属性选择“目标”，则实现用源选修补目标选区。

务实施

任务流程：打开图片→修整部分区域→使用魔棒工具选取选区→新建图层复制选区→除多余人物。

(1) 启动 Adobe Photoshop CC，选择“文件”→“打开”命令，打开 girl2. jpg 文件，如 2.14 所示。

(2) 单击工具箱中的“缩放工具”，再选择属性栏中的“放大”按钮，在图片上单击大图片(选择属性栏中的“缩小”按钮，在图片上单击可以缩小图片)。

(3) 单击工具箱中的“仿制图章工具”，按 Alt 键的同时单击图像中人物手肘下边的景(取采样点)，如图 2.16 所示。释放 Alt 键，在手肘部位涂抹(擦除该部位)，最后得到如 2.17 所示的效果。

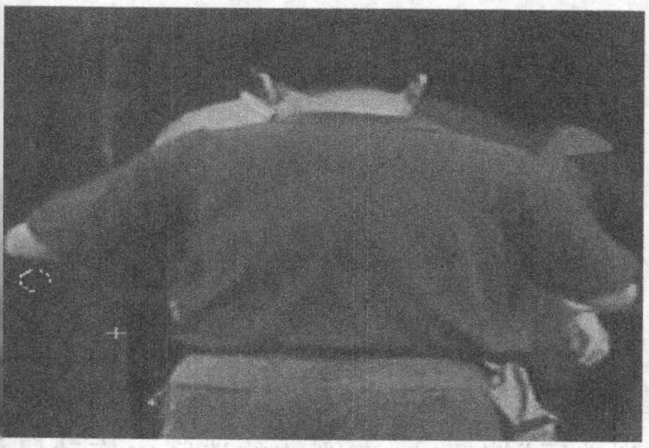

图 2.16　取采样点

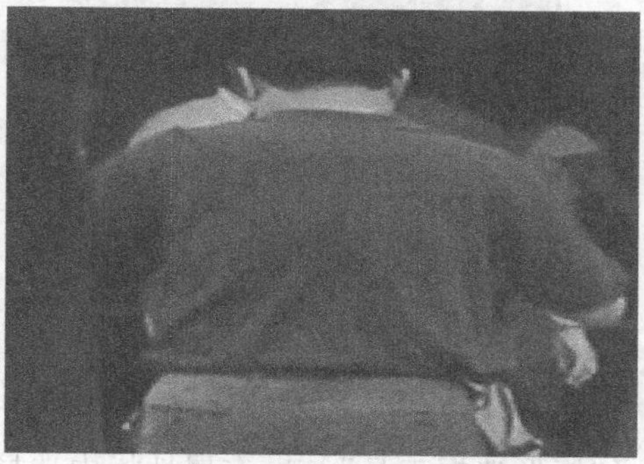

图 2.17　擦除后的手肘部位

(4) 单击“矩形选框工具”，选取如图 2.18 所示的选区。按 Ctrl+C 键复制选区，再 Ctrl+V 键粘贴选区。单击“移动工具”，将粘贴的选区拖到左边，如图 2.19 所示。用样的方法完成台阶的修整，最后得到如图 2.20 所示的效果。

图 2.18　矩形选区

图 2.19　移动选区

图 2.20　最后效果

(5) 使用工具箱中的“缩放工具” ，将图片缩小到合适大小。单击工具箱中的“钢笔具” ，在属性栏中选择“路径”，建立如图 2.21 所示的路径。右击路径，在快捷菜单中选“建立选区”命令，设置羽化半径为 3 像素。

(6) 单击工具箱中的“渐变工具” ，在属性栏中双击渐变下拉列表框打开“渐变编器”对话框，如图 2.22 所示。双击 ，设置 RGB 的值为(22,24,23)，双击 ，设置 RGB 的为(10,10,12)，单击“确定”按钮，在选区内按住 Shift 键的同时从上到下拖动鼠标，得到图 2.23 所示的效果。

图 2.21　建立路径

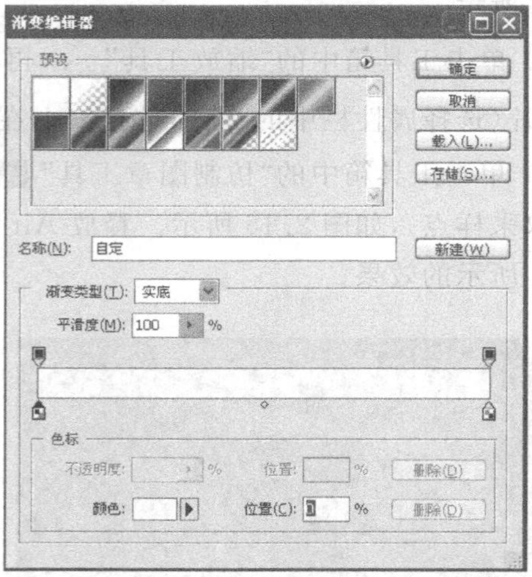

图 2.22　渐变编辑器

(7) 选择“魔棒工具” ，在属性栏中将容差设置为 30，选取绿树，如图 2.24 所示。选择“矩形选框工具” ，在属性栏中选择“添加到选区”按钮 ，在刚才的选区内拖动鼠将树尽量完整地选出来。选择“图层”→“新建”→“通过拷贝的图层”命令，再选择“编辑”“变换”→“水平翻转”命令，按 Ctrl+T 键并将树头旋转移动，如图 2.25 所示。单击“移动具”，弹出“应用变换”对话框，单击“应用”按钮。

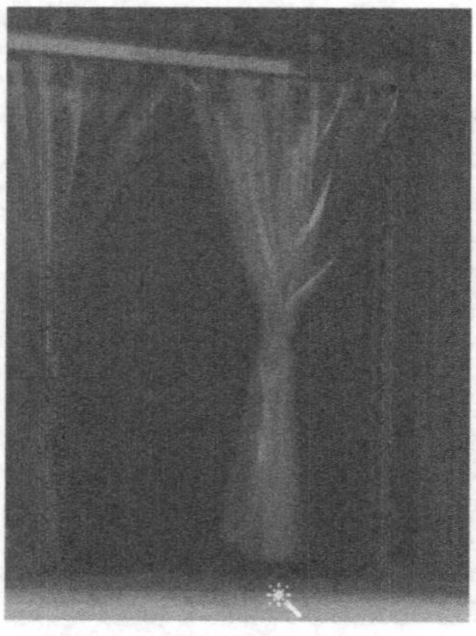

图 2.23　清除左边人物

图 2.24　选取绿树

图 2.25　旋转树头

(8) 选择“魔棒工具”，在属性栏中将容差设置为 40，类型选择“添加到选区”，反复单
对象(树和盆)，直到全部选出为止。执行“图层”→“新建”→“通过拷贝的图层”命令两次，
两个图移动到相应位置，如图 2.26 所示。

(9) 选择“修补工具”，在属性栏中选择“源”单选项，拖动鼠标建立如图 2.27 所示的
域，将其拖动到左边区域，注意对齐地砖。

图 2.26 复制树和盆

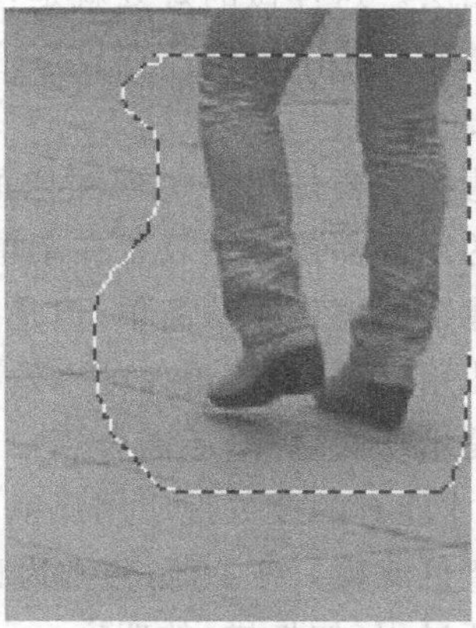

图 2.27 创建修补源

(10) 使用以上方法或已经学过的“仿制图章工具”清除其余部位，最终效果如图 2.15
示。

任务 2.3 皮肤处理

务描述

本任务有一幅图片，如图 2.28 所示。要求对图片使用滤镜等技术处理，处理后的图片
图 2.29 所示。

图 2.28 处理前的图片

图 2.29 处理后的图片

知识准备

1. 盖印图层

盖印图层就是在处理图片的时候将处理后的效果盖印到新的图层上，功能和合并图差不多，不过比合并图层更好用，因为盖印是重新生成一个新的图层，它不会影响之前所理的图层。这样做的好处就是，如果觉得之前处理的效果不太满意，你可以删除盖印图之前做效果的图层依然在。

2. 滤镜

滤镜主要是用来实现图像的各种特殊效果，它在 Photoshop 中具有非常神奇的作所有的滤镜都按分类放置在菜单中，使用时只需要从该菜单中执行此命令即可。

滤镜的操作非常简单，但是真正用起来却很难恰到好处。滤镜通常需要同通道、图层联合使用，才能取得最佳艺术效果。如果想在最适当的时候应用滤镜到最适当的位置，除需要美术功底之外，还需要用户对滤镜的熟悉和操控能力，甚至需要具有很丰富的想象这样，才能有的放矢地应用滤镜，发挥出艺术才华。

杂色滤镜：有 4 种，分别为蒙尘与划痕、去斑、添加杂色、中间值滤镜，主要用于校正像处理过程(如扫描)的瑕疵。

扭曲滤镜(Distort)是 Photoshop“滤镜”菜单下的一组滤镜，共 12 种。这一系列滤镜是用几何学的原理来把一幅影像变形，以创造出三维效果或其他的整体变化。每一个滤都能产生一种或数种特殊效果，但都离不开一个特点：对影像中所选择的区域进行变扭曲。

渲染滤镜可以在图像中创建云彩图案、折射图案和模拟的光反射，也可在 3D 空间中纵对象，并从灰度文件创建纹理填充以产生类似 3D 的光照效果。

风格化滤镜：Photoshop 中“风格化”滤镜是通过置换像素和通过查找并增加图像的比度，在选区中生成绘画或印象派的效果。它是完全模拟真实艺术手法进行创作的。在用“查找边缘”和“等高线”等突出显示边缘的滤镜后，可应用“反相”命令用彩色线条勾勒色图像的边缘或用白色线条勾勒灰度图像的边缘。

“液化”滤镜可用于推、拉、旋转、反射、折叠和膨胀图像的任意区域。创建的扭曲可以细微的或剧烈的，这就使“液化”命令成为修饰图像和创建艺术效果的强大工具。“液化”镜可应用于 8 位/通道或 16 位/通道图像。

模糊滤镜：在 Photoshop 中模糊滤镜效果共包括 6 种，模糊滤镜可以使图像中过于清或对比度过于强烈的区域，产生模糊效果。它通过平衡图像中已定义的线条和遮蔽区域清晰边缘旁边的像素，使变化显得柔和。

滤镜使用教学视频

任务实施

任务流程：打开图片→设置图层样式→添加滤镜→添加图层蒙版→保存文件。

(1) 打开如图 2.30 所示原图，按 Ctrl ＋ J 键复制背景图层，生成图层 1。

(2) 右击图层 1 在图层样式中把图层 1 的混合模式设置为“滤色”，图层不透明度设置80%。

图 2.30　处理前的图片

(3) 新建一个图层 2,按 Ctrl + Shift + Alt + E 组合键盖印图层,执行“滤镜”→“模
”→“高斯模糊”命令,设置半径为 5 像素,单击“确定”,如图 2.31 所示。

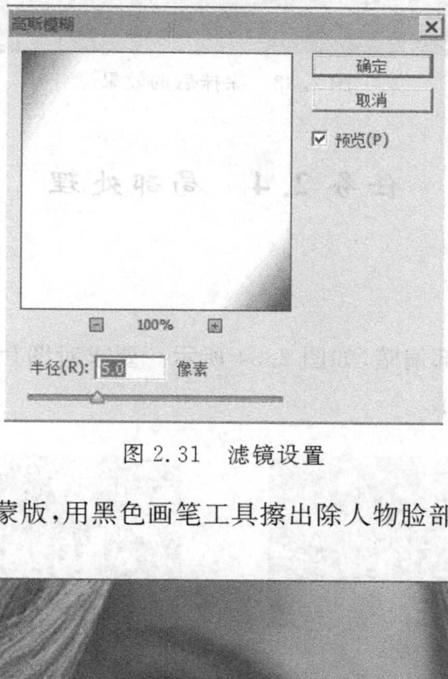

图 2.31　滤镜设置

(4) 为图层 2 添加图层蒙版,用黑色画笔工具擦出除人物脸部皮肤以外的部分,如图 2.32
示。

图 2.32　添加图层蒙版

(5) 将图层 2 的不透明度设置为 85%。

(6) 新建一个图层 3，按 Ctrl + Shift + Alt + E 键盖印图层，选择“加深工具”，置曝光度为 50%，涂抹人物鼻子的高亮部分，效果如图 2.33 所示。

图 2.33 涂抹后的效果

任务 2.4 局部处理

任务描述

本任务有一幅图片，面部偏暗，如图 2.34 所示。要求对图片使用快速蒙版等技术处处理后的图片如图 2.35 所示。

图 2.34 处理前的图片

图 2.35 处理后的图片

识准备

1. 快速蒙版

快速蒙版主要用于编辑选区，单击工具箱下部的“以快速蒙版模式编辑”按钮，进入快速版模式。进入该模式后，未被选中区域会覆盖半透明红色。在快速蒙版中，使用白色画笔涂可添加选区，使用黑色画笔涂抹可减少选区，而使用灰色画笔涂抹得到半透明的选区。使用笔涂抹之后，再次单击上面的按钮或按 Q 键退出快速蒙版，得到涂抹以外的选区。

快速蒙版使用教学视频

2. 色彩调整之曲线

(1) S 形曲线(增加反差)，将曲线两个凸点向内推，照片反差会相应提高。

(2) 反 S 曲线(降低反差)，将曲线两个凹点向外拉，照片反差则会下降。

(3) 曲线向上(增加亮度)，将曲线中点向上拉，照片亮度会相应提高。

(4) 曲线向下(降低亮度)，将曲线中点向下拉，照片亮度则会下降。

一张相片的色调，是由 RGB(Red、Green、Blue)三个通道组成的。在曲线功能中，要调颜色，则要先在通道位置选择要调整的颜色曲线。

(1) 红色 Red——曲线向上为增加红色(Red)；向下为增加青色(Cyan)。

(2) 绿色 Green——曲线向上为增加绿色(Green)；向下为增加洋红色(Magenta)。

(3) 蓝色 Blue——曲线向上为增加蓝色(Blue)；向下为增加黄色(Yellow)。

3. 色彩调整之色相/饱和度

色彩的三要素是：明度、色相和纯度。在 Photoshop 中专门调整图像色彩三要素的命有“色相/饱和度”。

“色相/饱和度”命令可以调整图像的颜色，也可以用来给图像着色。执行“图像”→“调”→“色相/饱和度”，打开如图 2.36 所示对话框。

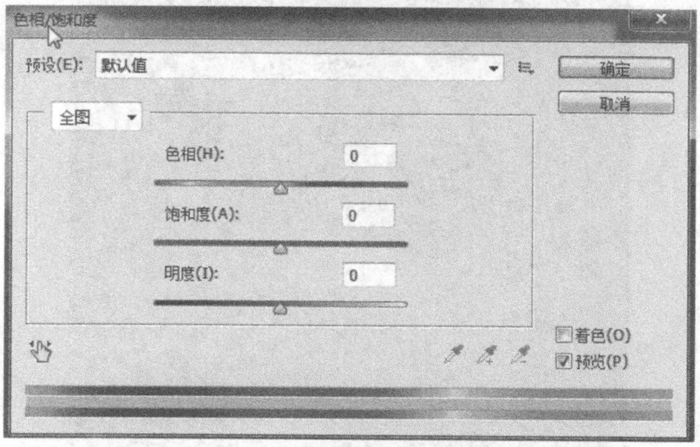

图 2.36 “色相/饱和度”对话框

在该对话框底部有两个颜色条，上面一条显示了调整前图像的颜色，下面一条则显示了可以全饱和的状态影响图像所有的色相。该对话框中各选项功能如下：

在编辑下拉列表中可选择调整的颜色范围，可以对全图进行颜色调整，也可以专门针对一种特定颜色进行更改，而其他颜色不变。选择“黄色”后，“色相/饱和度”对话框如2.37 所示。

图 2.37　选择“黄色”

➤“色相”：拖动滑块或在文本框中输入数值，可以更改颜色。

➤“饱和度”：数值越大，饱和度越高，取值范围是−100～100。

➤“明度”：数值越大，明度越高。

➤“着色”：启用该选项，可为灰度图像上色，或创建单色调图像效果。

任务实施

任务流程：打开图片→“以快速蒙版模式编辑”→确定选区→色彩调整→保存文件。

（1）打开原图文件，如图 2.38 所示。

图 2.38　原图

(2) 单击工具箱下方的“以快速蒙版模式编辑”按钮，进入快速蒙版模式编辑状态（此按钮变成“以快速标准模式编辑”）。

(3) 选择画笔工具，调整画笔大小为 45 像素，如图 2.39 所示。

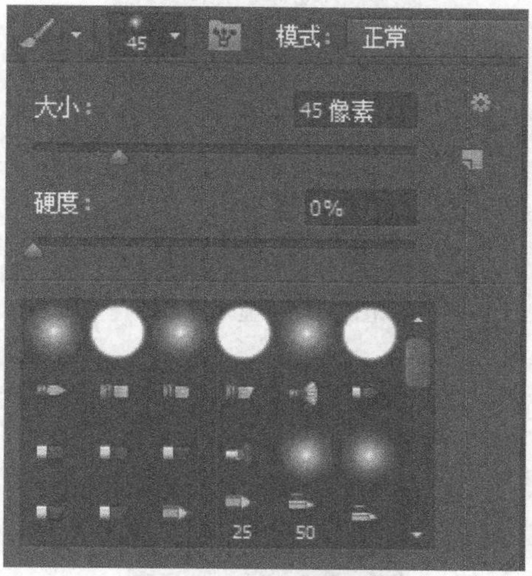

图 2.39　调整画笔大小

(4) 使用画笔工具在人物面部涂抹（根据需要可以调整画笔大小），如图 2.40 所示。

图 2.40　使用画笔涂抹

(5) 单击“以快速标准模式编辑”按钮，此时出现涂抹部分以外的选区，如图 2.41 示。

(6) 按 Ctrl＋Shift＋I 键反选选区，此时涂抹部分被选中，如图 2.42 所示。

图 2.41　显示选区

图 2.42　反选选区

(7) 按 Ctrl+J 键将面部复制出一个新图层，自动命名为图层 1。

(8) 选择“图像”→“调整”→“曲线”命令，弹出“曲线”对话框，设置如图 2.43 所示。

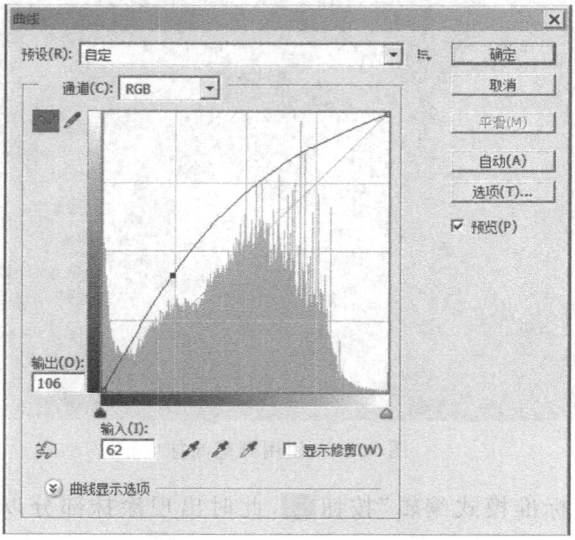

图 2.43　“曲线”对话框

(9) 单击“确定”按钮，效果如图 2.35 所示。

(10) 保存文件。

任务 2.5　朦胧马赛克效果

务描述

本任务通过对图层样式和滤镜的综合应用，制作一个朦胧马赛克效果，制作后的图片如
2.44 所示。

图 2.44　朦胧马赛克效果

识准备

1. 常用混合模式介绍

在 Photoshop 中，图层混合模式有溶解、变暗、正片叠底、颜色加深、线性加深、叠加、柔
、亮光、强光、线性光、点光、实色混合、差值、排除、色相、饱和度、颜色、明度等。

(1) 正常模式，也是默认的模式，即不和其他图层发生任何混合。

(2) 正片叠底模式(Multiply)：考察每个通道里的颜色信息，并对底层颜色进行正片叠
处理。其原理和色彩模式中的“减色原理”是一样的。这样混合产生的颜色总是比原来的
暗。如果和黑色发生正片叠底的话，产生的就只有黑色；而与白色混合就不会对原来的颜
产生任何影响。

(3) 溶解模式。溶解模式产生的像素颜色来源于上、下混合颜色的一个随机置换值，与
素的不透明度有关。

(4) 屏幕(Screen)模式。按照色彩混合原理中的“增色模式”混合。也就是说，对于屏幕
式，颜色具有相加效应。比如，当红色、绿色与蓝色都是最大值 255 的时候，以屏幕模式混
就会得到 RGB 值为(255,255,255)的白色。而相反的，黑色意味着值为 0。所以，与黑色
该种模式混合没有任何效果，而与白色混合则得到 RGB 颜色最大值白色[RGB 值为
55,255,255)]。

(5) 叠加模式。像素是进行正片叠底模式混合还是 Screen(屏幕)混合，取决于底层颜

色。颜色会被混合，但底层颜色的高光与阴影部分的亮度细节就会被保留。

(6) 柔光模式。变暗还是提亮画面颜色，取决于上层颜色信息。产生的效果类似于图像打上一盏散射的灯。如果上层颜色(光源)亮度高于 50%灰(中性灰)，底层会被照亮淡)。如果上层颜色(光源)亮度低于 50%灰，底层会变暗，就好像被烧焦了似的。

(7) 强光模式。正片叠底或者是屏幕混合底层颜色，取决于上层颜色。产生的效果好像为图像应用强烈的聚光灯一样。如果上层颜色(光源)亮度高于 50%灰，图像就会被亮，这时混合方式类似于屏幕模式(Screen)。反之，如果亮度低于 50%灰，图像就会变暗时混合方式就类似于正片叠底模式(Multiply)。该模式能为图像添加阴影。如果用纯黑者纯白来混合，得到的也将是纯黑或者纯白。

(8) 线性光模式。如果上层颜色(光源)亮度高于 50%灰，则用增加亮度的方法来使面变亮，反之用降低亮度的方法来使画面变暗。

(9) 饱和度模式。决定生成颜色的参数包括：底层颜色的明度与色调，上层颜色的饱度。按这种模式与饱和度为 0 的颜色混合(灰色)不产生任何变化。

(10) 着色模式。决定生成颜色的参数包括：底层颜色的明度，上层颜色的色调与饱度。这种模式能保留原有图像的灰度细节。这种模式能用来对黑白或者是不饱和的图上色。

常用混合模式
教学视频

2. Photoshop 工具箱常用快捷键介绍

(同时按 Shift+快捷键可以实现对在同一组工具中不同工具的循环选取。)

移动工具 V

矩形、椭圆选框工具 M

套索、多边形套索、磁性套索 L

快速选择工具、魔棒工具 W

裁剪、透视裁剪、切片、切片选择工具 C

吸管、颜色取样器、标尺、注释、123 计数工具 I

污点修复画笔、修复画笔、修补、内容感知移动、红眼工具 J

画笔、铅笔、颜色替换、混合器画笔工具 B

仿制图章、图案图章工具 S

历史记录画笔工具、历史记录艺术画笔工具 Y

橡皮擦、背景橡皮擦、魔术橡皮擦工具 E

渐变、油漆桶工具 G

减淡、加深、海绵工具 O

钢笔、自由钢笔、添加锚点、删除锚点、转换点工具 P

横排文字、直排文字、横排文字蒙版、直排文字蒙版 T

路径选择、直接选择工具 A

矩形、圆角矩形、椭圆、多边形、直线、自定义形状工具 U

抓手工具 H

旋转视图工具 R

缩放工具 Z

添加锚点工具＋
删除锚点工具－
默认前景色和背景色 D
切换前景色和背景色 X
切换标准模式和快速蒙版模式 Q
标准屏幕模式、带有菜单栏的全屏模式、全屏模式 F
临时使用移动工具 Ctrl
临时使用吸色工具 Alt
临时使用抓手工具空格
打开工具选项面板 Enter
快速输入工具选项(当前工具选项面板中至少有一个可调节数字)0 至 9
循环选择画笔[或]
选择第一个画笔 Shift＋[
选择最后一个画笔 Shift＋]
建立新渐变(在"渐变编辑器"中)Ctrl＋N

3. Photoshop 滤镜使用介绍

滤镜分为内置滤镜和外挂滤镜两大类。内置滤镜是 Photoshop 自身提供的各种滤镜，挂滤镜则是由其他厂商开发的滤镜，它们需要安装在 Photoshop 中才能使用。

在"滤镜"菜单中，"滤镜库""Camrae Raw 滤镜""镜头校正""液化"和"消失点"等是特殊镜，被单独列出，如图 2.45 所示。

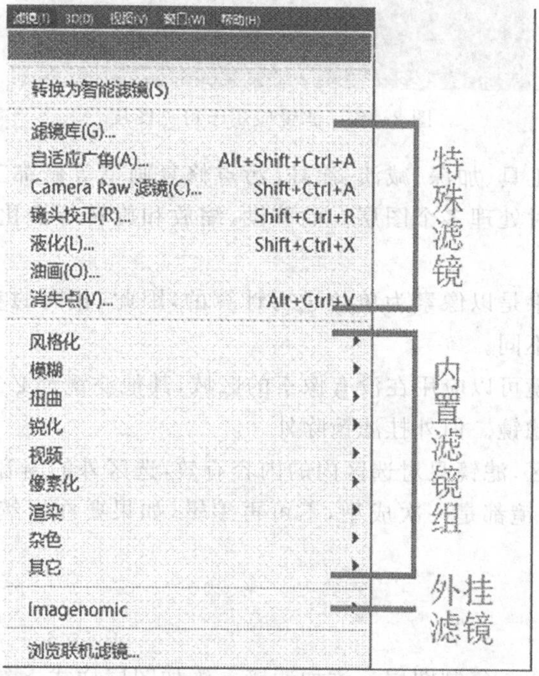

图 2.45　Photoshop 滤镜菜单

其他滤镜都依据其主要功能放置在不同类别的滤镜组中。如果安装了外挂滤镜，则们会出现在“滤镜”菜单底部。

Photoshop 的内置滤镜主要分为两种用途。第一种用于创建具体的图像特效，如可生成粉笔画、图章、纹理、波浪等各种效果，此类滤镜的数量最多，且绝大多数都在“风格“画笔描边”“扭曲”“素描”“纹理”“像素化”“渲染”和“艺术效果”等滤镜组中。除“扭曲”以其他少数滤镜外，基本上都是通过“滤镜库”来管理和应用的。

第二种用于编辑和优化图像，如减少图像杂色、提高清晰度等。这些滤镜在“模糊”化”和“杂色”等滤镜组中。

此外，“液化”“消失点”和“镜头校正”也属于此类滤镜。这 3 种滤镜比较特殊，它们功强大，并且有自己的工具和独特的操作方法，更像是独立的软件。

滤镜的使用规则：

(1)使用滤镜处理某一层图层中的图像时，需要选择该图层，并且图层必须是可见的览图前面有个眼睛图标)，如图 2.46 所示。

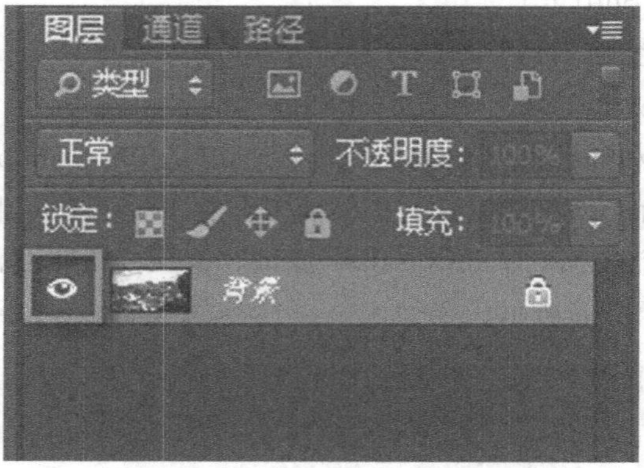

图 2.46　滤镜应用于可见图层

(2)滤镜以及绘画工具、加深、减淡、涂抹、污点修复画笔等修饰工具只能处理当前选的一个图层，而不能同时处理多个图层。而移动、缩放和旋转等变化操作，可以对多个选的图层同时处理。

(3)滤镜的处理效果是以像素为单位进行计算的，因此，相同的参数处理不同分辨率图像，其效果也会有所不同。

(4)只有“云彩”滤镜可以应用在没有像素的区域，其他滤镜都必须应用在包含像素的域，否则不能使用这些滤镜。但外挂滤镜除外。

(5)如果创建了选区，滤镜只对选区内的内容有效，选区外的内容不会变化。

(6)正常情况下，滤镜都是一次成型，不可再编辑，如果要在后续操作中调整滤镜参可转化为智能滤镜。

任务实施

任务流程：打开图片→复制图层→添加滤镜→添加图层样式→参数设置→保存文件。

(1)打开小花图片,更改图片的宽度为 2000 像素,如图 2.47 所示。

图 2.47 小花图片

(2)观察右边是否显示了图层面板,如有则继续下一步,否则按下 F7 显示该面板,如图 48 所示。

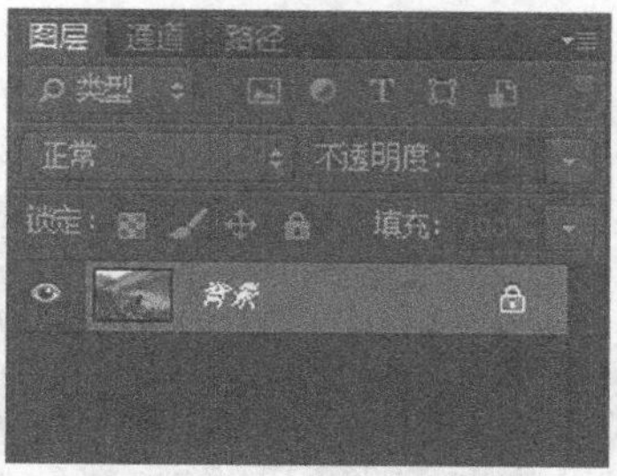

图 2.48 图层面板

(3)在背景图层上点击右键,选择复制图层,弹出面板按确定。

(4)选择菜单“滤镜”→“像素化”→“马赛克”,对“背景 拷贝”图层应用滤镜“马赛克”,并马赛克单元格大小设为 200,如图 2.49、2.50 所示。

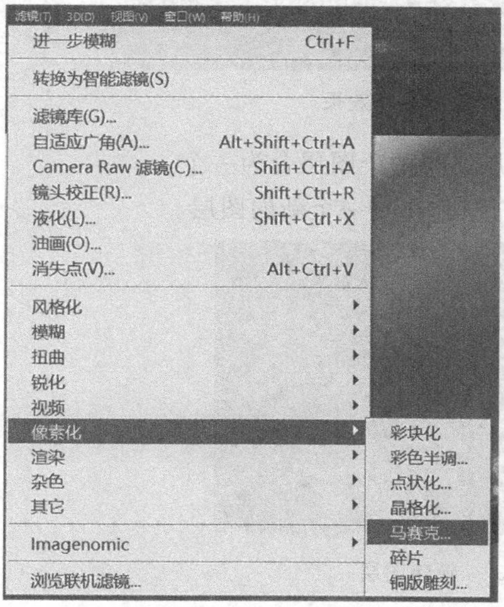

图 2.49 应用马赛克滤镜

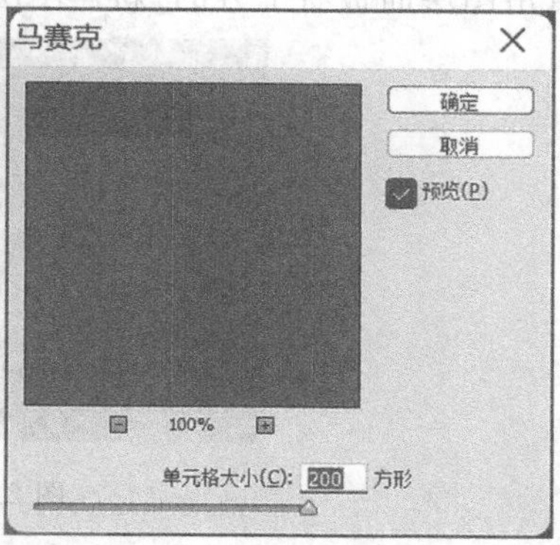

图 2.50 设置单元格

(5)将“背景 拷贝”图层的图层叠加模式改为“叠加”,如图 2.51 所示。

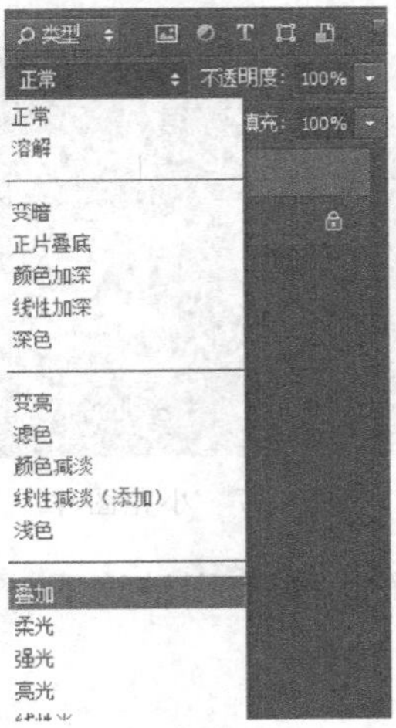

图 2.51　设置图层模式

完成设置后,可看到朦胧的马赛克效果,如图 2.52 所示。

图 2.52　朦胧马赛克效果

(6) 选择图层面板的菜单中的“拼合图层”,将两个图层合为一个。

(7)点击图层面板右下方的“新建图层”按钮,得到一个新的图层。

图 2.53　新建图层

(8)在图层面板中将新建的"图层 1"拖到下方。

图 2.54　调整图层位置

(9)将图层 1 的内容缩小后居中放置,并在图层 2 里填充颜色♯f7da1a,效果如图 2.55
示。

图 2.55　填充效果

(10)按住 Ctrl 键的同时,点击图层面板中"图层 1"左边的缩略图,调出选区;再点选图
2,点击 Delete 键删除。

(11)选择左侧工具栏中的套索(或矩形选择)工具,在任意位置点击,取消选区。

(12)点击图层 2 左侧的缩略图标,调出图层样式窗口,勾选左侧的"斜面和浮雕",在右
的编辑窗口更改样式为"枕状浮雕",并设置大小为 27 像素,如图 2.56 所示。

(13)最后完成的效果如图 2.57 所示。

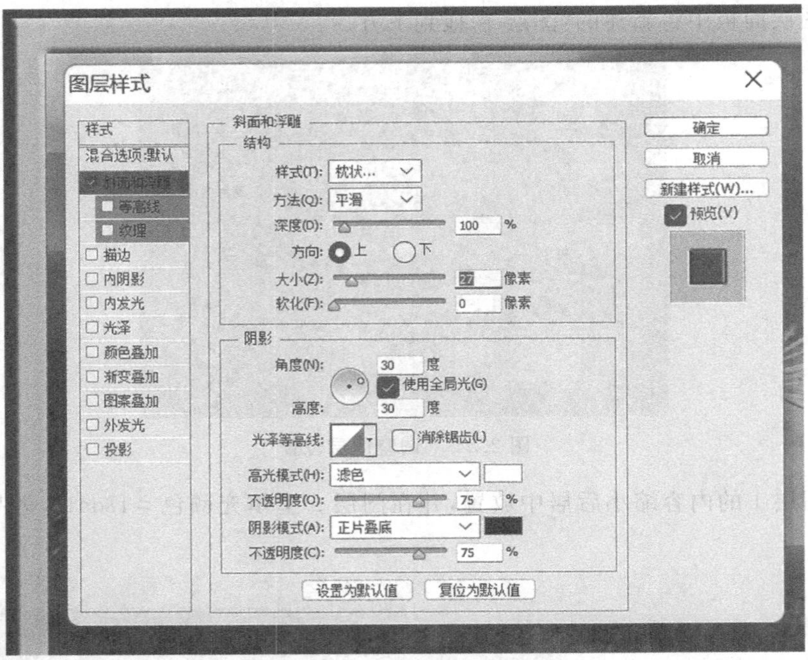

图 2.56　样式设置

图 2.57　最终效果

(14)保存文件。

任务 2.6 放射光线

务描述

本任务使用 Photoshop 中的动作等功能，制作放射光线效果，制作后的图形如图 2.58 所示。

动作使用教学视频

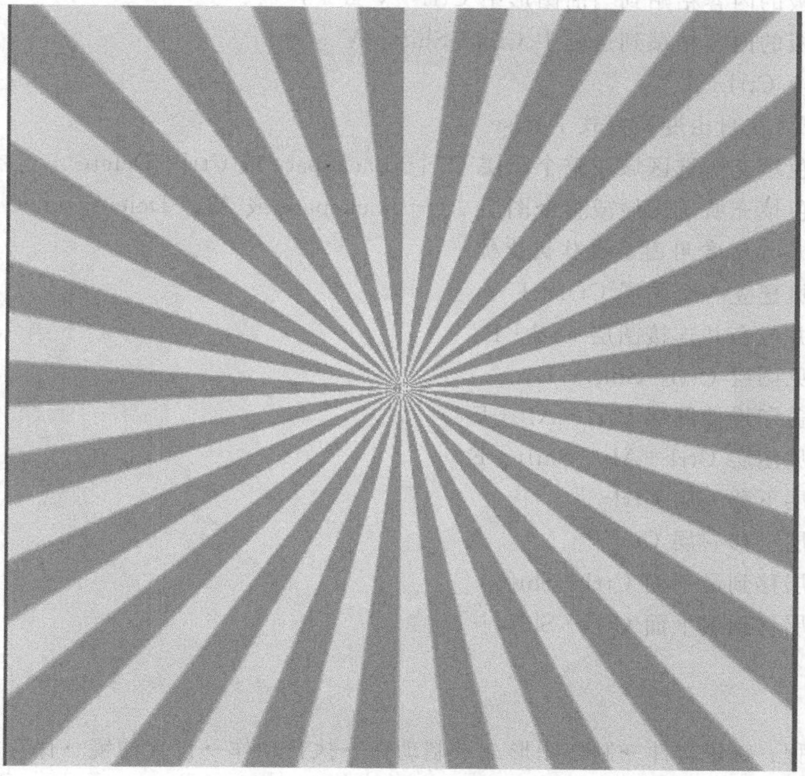

图 2.58 放射光线效果

识准备

1. Photoshop 常用文件操作快捷键

新建图形文件 Ctrl+N

保存当前图像 Ctrl+S

另存为 Ctrl+Shift+S

打印 Ctrl+P

2. Photoshop 常用选择操作快捷键

全部选取 Ctrl+A

取消选择 Ctrl+D

重新选择 Ctrl+Shift+D

羽化选择 Ctrl+Alt+D

反向选择 Ctrl+Shift+I

载入选区 Ctrl+单击图层、路径、通道面板中的缩约图

3. Photoshop 常用编辑操作快捷键

剪切选取的图像或路径 Ctrl+X 或 F2

拷贝选取的图像或路径 Ctrl+C

将剪贴板的内容粘贴到当前图形中 Ctrl+V 或 F4

将剪贴板的内容粘贴到选框中 Ctrl+Shift+V

自由变换 Ctrl+T

取消变形(在自由变换模式下)Esc

用背景色填充所选区域或整个图层 Ctrl+Backspace 或 Ctrl+Delete

用前景色填充所选区域或整个图层 Alt+Backspace 或 Alt+Delete

4. Photoshop 常用图层操作快捷键

通过拷贝建立一个图层 Ctrl+J

向下合并或合并连接图层 Ctrl+E

合并可见图层 Ctrl+Shift+E

盖印或盖印连接图层 Ctrl+Alt+E

盖印可见图层 Ctrl+Alt+Shift+E

将当前层下移一层 Ctrl+[

将当前层上移一层 Ctrl+]

将当前层移到最下面 Ctrl+Shift+[

将当前层移到最上面 Ctrl+Shift+]

任务实施

任务流程：新建文件→制作图形→录制动作→执行动作→设置滤镜→保存文件。

(1) 打开 Photoshop CC,新建文件,高度和宽度均设置为 500 像素。

(2) 设置前景颜色 RGB 的值为(255,255,0),选择“油漆桶工具”,单击画面。

(3) 新建图层 1,选择“矩形选框工具”,设置样式为“固定大小”,设置宽度为 10素,设置高度为 500 像素,如图 2.59 所示。

图 2.59　选框工具属性设置

(4) 在画面最左边画一个矩形选区,设置前景颜色 RGB 的值为(255,0,0),选择“油桶工具”,单击该矩形选区,将矩形选区填充为红色,如图 2.60 所示。

图 2.60 填充矩形选区

(5) 选择“窗口”→“动作”命令，打开动作窗口，在动作窗口中单击“创建新动作”按钮
，打开“新建动作”对话框，设置如图 2.61 所示。

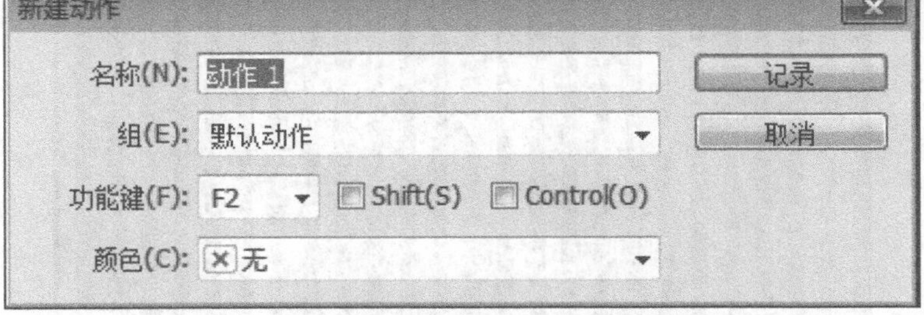

图 2.61 录制动作设置

(6) 单击“记录”按钮，进入动作录制状态。

(7) 复制图层 1，生成图层 1 副本，选中图层 1 副本，向右移动 10 像素(见图 2.62)，在动
录制窗口中单击“停止播放/记录”按钮。

图 2.62　录制动作

(8) 连续按 F2 键 23 次，得到图形如图 2.63 所示。

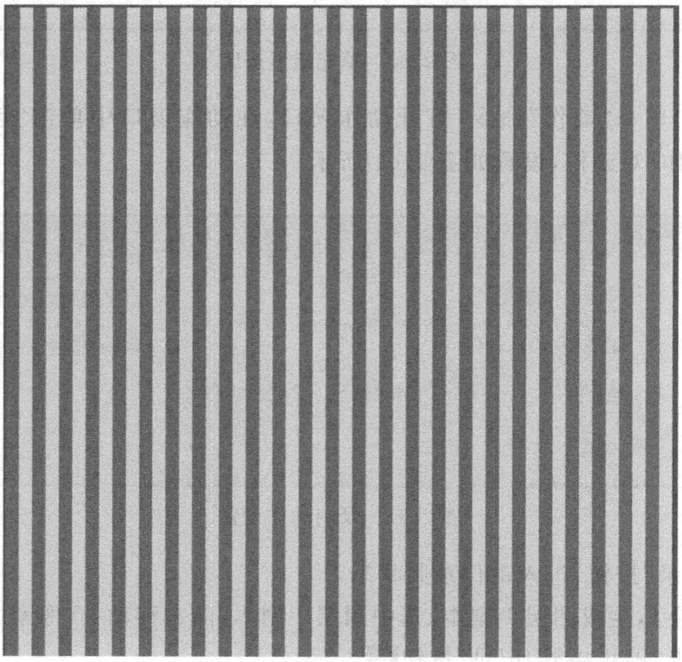

图 2.63　执行动作

(9) 连续按 Ctrl+E 键向下合并图层，将除背景图层以外的图层合成为一个图层 1。

(10) 选中图层 1,选择“滤镜”→“扭曲”→“极坐标”命令,设置如图 2.64 所示。

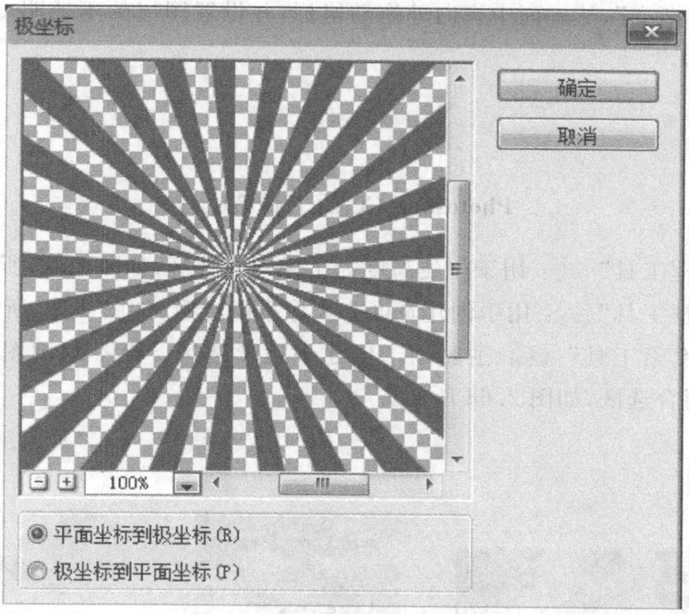

图 2.64　滤镜设置

(11) 单击“确定”,效果如图 2.65 所示。

图 2.65　滤镜效果

(12) 新建图层 2，选择“渐变工具”，将渐变颜色设置为从白色到黄色的渐变，渐变属性设置为“径向渐变”，从画面中央向外拖动鼠标，并设置图层的不透明度为 60%，最后效果如图 2.49 所示。

拓展知识

Photoshop CC 的工具箱(一)

(1)“单行选框工具”：用于创建高度为 1 像素的选区，如图 2.66 所示。

(2)“单列选框工具”：用于创建宽度为 1 像素的选区，如图 2.67 所示。

(3)“多边形套索工具”：主要用于创建多边形选区。沿不规则图形的边缘依次单击，最后创建出闭合选区，如图 2.68 所示。

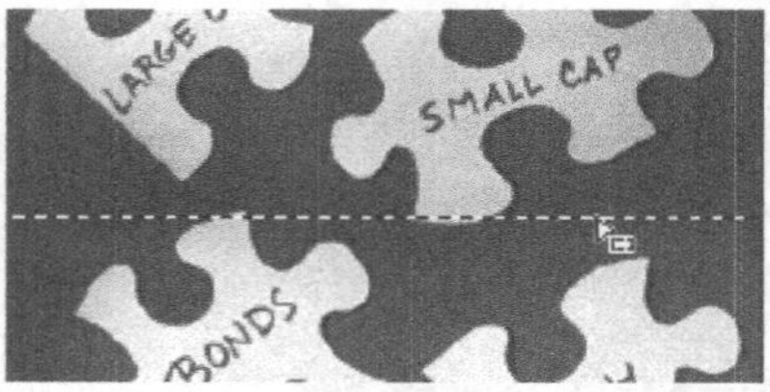

图 2.66　单行选区

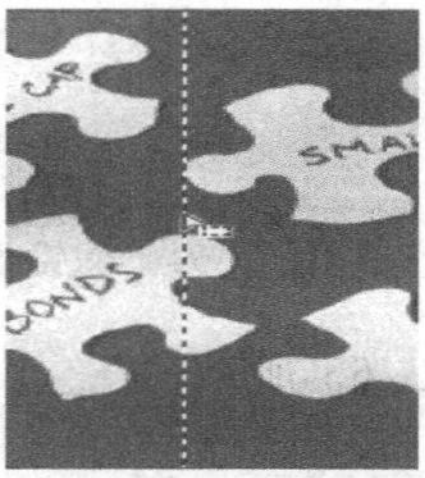

图 2.67　单列选区

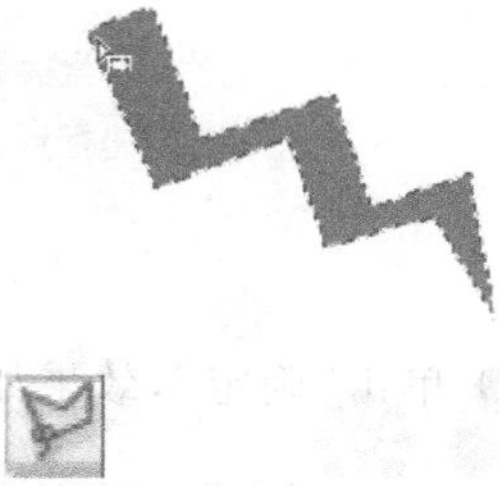

图 2.68　多边形选区

(4)“磁性套索工具”：一种可识别边缘的创建选区工具，它能够自动分辨出不同颜色的边缘，最后完成一个闭合的选区，如图 2.69 所示。

(5)“快速选择工具”：用于使用圆形画笔笔尖快速“绘制”选区，如图 2.70 所示。

(6)“裁剪工具”：用于对画面进行裁切，而且不受图层的限制，按住鼠标左键创建要裁切的区域，按 Enter 键确定即可，如图 2.71 所示。

(7)“切片工具”：在制作网页时使用，主要用于划分图像，如图 2.72 所示。

图 2.69　磁性套索

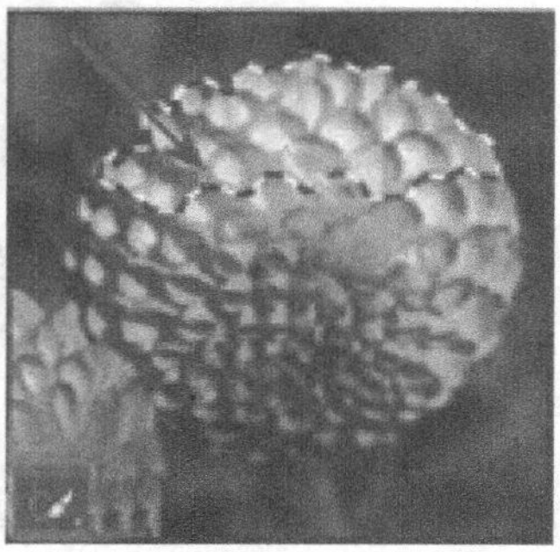

图 2.70　快速选择

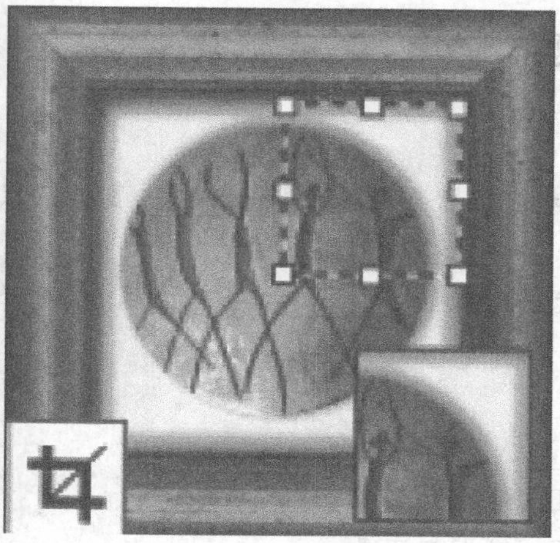

图 2.71 裁剪工具

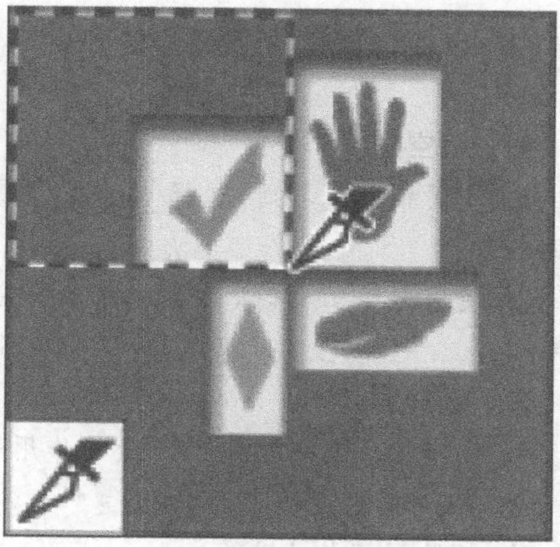

图 2.72 切片工具

(8)"切片选择工具" ：在制作网页时使用,可以对切割好的切片进行选择和调整,如
2.73 所示。

(9)"红眼工具" ：用于移除因使用闪光灯拍摄的人物照片中产生的"红眼"现
,也可用于移除因使用闪光灯拍摄的动物照片中产生的白色或绿色反光,如图 2.74
示。

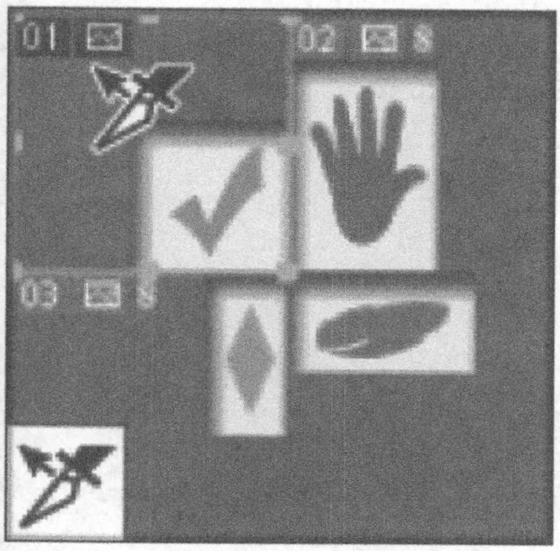

图 2.73 切片选择工具

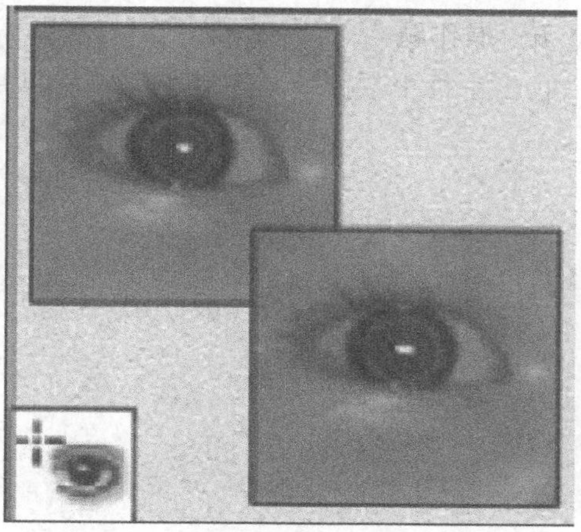

图 2.74 红眼工具

小结

本单元主要介绍了 Adobe Photoshop CC 的工作环境、应用领域等,并通过 6 个实
际图像处理任务,重点学习了移动、选择、修补和仿制图章等工具和方法在图像处理工
作中的使用,最后完成了 6 个实际的图像处理任务。

习　题

一、填空题

1. 使用钢笔工具时，选择________属性可以建立形状图层，选择________属性可以建立路径。

2. 使用魔棒工具时，属性中的容差值越大，选择区域越________，容差值越小，选择区域越________。

二、选择题

1. 橡皮擦工具属性中的流量的作用是________。

A. 橡皮擦直径的大小　　B. 擦除的浓度

C. 擦除区域的大小　　D. 以上都不是

2. 取消选区的快捷键是________。

A. Shift＋D　　B. Ctrl＋T　　C. Ctrl＋D　　D. Shift＋T

三、判断题

1. Adobe Photoshop CC 工具箱中不是只有窗口中见到的这些工具。 (　)

2. 矩形选框工具只能建立一个矩形选区。 (　)

四、简答题

Adobe Photoshop CC 的工作窗口主要由哪些部分组成？

五、操作题

找出手机中取景效果不理想的一张照片，优化构图并作比较。

单元 3

图像合成

知识教学目标

- 掌握 Photoshop CC 选区的概念；
- 掌握 Photoshop CC 滤镜的概念；
- 掌握 Photoshop CC 存储选区的含义。

技能培养目标

- 能使用磁性套索工具建立并应用选区；
- 能使用滤镜对图像进行效果处理；
- 能利用 Photoshop CC 进行图像合成。

任务 3.1 飙 车

任务描述

本任务要将如图 3.1 所示的一张背景图片，如图 3.2 所示的一张汽车照片，如图 3.3 所示的一张猎豹图片，合成制作成一张车和豹奔驰的图片，最终结果如图 3.4 所示。

图 3.1 背景

图 3.2 汽车

图 3.3　猎豹

图 3.4　最终效果

知识准备

1. 抠图

抠图就是将图像的一部分提取出来进行单独处理，方法是首先选择选区，然后按Ctrl+J 键，此时，图像中被选出的部分自动新建成一个图层，这个图层就可以单独处理了

抠图常用工具和方法教学视频

2. 复制图层

复制图层可以使用菜单下的"图层"→"复制图层"命令，或在图层面板中右击图层名在弹出的菜单中选择"复制图层"命令，弹出"复制图层"对话框(见图 3.5)，在对话框中输图层名称即可。

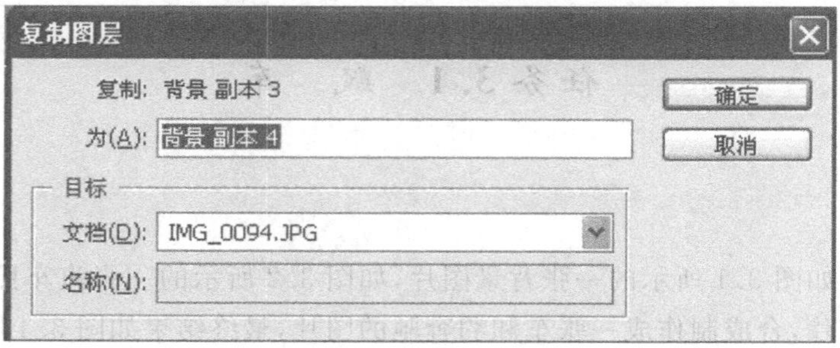

图 3.5　"复制图层"对话框

3. 水平翻转

水平翻转是将图像在水平方向上转动，图像的垂直像素位置保持不变，它不同于水平转 180°。其操作方法是选中图片后，选择"编辑"→"自由变换"命令，然后在图片上右击弹出的菜单中选择"水平翻转"命令。

4. "移动工具"

"移动工具"是 Photoshop 中极常用的工具之一。按住鼠标左键，可以拖动本图层内图案。使用其他工具时，按住 Ctrl 键可将其转换为"移动工具"，如图 3.6 所示。

5. "画笔工具"

"画笔工具"主要用于绘制图像，但实际上，它远远超出了普通画笔的功能界限，通过笔工具的属性设置，可以实现很多画笔功能，简单的使用如图 3.7 所示。

图 3.6　移动图片

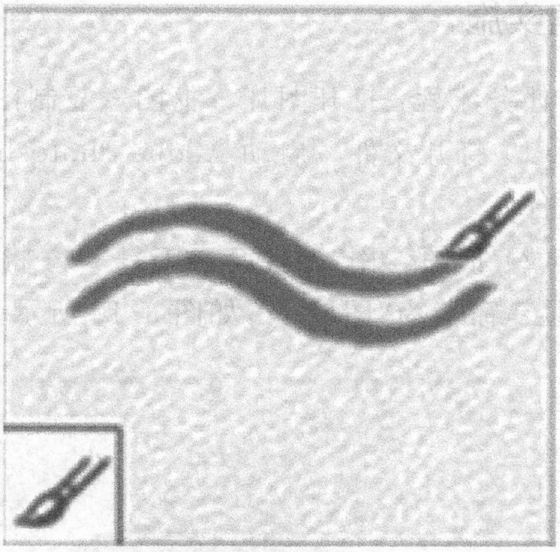

图 3.7　画笔的使用

6. 滤镜

滤镜是图像处理的“灵魂”。其工作原理是通过对图像中像素的分析，按照每种滤镜的
学算法进行像素色彩和亮度等参数的调节。使用滤镜的操作是在菜单栏中选择“滤镜”选
弹出滤镜下拉菜单，选择其中的滤镜效果，如图 3.8 所示。使用“滤镜”→“扭曲”→“水
”命令后的效果如图 3.9 所示。

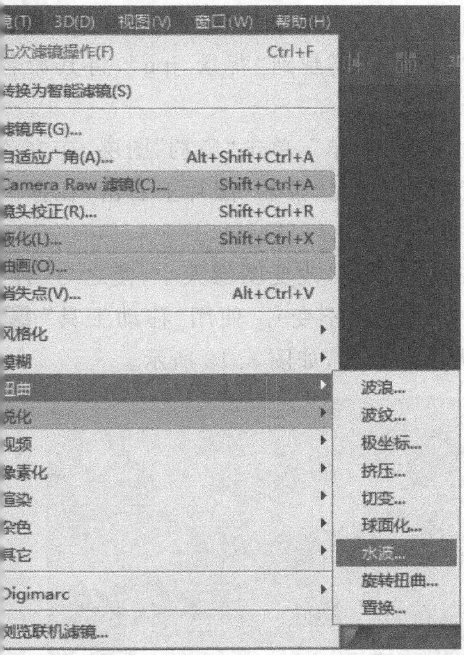

图 3.8　滤镜下拉菜单

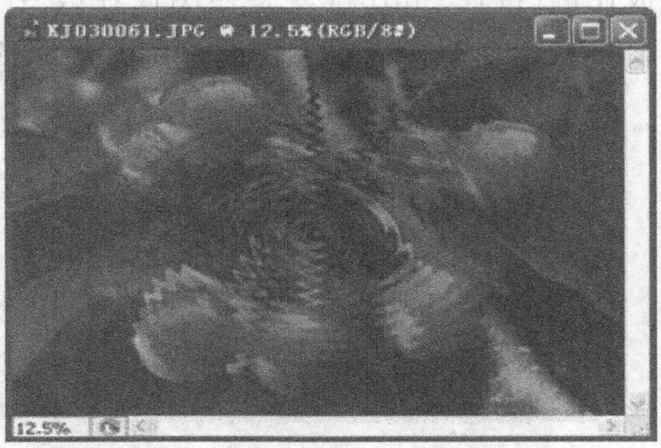

图 3.9　使用“水波”滤镜效果

任务实施

任务流程：打开图片→抠图→复制图层→图像合成→后期→修饰。

(1) 打开文件。启动 Adobe Photoshop CC，分别打开“背景.jpg”“车.jpg”和“豹.jpg”
个文件。

(2) 抠图。用“磁性套索工具” 将车选出。按下 Ctrl+J 键，把选出部分复制出一
新图层，命名为“图层 1”，如图 3.10 所示。用同样的方法选出猎豹，命名为“图层 2”。

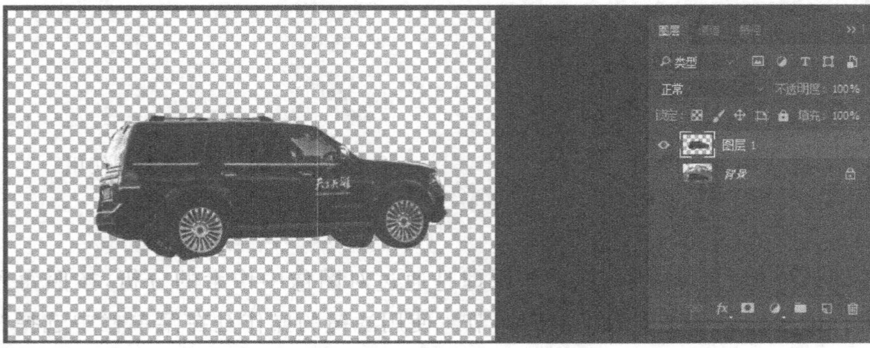

图 3.10 抠出的车图

(3) 选择猎豹图片。右击猎豹图片中的“图层 1”，选择“复制图层”命令，弹出“复制
层”对话框，命名为“图层 1”，目的文档项选“背景.jpg”，设置好后单击“确定”按钮，猎豹照
就复制到“背景.jpg”上。用同样的方法将车图的“图层 1”复制到“背景.jpg”，将其命名
“图层 2”，调整位置，如图 3.11 所示。

(4) 关闭其他图片文件，将图 3.11 所示图像另存为“飙车”，单击“猎豹”图层，在主菜
下选择“编辑”→“自由变换”命令，此时“猎豹”图片被选中，在“猎豹”图片上右击，在弹出
菜单中选择“水平翻转”命令，此时“猎豹”变换了方向。

(5) 按住 Shift 键，用鼠标左键拖动“猎豹”框右上角句柄，改变图像大小，使之与“背
成比例(按住 Shift 键就是使图像在改变大小时保持纵横比不变)。使用“移动工具”
“猎豹”移到合适位置。用同样的方法调整“车”的大小和位置，如图 3.12 所示。

图 3.11 复制后的图像

图 3.12 调整后的图像

(6) 添加阴影。为了使“猎豹”“车”与“背景”结合得更逼真，从光线角度要给图像加阴。单击图层窗口中的“背景”图层，单击“创建新图层”图标，在“背景”图层上面新建一图层，命名为“阴影 1”，选择“画笔工具”，在属性栏中设置主直径为 18，不透明度为%，在“猎豹”与“背景”“车”与“背景”之间拖动鼠标添加阴影，如图 3.13 所示。多余部分使用“橡皮擦工具”擦去。

图 3.13 添加阴影

(7) 模拟背景的动感。在图层窗口中单击“背景”图层，在主菜单栏中选择“滤镜”→“模”→“径向模糊”命令(“径向模糊”的快捷键是 Ctrl+F)，“径向模糊”设置如图 3.14 所示。同样的方法模拟“车”和“猎豹”的动感。

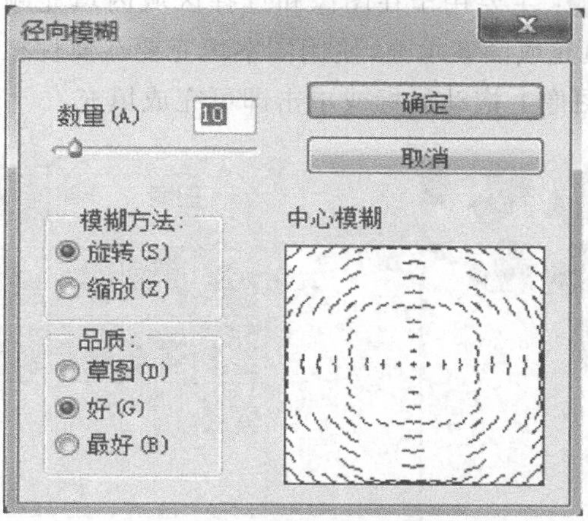

图 3.14 径向模糊

(8) 保存图像，最后结果如图 3.4 所示。

拓展知识

Photoshop CC 的工具箱(二)

(1)“铅笔工具”：是一种常用的绘图工具，它模拟真实的铅笔进行绘画，产生一种性的边缘线效果，如图 3.15 所示。

(2)“颜色替换工具”：可以置换任何部分的颜色，并保留原有材质的感觉和明暗系。其使用方法是首先选择“颜色替换工具”，再设置工具属性，然后设置前景色，最后在片上涂抹，如图 3.16 所示。

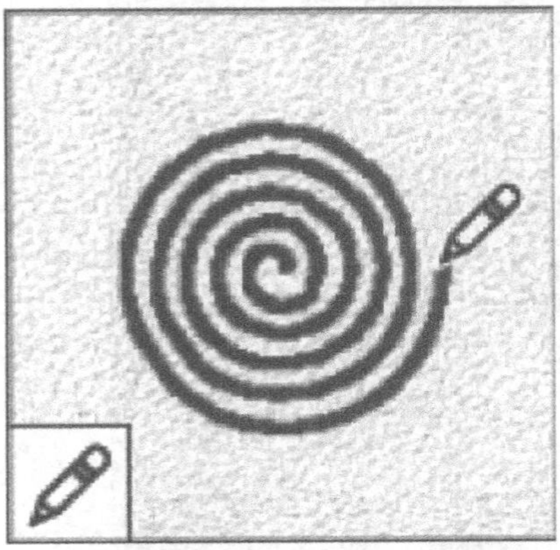

图 3.15　铅笔工具

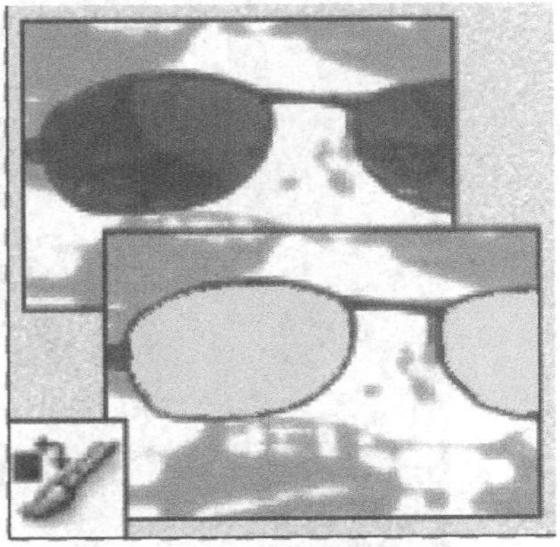

图 3.16　颜色替换

(3)“图案图章工具”：其主要作用是制作图案，但它与“仿制图章工具”的取样方不同。其使用方法是先建立选区，然后选择“编辑”→“定义图案”命令，取消选区，再选择“案图章工具”，在属性栏中选择刚才定义的图案，在图层上拖动鼠标，定义的图案就绘制出了，如图 3.17 所示。

(4)“油漆桶工具”：主要用于在图像和选择区域内填充颜色和图案，使用油漆桶具可以选择使用前景色填充或图案填充，使用图案填充要在属性栏中设置填充图案，如图18 所示。设置完成后在图像上拖动鼠标或单击即可完成填充。

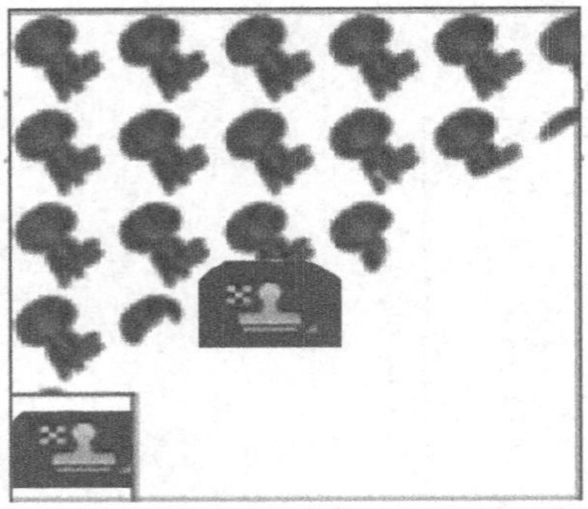

图 3.17　使用“图案图章工具”

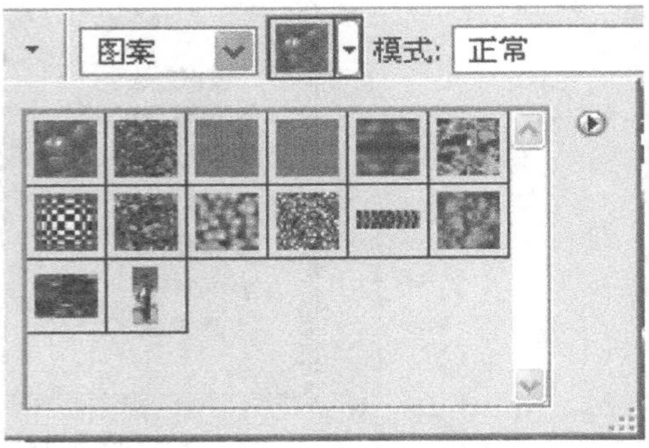

图 3.18　选择填充图案

(5)“模糊工具”：用于对图像或图案进行模糊处理，通过属性设置可以使图像变亮变暗，如图 3.19 所示。

(6)“锐化工具”：用于对图像或图案进行锐化处理，选择锐化工具，设置工具属性，图像上拖动鼠标产生锐化效果，如图 3.20 所示。

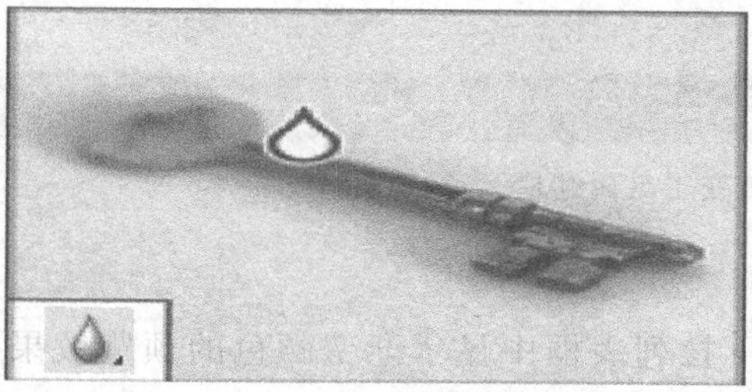

图 3.19 模糊处理

图 3.20 锐化效果

任务 3.2 插 图

务描述

本任务将分别使用插入和绘画等技术将如图 3.21 所示的三张图像合成为一张艺术化较鲜明的图像，合成后的效果如图 3.22 所示。

美女 鱼缸 花

图 3.21 素材图片

图 3.22 合成效果

知识准备

1. 使用“渐变工具”可以创建多种颜色间的逐渐混合

实际上就是在图像中或者图像的某一部分区域填入一个具有多种颜色过渡的混合式。这个混合模式可以是从前景色到背景色的过渡，也可以是前景色与透明背景间的相过渡，或者是其他颜色的相互过渡。单击工具箱中的“渐变工具”按钮，在属性栏上显示渐工具的属性选项，如图 3.23 所示。

图 3.23　渐变工具属性栏

下面对该属性栏中的各项参数进行介绍。

(1) 渐变下拉列表框：在此下拉列表框中显示渐变颜色的预览效果图。击其右侧的倒三角形，可以打开渐变的下拉面板，在其中可以选择一种渐变颜色进行填将鼠标指针移动到渐变下拉面板的渐变颜色上，会提示该渐变的颜色的名称。

(2) 渐变类型：选择“渐变工具”后会有 5 种渐变类型可供选择，分别“线性渐变”“径向渐变”“角度渐变”“对称渐变”和“菱形渐变”。这 5 种渐变类型可以完成种不同效果的渐变填充效果，其中默认的是“线性渐变”。

(3) 模式

：选择渐变的混合模式。

(4) 不透明度

：选择渐变的不透明程度。

(5) 反向

：勾选后，填充后的渐变颜色刚好与用户设置的渐变颜色相反。

(6) 仿色

：勾选后，可以用递色法来表现中间色调，使用渐变效果更加平衡。

(7) 透明区域

：勾选后，将打开透明蒙版功能，使渐变填充可以应用透明设置

使用渐变工具填充渐变效果的操作很简单，但是要得到较好的渐变效果，则与用户所择的渐变工具和渐变颜色有直接的关系。所以，自己定义一个渐变颜色将是创建渐变效的关键。

2. 图层样式

图层样式是 Photoshop 中一个用于制作各种效果的强大功能。利用图层样式功能可简单快捷地制作出各种立体投影、质感以及光景效果的图像特效。与不用图层样式的传操作方法相比较，图层样式具有速度更快，效果更精确，更强的可编辑性等无法比拟的优图层样式被广泛地应用于各种效果制作当中，主要体现在以下几个方面：

(1) 通过不同的图层样式选项设置，可以很容易地模拟出各种效果。这些效果利用统的制作方法会比较难实现，或者根本不能被制作出来。

(2) 图层样式可以被应用于各种普通的、矢量的和特殊属性的图层上，几乎不受图层别的限制。

(3) 图层样式具有极强的可编辑性，当图层中应用了图层样式后，会随文件一起保可以随时进行参数选项的修改。

(4) 图层样式的选项非常丰富，通过不同选项及参数的搭配，可以创作出变化多样的图效果。

(5) 图层样式可以在图层间进行复制、移动，也可以存储成独立的文件，将工作效率最化。

当然，图层样式的操作同样需要读者在应用过程中注意观察，积累经验，这样才能准确速地判断出所要进行的具体操作和选项设置。

单击图层面板下边的“添加图层样式”按钮，弹出如图 3.24 所示的下拉菜单。

(1) 投影：将为图层上的对象、文本或形状后面添加阴影果。投影参数由“混合模式”“不透明度”“角度”“距离”“扩”和“大小”等各种选项组成，通过对这些选项的设置可以得需要的效果。

(2) 内阴影：将在对象、文本或形状的内边缘添加阴影，让层产生一种凹陷外观，对文本对象设置内阴影效果更佳。

(3) 外发光：将从图层对象、文本或形状的边缘向外添加光效果。设置参数可以让对象、文本或形状更精美。

(4) 内发光：将从图层对象、文本或形状的边缘向内添加光效果。

(5) 斜面和浮雕：通过设置其“样式”下拉菜单将为图层添高亮显示和阴影的各种组合效果。

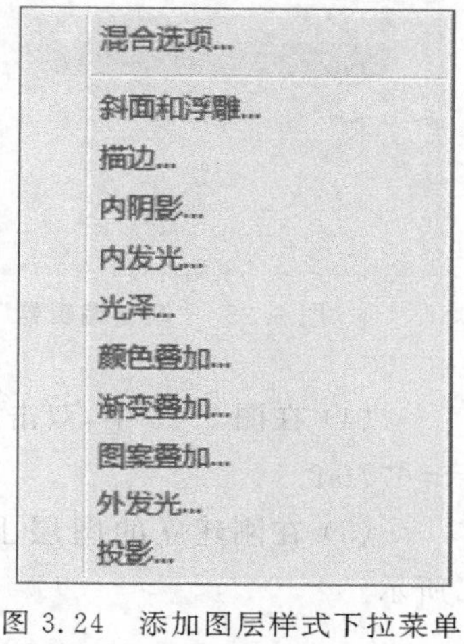

图 3.24 添加图层样式下拉菜单

(6) 光泽：将对图层对象内部应用阴影，与对象的形状互相作用，通常创建规则波浪形，产生光滑的磨光及金属效果。

(7) 颜色叠加：将在图层对象上叠加一种颜色，即用一层纯色填充到应用样式的对象。利用“设置叠加颜色”选项可以通过“选取叠加颜色”对话框选择任意颜色。

(8) 渐变叠加：将在图层对象上叠加一种渐变颜色，即用一层渐变颜色填充到应用样式对象上。通过“渐变编辑器”还可以选择使用其他的渐变颜色。

(9) 图案叠加：将在图层对象上叠加图案，即用一致的重复图案填充对象。利用“图案色器”还可以选择其他的图案。

(10) 描边：使用颜色、渐变颜色或图案描绘当前图层上的对象、文本或形状的轮廓，对边缘清晰的形状(如文本)，这种效果尤其有用。

图层样式教学视频

务实施

任务流程：打开图片→插图→下载使用水墨笔刷→抠图→设置图层样式→调整选区→存图像。

(1) 启动 Adobe Photoshop CC。新建一个空白文档，尺寸设置为 1000 像素×1000 像素。

(2) 新建一个图层，选择“渐变工具”，渐变类型选择径向渐变。

(3) 双击渐变下拉列表框，弹出“渐变编辑器”对话框，如图 3.25 所示。双击边色标，弹出“拾色器(色标颜色)”对话框，设置色标颜色为＃ffffff，如图 3.26 所示。

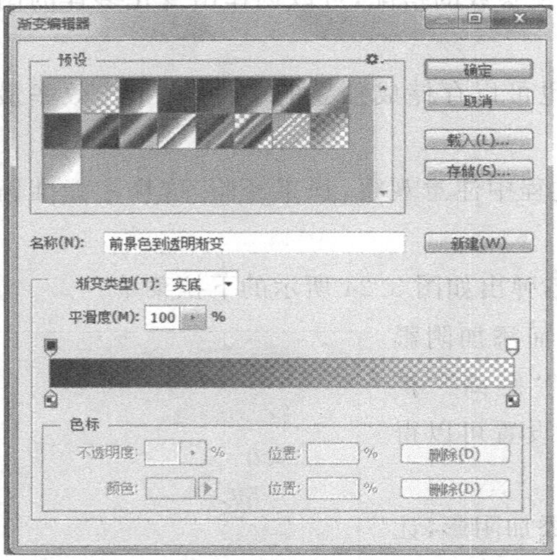

图 3.25 “渐变编辑器”对话框

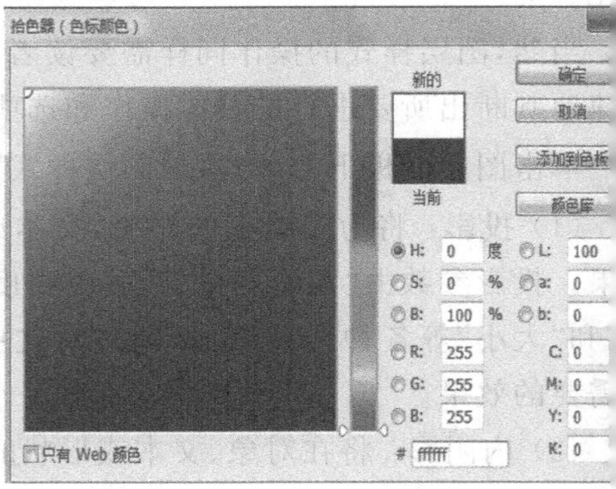

图 3.26 “拾色器(色标颜色)”对话框

(4) 在图 3.25 中,双击右边色标,弹出“拾色器(色标颜色)”对话框,设置色标颜色
#677faf。

(5) 在刚建立的图层上,由中心向边缘拉出 # ffffff 到 # 677faf 的渐变,如图 3.
所示。

图 3.27 渐变效果

(6) 将图层不透明度 不透明度: 55% 设置为 55%。

(7) 打开“美女”图像文件,使用“套索工具”将“美女”图像文件中的模特从背景中抠
拖动到创建好的文档中来,如图 3.28 所示。

图 3.28 拖入图像效果

(8) 下载水墨笔刷。选择"画笔工具" ，载入水墨笔刷，载入后为模特图层添加
版，在模特的腿部及右侧胳膊处绘制，试着使用不同的笔刷来表现出随机的效果，如
3.29 所示。

载入笔刷

图 3.29 使用水墨笔刷效果

(9) 打开"花"图像文件，使用"魔棒工具" ，容差设置为 32 容差：32 ，工具属性中选
加到选区" ，单击空白区域，此时空白区域被选取中，继续单击花枝部分，将花枝部分
起选中。

(10) 按 Ctrl+Shift+I 键反选选区，此时"花"被选中，按 Ctrl+J 键，将"花"建立一个新
图层。

(11) 将"花"拖到"美女"图中，此时自动新建一个"花"图层，选择"编辑"→"变换"→"缩
"命令，将"花"缩小到满意为止，放到合适位置。

(12) 复制"花"图层，选择此图层，选择"编辑"→"变换"→"自由变换"命令，调整"花"的
小、方向、位置，如图 3.30 所示。

(13) 打开"鱼缸"图像文件，将"鱼缸"拖入图 3.30 中，确认"鱼缸"为当前工作层，单击
层面板底部的"添加图层样式"按钮 ，在弹出的下拉菜单中选择"混合选项"命令，弹出

“图层样式”对话框,如图 3.31 所示。

图 3.30　插入“花”的效果

(14) 按住 Alt 键,将鼠标光标放置在如图 3.31 所示的三角形按钮上,按住左键拖曳标,左右移动三角形。用相同的方法,按住 Alt 键,对其他三角形的位置也进行调整,图 3.31 所示,在调整时要注意画面的效果。

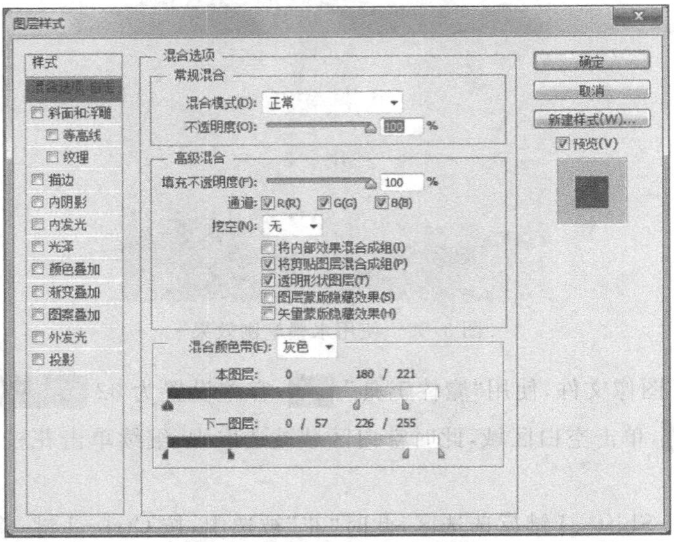

图 3.31　“图层样式”对话框

(15) 对图像进行混合处理后,可以看出图像的阴影轮廓还清晰可见,如图 3.32 所下面利用画笔工具和蒙版进行融合处理。单击图层面板底部的“添加图层蒙版”按钮图层添加蒙版。

图 3.32 混合处理效果

(16) 设置工具箱中的前景色为黑色。单击工具箱中的"画笔工具" ,设置合适大小笔头,然后在图像的边缘轮廓位置进行蒙版编辑,调整位置,直到满意为止。最终效果如3.22 所示,保存结果。

任务3.3 跨海大桥

务描述

本任务将分别使用图层蒙版和不透明度等技术将如图 3.33、图 3.34、图 3.35 所示的三图像合成为一张图像,合成后的效果如图 3.36 所示。

图 3.33 海

图 3.34 高铁

图 3.35 船

图 3.36 合成效果

识准备

1. 图层蒙版

图层蒙版相当于一块能使物体变透明的布，在布上涂黑色时，物体变透明，在布上涂白 时，物体显示，在布上涂灰色时，半透明。

也可以这样说，Photoshop 中的图层蒙版中只能用黑白色及其中间的过渡色 色）。

（1）蒙版中的黑色就是蒙住当前图层的内容，显示当前图层下面的层的内容。

（2）蒙版中的白色则是显示当前层的内容。

（3）蒙版中的灰色则是半透明状，图层下面的层的内容则若隐若现。

图层蒙版就是在当前图层上，露出想露出的部分（白色），方便修改。如果使用删除，将 需要的部分删除掉，那么将来在需要调整的时候还需要重新置入图片。如果使用蒙版的 ，可以随时调整蒙版，让更多或更少的部分露出来。

图层蒙版使用教学视频

图层蒙版的用途如下：

（1）图层蒙版是一种特殊的选区。但它的目的并不是对选区进行操作，相反，而是要保护 区不被操作。同时，不处于蒙版范围的地方则可以进行编辑与处理。蒙版虽然是种选区，但 跟常规的选区颇为不同。常规的选区表现了一种操作趋向，即将对所选区域进行处理；而蒙 却相反，它是对所选区域进行保护，让其免于被操作，而对非掩盖的地方应用操作。

（2）图层蒙版可以完美融合图像，如制作倒影、融合图像等（图层蒙版中黑白灰渐变）。

（3）图层蒙版可以保留半透明过渡。

（4）图层蒙版可进行羽化操作。在图层上用选区工具画出想要的形状，并对图层蒙版 行羽化。

（5）图层蒙版可以抠半透明图。用图层蒙版来抠图的最大好处就是：尽可能地保留了 透明的部分，过渡比通道要细腻得多。蒙版的黑灰白是直接遮盖了图像。

2. 快速打开文件

双击 Photoshop 的背景空白处（默认为灰色显示区域）即可打开选择文件的浏览窗口。

3. 随意更换画布颜色

选择“油漆桶工具”并按住 Shift 键单击画布边缘，即可设置画布底色为当前选择的前景 。如果要还原到默认的颜色，设置前景色为 25%灰度（R192，G192，B192）再次按住 Shift 单击画布边缘。

4. 获得精确光标

按 Caps Lock 键可以使画笔和磁性工具的光标显示为精确十字线，再按一次可恢复 状。

5. 显示或隐藏控制板

按 Tab 键可切换显示或隐藏所有的控制板（包括工具箱），如果按 Shift＋Tab 组合键则 具箱不受影响，只显示或隐藏其他的控制板。

6. 自由控制大小

缩放工具的快捷键为“Z”，此外“Ctrl＋Space”组合键为放大工具，“Alt＋Space”组合键为缩小工具，但是要配合鼠标单击才可以缩放；同时按 Ctrl“＋”键或“－”键分别放大或缩小图像；连续按 Ctrl＋ Alt ＋“＋” 或 Ctrl＋ Alt ＋“－” 可以放大或缩小显示窗口。

任务实施

任务流程：新建文件→插入图片→添加图层蒙版→调整图层→保存图像。

(1) 打开“海”背景图片，如图 3.37 所示。

(2) 将“高铁”图片文件拖入到画面中，自动生成“高铁”图层，调整图像位置、方向和大小，如图 3.37 所示。

图 3.37　插入图片

(3) 选中“高铁”图层，单击图层面板下面的“添加图层蒙版”按钮，为“高铁”图层添加图层蒙版，如图 3.38 所示。

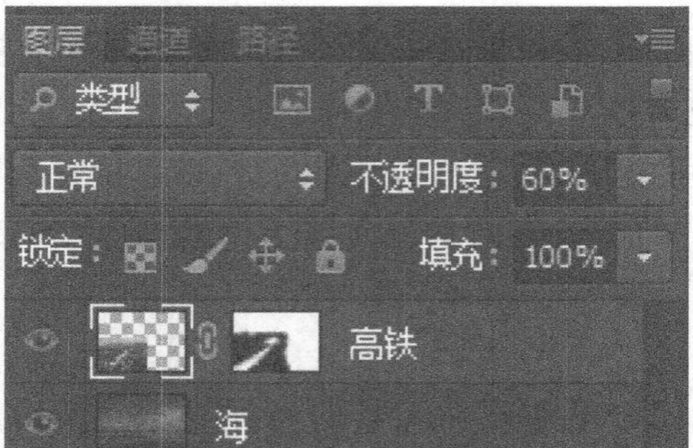

图 3.38　添加图层蒙版

(4) 选择“画笔工具”，设置前景色为黑色，背景色为白色，画笔流量为 36%，在“高铁”图层上涂抹，保留“高铁”部分。

(5) 设置“高铁”图层的不透明度为 60%，效果如图 3.39 所示。

图 3.39　设置不透明度

(6) 用同样的方法处理“船”图像，最后结果如图 3.36 所示。

任务 3.4　路径文字

务描述

本任务将使用路径文字围绕“地球”制作内、外文字效果，制作后的效果如图 3.40 所示。

图 3.40　效果图

知识准备

路径文字

在实际工作中使用PS,经常会需要制作沿着路径方向排列的文字,如弧形、扇形、半
形,圆形的文字等,这样的文字叫"路径文字"。制作路径文字时经常遇到的困难是调整文
的位置,下面介绍如何调整文字的位置:

1. 调整文字在路径上的位置

选择"路径选择工具" ,激活当前路径文字,将鼠标指针放到文字上,当鼠标指针变成
字加一个三角箭头的时候,沿着路径外边缘拖动,就能够移动路径的环绕位置,如图3.
所示。

图3.41 移动路径文字位置

2. 调整文字到路径内侧

选择"路径选择工具" ,激活当前路径文字,将鼠标指针放到文字上,当鼠标指针变
文字加一个三角箭头的时候,沿着半径方向向内拖动,就能够使文字移动到路径的内侧
置,如图3.42所示。

路径文字教学视频

图3.42 移动路径文字到路径内侧

3. 建立工作路径

建立工作路径的方法有三种:

(1) 选择工具箱里的"钢笔工具",在工具属性中类型选择路径,然后在绘图区绘制路径

（2）建立一个选区，右击，在弹出的快捷菜单中选择“建立工作路径”。

（3）选择工具箱里的图形工具组中的某一个，例如“矩形工具”，将其工具属性中的类型择路径，然后在编辑区绘制形状路径。

务实施

任务流程：打开文件→建立工作路径→添加文字→调整文字位置→添加图层蒙版→添图层样式→保存图像。

（1）打开背景图片，如图 3.43 所示。

图 3.43　打开背景图片

（2）选择“椭圆选框工具” ，按住 Shift 键绘制正圆选区，如图 3.44 所示。

图 3.44　绘制正圆选区

(3) 在选区上右击，弹出快捷菜单，选择“建立工作路径”，如图 3.45 所示。然后在弹的对话框中单击“确定”。

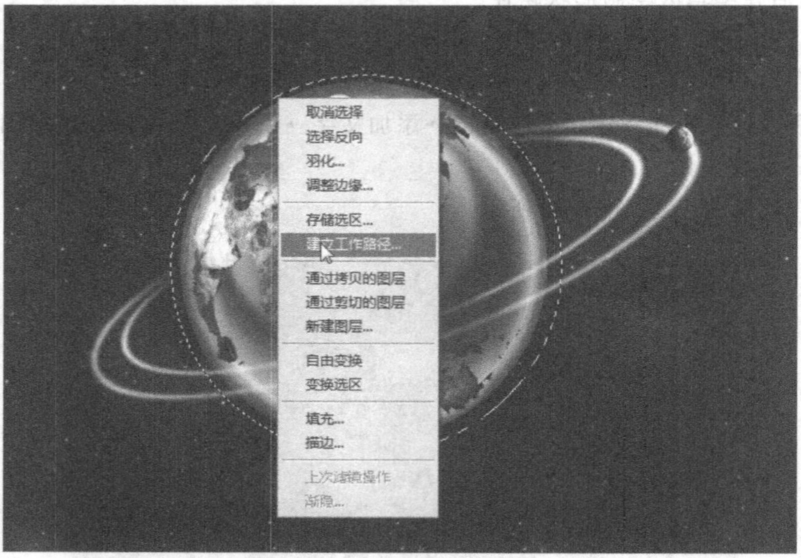

图 3.45　建立工作路径

(4) 选择“横排文字工具”，字体选择“华文隶书”，大小选择“48 点”，消除锯齿的方选择“浑厚”，颜色 RGB 选择(255,0,0)。

(5) 移动光标到路径上，当光标形状变为时单击，输入文字“设计环形外路径文方法”，如图 3.46 所示。

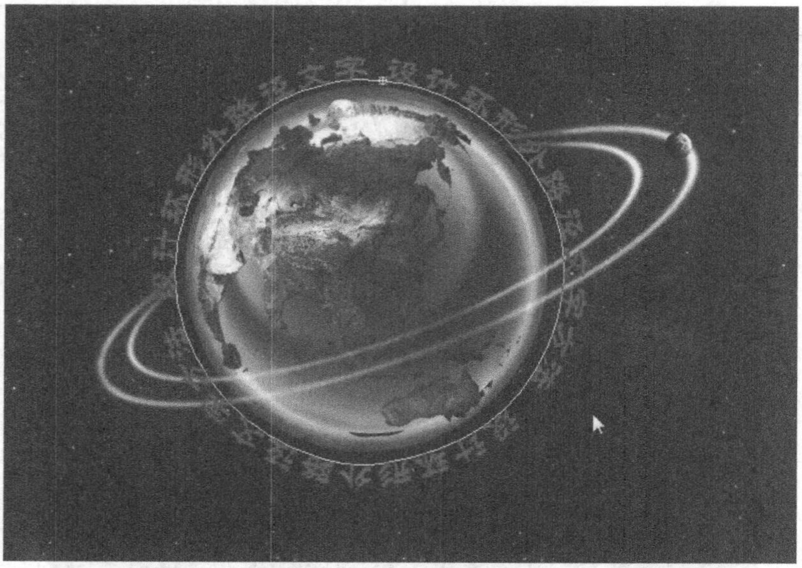

图 3.46　输入文字

(6) 选择“编辑”→“变换路径”→“透视”，调整路径形状，如图 3.47 所示。

图 3.47 调整路径形状

(7) 选择“移动工具”，在弹出的对话框中选择“应用”，文字随路径变化，如图 3.48 示。

图 3.48 文字位置

(8) 选中文字图层，单击图层窗口下方的“添加图层蒙版”按钮，为文字图层添加图层版。

(9) 设置前景色为黑色，选择“画笔工具”，涂抹掉“地球”上方的文字，如图 3.
所示。

图 3.49　添加图层蒙版

(10) 单击图层窗口下方的“添加图层样式”按钮，打开“图层样式”窗口，选中“渐变
加”，渐变选择“色谱”，设置如图 3.50 所示，单击“确定”。效果如图 3.51 所示。

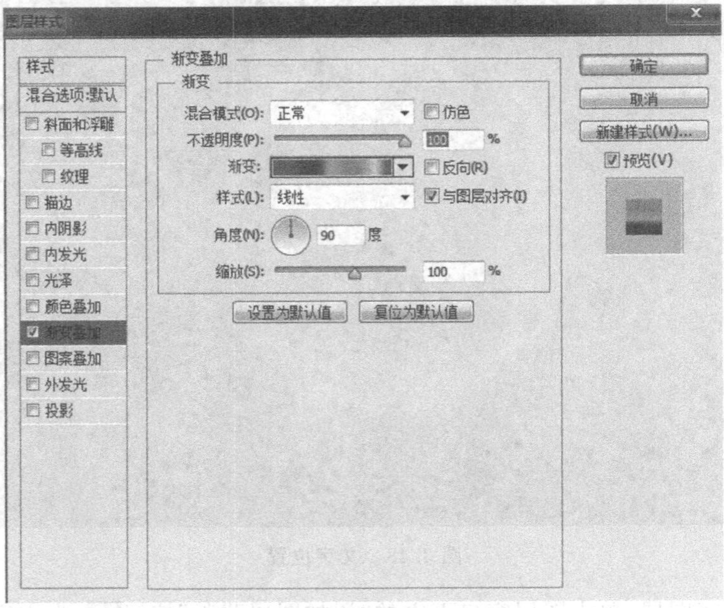

图 3.50　渐变叠加设置

图 3.51 渐变叠加效果

(11) 用同样的方法再建立一个路径，输入路径文字“设计环形内路径文字方法”。

(12) 选择“路径选择工具” ，移动鼠标指针到路径上，当鼠标指针变成 形状时向内动鼠标，最后效果如图 3.40 所示。

任务 3.5 水中倒影

务描述

本任务通过图层蒙版、垂直翻转和不透明度设置等操作实现水中倒影效果，并通过文字形制作特殊文字效果，制作后的效果如图 3.52 所示。

图 3.52 水中倒影效果图

知识准备

1. 缩放

选择“编辑”→“变换”→“缩放”命令，选定对象上出现一个矩形调节框和8个节点，拖
8个节点可以实现选定对象的缩放变换。

2. 旋转

选择“编辑”→“变换”→“旋转”命令，选定对象上出现一个矩形调节框和8个节点
当鼠标指针移动到节点时变成转动形状，转动8个节点可以实现选定对象的旋转变换

3. 斜切

选择“编辑”→“变换”→“斜切”命令，选定对象上出现一个矩形调节框和8个节点，拖
8个节点可以实现选定对象的斜切变形。

4. 扭曲

选择“编辑”→“变换”→“扭曲”命令，选定对象上出现一个矩形调节框和8个节点，拖
8个节点可以实现选定对象的扭曲变形。

5. 透视

选择“编辑”→“变换”→“透视”命令，选定对象上出现一个矩形调节框和8个节点，拖
8个节点可以实现选定对象的透视变形。

6. 变形

选择“编辑”→“变换”→“变形”命令，选定对象上出现一个网格调节框和12个节点，
动12个节点或网格线可以实现选定对象的变形变换。

7. 水平翻转

选择“编辑”→“变换”→“水平翻转”命令，选定对象自动在水平方向上实现一个翻
变换。

8. 垂直翻转

选择“编辑”→“变换”→“垂直翻转”命令，选定对象自动在垂直方向上实现一个翻
变换。

变换教学视频

任务实施

任务流程：打开文件→添加图层蒙版→复制图层→图像变换→调整不透明度→处理
字→保存图像。

(1) 打开 Photoshop CC，新建文件，高度和宽度均设置为600像素，背景选择白色。

(2) 打开“城堡”图片，将“城堡”图片拖到新建文件中，自动生成图层1。

(3) 选中图层1，按Ctrl+T键，调整图片的大小和位置，如图3.53所示。

图 3.53 调整“城堡”图片

(4) 打开“湖水”图片,将“湖水”图片拖到新建文件中,自动生成图层 2。

(5) 选中图层 2,按 Ctrl+T 键,调整图片的大小和位置,如图 3.54 所示。

图 3.54 调整“湖水”图片

(6) 选中图层 2,单击图层窗口下方的“添加图层蒙版”按钮,为图层 2 添加图层蒙版。

(7) 选择“画笔工具”,设置前景色为黑色,用“画笔工具”涂抹画面上方,效果如图 3.55 示。

图 3.55 利用“画笔工具”涂抹图层蒙版

(8) 选中图层 1，使用“磁性套索工具” ，选出“城堡”选区，如图 3.56 所示。

图 3.56 选出“城堡”选区

(9) 按 Ctrl+J 键，复制选区，自动生成图层 3。

(10) 将图层 3 置于图层 2 的上方。

(11) 选中图层 3，选择“编辑”→“变换”→“垂直翻转”命令，调整图像位置和大小，设不透明度为 36%，如图 3.57 所示。

图 3.57　变换选区

(12) 选择“横排文字工具” ，设置字体为“华文隶属”，大小为“60 点”，消除锯齿方法
“浑厚”，颜色设置为“白色”。单击画面，输入文字“水中倒影”，选中文字，单击“创建文字
形”按钮 ，设置文字样式为“花冠”。最后效果如图 3.52 所示。

任务 3.6　数码照片调色

务描述

本任务利用“曲线调整”和“调整图层”等功能，实现数码照片的调色处理，制作后的效果
图 3.58 所示。

图 3.58　最后效果图

知识准备

对数码照片的后期处理中，调色是非常重要的一个环节。一次精准的调色，不仅可以照片变得更加协调、吸引人眼球，而且还能更好地贴合照片应用的主题，实现质的飞跃。以对各种调色的基础知识的学习必不可少。如色彩形成的原理、影响照片色彩的因素、数照片中常见的色彩问题等。只有掌握了这些相关的基础知识，才能在后期处理时，对照片色彩进行更准确的调整。

在前面的章节中，我们已经介绍了色彩是人脑识别反射光的强弱和不同波长所产生差异，它的形成与光有着最紧密的联系，物体表面反色的光线吸收了某些波长的光之后入我们的眼睛可以帮助我们分辨物体的形态和色彩，从而对面前的场景和特定对象有了个客观的认识。

在计算机中，尤其是在 Photoshop 中，决定色彩的基本要素为色相、明度和纯度。除这些可以数字化确定的要素之外，还有不同色彩在心理上给人的不同影响，这就是我们说色调。

色调指的是一幅画中画面色彩的总体倾向，是大的色彩效果。在大自然中，我们经常到这样一种现象：不同颜色的物体或被笼罩在一片金色的阳光之中；或被笼罩在一片轻纱雾似的、淡蓝色的月色之中；或被秋天迷人的金黄色所笼罩；或被统一在冬季银白色的世之中。这种在不同颜色的物体上，笼罩着某一种色彩，使不同颜色的物体都带有同一色彩向，这样的色彩现象就是色调。

色调不是指颜色的性质，而是对一幅绘画作品的整体颜色的概括评价。色调是指一作品色彩外观的基本倾向。在明度、纯度（饱和度）、色相这三个要素中，某种因素起主导用，我们就称之为某种色调。一幅绘画作品虽然用了多种颜色，但总体有一种倾向，是偏或偏红，是偏暖或偏冷等。这种颜色上的倾向就是一副绘画的色调。通常可以从色相度、冷暖、纯度四个方面来定义一幅作品的色调。

色调在冷暖方面分为暖色调与冷色调：红色、橙色、黄色为暖色调，象征着：太阳、火蓝色为冷色调，象征着：森林、大海、蓝天。黑色、紫色、绿色、白色为中间色调。暖色调的度越高，其整体感觉越偏暖；冷色调的亮度越高，其整体感觉越偏冷。冷暖色调也只是相而言，譬如说，红色系当中，大红与玫红在一起的时候，大红就是暖色，而玫红就被看作是色；又如，玫红与紫罗蓝同时出现时，玫红就是暖色。

低调画面多用于表现稳重，庄严、神秘的作品。在后期处理中，常通过照片滤镜增强色调，再通过饱和度的设置为照片的色彩进行修饰，最后结合曲线和通道混合器的设置加画面的层次。

中间调图像能够展现画面丰富的层次感，多用于丰富层次感的表现。在后期处理中们经常使用“颜色填充”图层来调出洁白的云朵，再通过明暗的修饰，增强对比，最后用“相/饱和度”加深层次感。

高调画面能给人一种轻快、明亮的感觉。在摄影作品中，高调作品多表现一望无际的野风光，通过后期处理中的“色彩范围”命令选取局部区域，再通过“曲线”和“色阶”命令对区内图像的明暗进行调整，最后通过“色相/饱和度”命令对画面的颜色进行处理，展现明草原风光或海洋风景。

务实施

任务流程:打开文件→创建选区→添加调整图层→曲线调整→合成图像→保存文件。

(1)打开原图文件,如图 3.59 所示。

图 3.59　原图

(2)选择魔棒工具 ,以及套索工具,建立天空的选区,如图 3.60 所示。

图 3.60　创建天空选区

(3)在图层面板底部点击“创建新的填充和调整图层”按钮,选择“亮度/对比度”,如
3.61 所示。

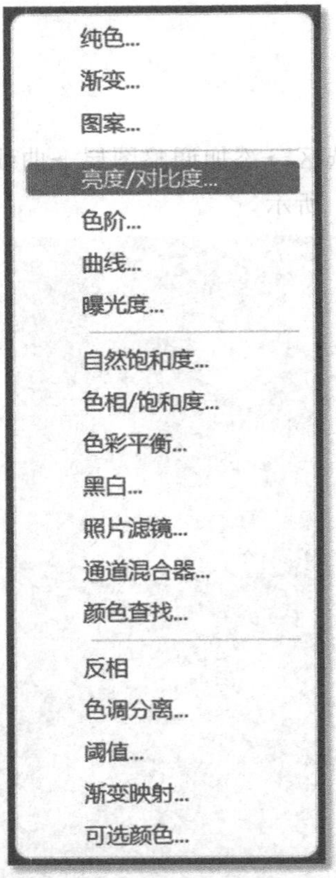

图 3.61　亮度/对比度

设置亮度为 36，对比度为 15，如图 3.62 所示。

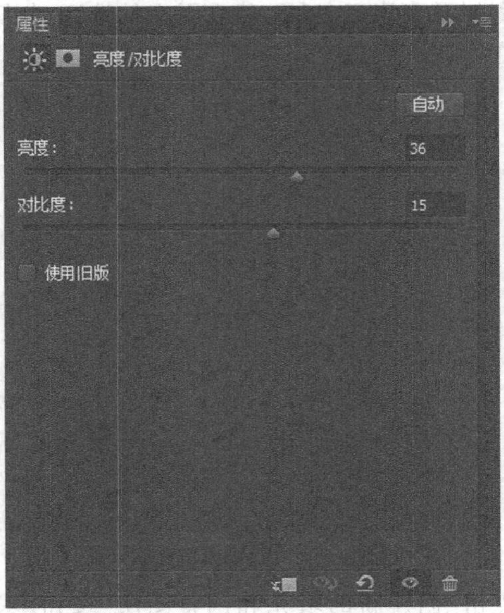

图 3.62　亮度/对比度参数设置

(4)通过上面的操作，我们可以使天空的亮度得到明显提升。接下来我们给天空增加蓝
。保持选区不取消，并继续添加“曲线”调整图层，分别选择下拉菜单中的蓝、红、绿、RGB
行曲线调整，如图 3.63 所示。

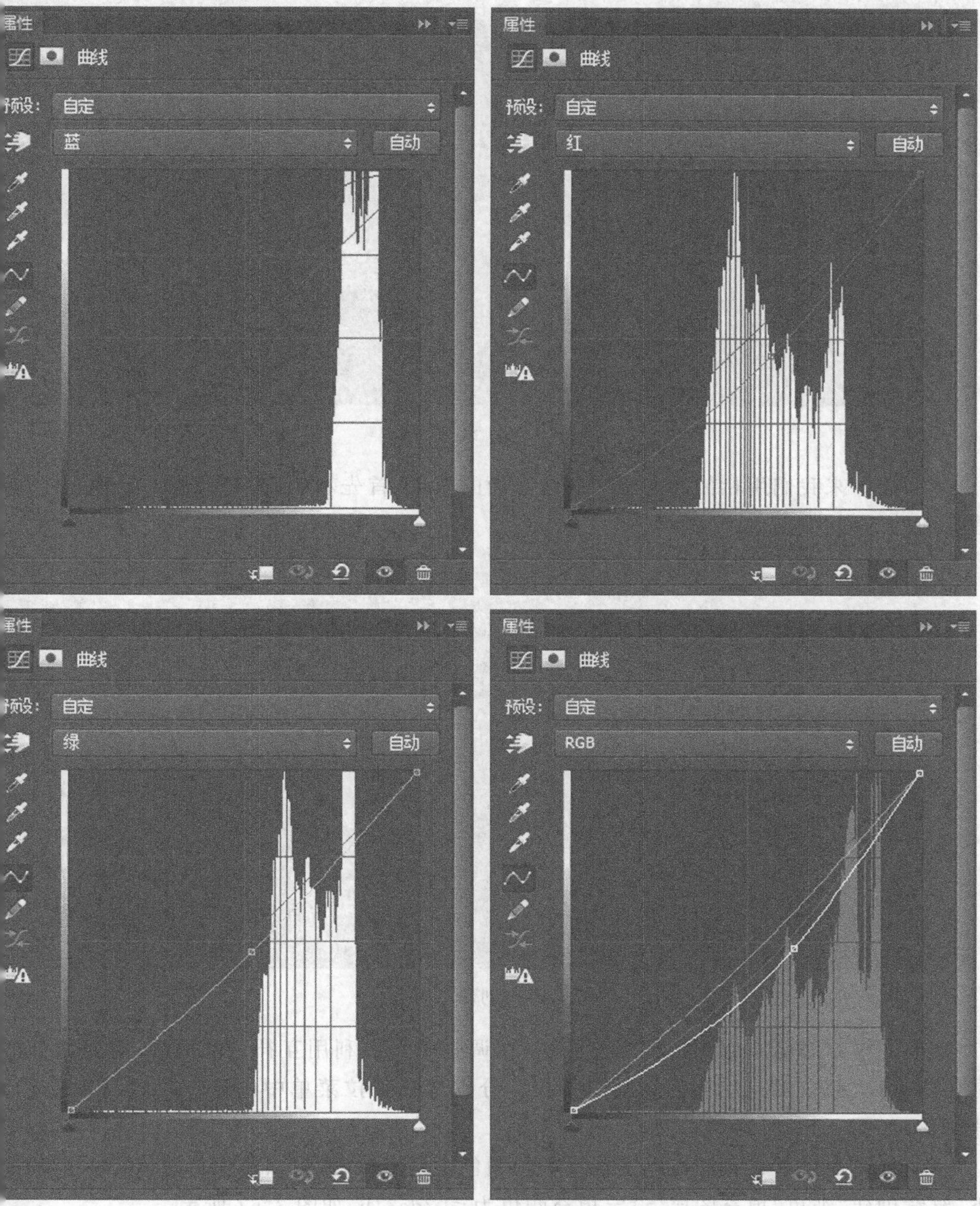

图 3.63　曲线调整

通过亮度对比表的提升和蓝色的增加，天空效果如图 3.64 所示。

图 3.64　天空效果

(5)接下来我们用相似的方法来调整海面的效果，首先利用魔术棒和套索工具
建海面的选区，如图 3.65 所示。

图 3.65　创建海面选区

(6)同样给海面添加“曲线”调整图层，在调整中可以利用互补色的原理，需要增加的
绿色向上拉，而它们的互补色红则向下拉。分别选择下拉菜单中的蓝、红、绿、RGB 进行
线调整，如图 3.66 所示。

(7)如果通过观察我们可以发现海水的颜色还是不够绿，可以在保持选区不取消的前
下，继续创建“纯色”填充图层，设定填充颜色为＃ 2dc37b，如图 3.67 所示。

通过上述操作，我们就完成了对天空和海面的分别调色，我们可以来看一下如图 3.
所示的对比效果。

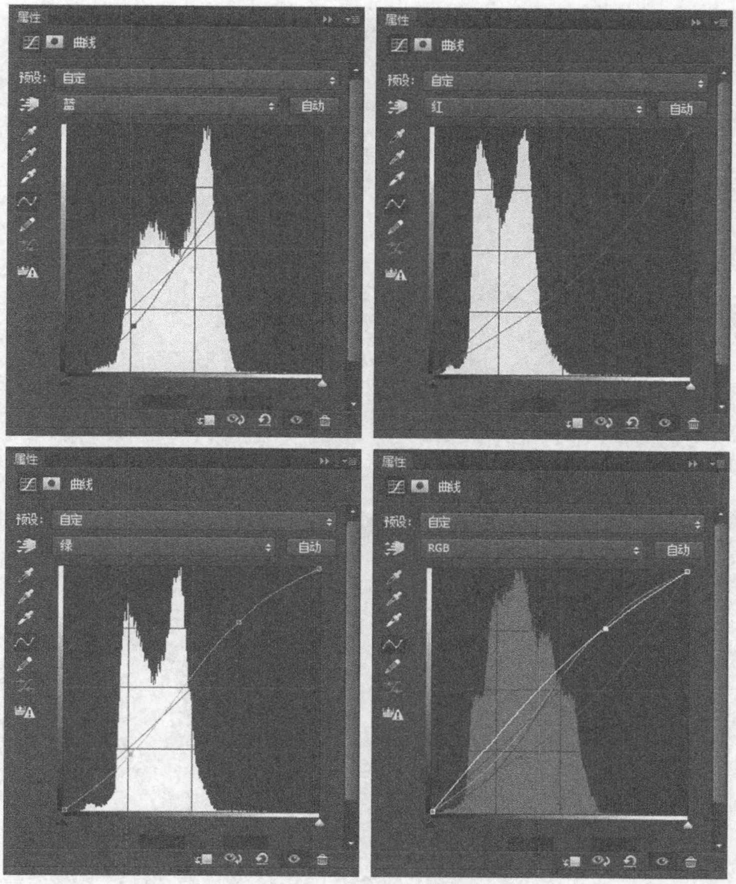

图 3.66　海面曲线调整

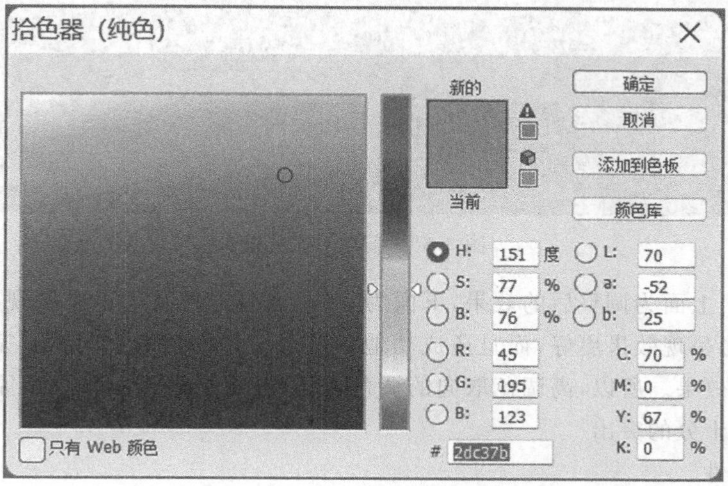

图 3.67　选区纯色填充颜色

图 3.68　前后对比效果

图 3.68 中，上面为调整后的效果，下面为原图，通过对比我们不难发现，调色过程中不仅使得画面色彩呈现效果更好，而且还成功地营造了一种广阔的空间感。完全改变了原图中灰暗、平直的效果。所以，高调色取向的调色方法，在提升海洋、草原、平原等较为开阔景色的效果上，十分的突出。

(8)保存文件。

展知识

调板窗口的使用方法

调板窗口是浮动窗口,可以通过选择菜单栏中的“窗口”命令打或关闭调板窗口。Photoshop CC 中的调板都被放在界面的右侧,图 3.69 所示。Photoshop CC 中的调板可全部浮动在工作窗口,用户可以根据实际需要显示或隐藏调板,也可以将调板放置在幕的任意位置上。

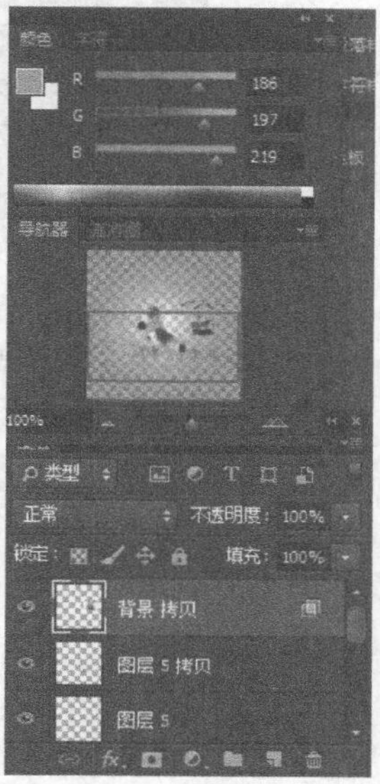

图 3.69 调板窗口

(1)“测量记录”调板:当测量对象时,“测量记录”调板会记录量数据。此记录中的每一行表示一个测量组,列表示测量组中的据点,如图 3.70 所示。

(2)“导航器”调板:拖动“导航器”调板下边的滑标可以放大或小正在编辑的图像,并可以在放大后用随意拖动的方式来观察图,如图 3.71 所示。

(3)“信息”调板:显示当前光标所在区域的颜色、位置、大小及透明度等信息,如图 3.72 所示。

(4)“直方图”调板:提供了很多用来查看与图像有关的色调和色信息的功能。默认状态下,“直方图”调板显示整个图像的色调围,如图 3.73 所示。

图 3.70 “测量记录”调板

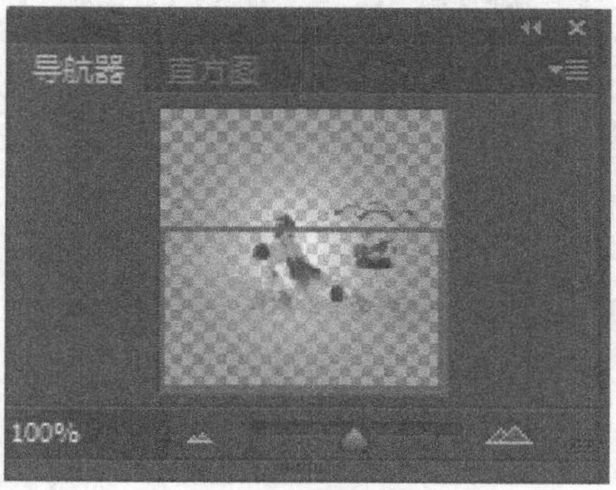

图 3.71 “导航器”调板

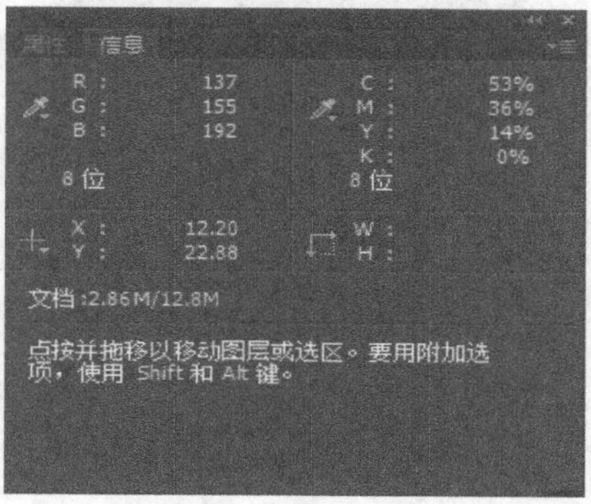

图 3.72 “信息”调板

(5)“颜色”调板：用来选择或设置颜色，通过输入 RGB 值或拖动下边的滑标改变色值，如图 3.74 所示。

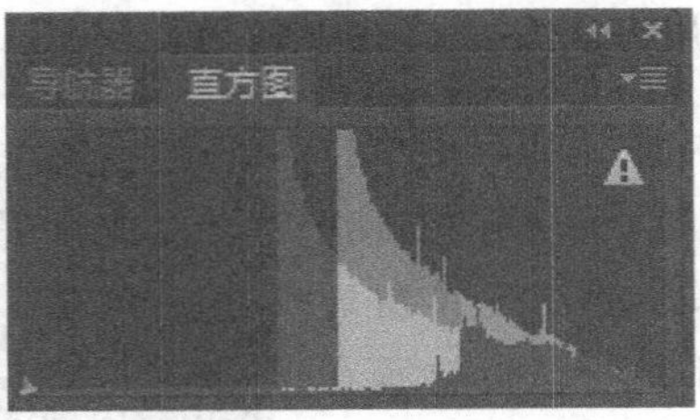

图 3.73 “直方图”调板

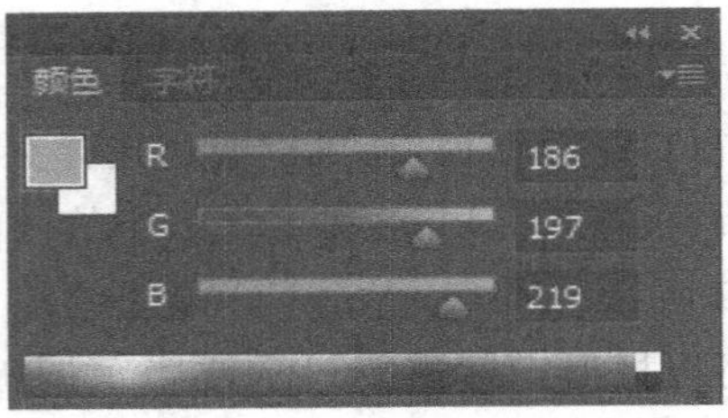

图 3.74 “颜色”调板

(6)“历史记录”调板：自动记录当前正编辑的图像的编辑操作过程，单击前面记录的作步骤，可随时抵达所需的步骤，也可通过“删除”按钮删除相应操作，如图 3.75 所示。

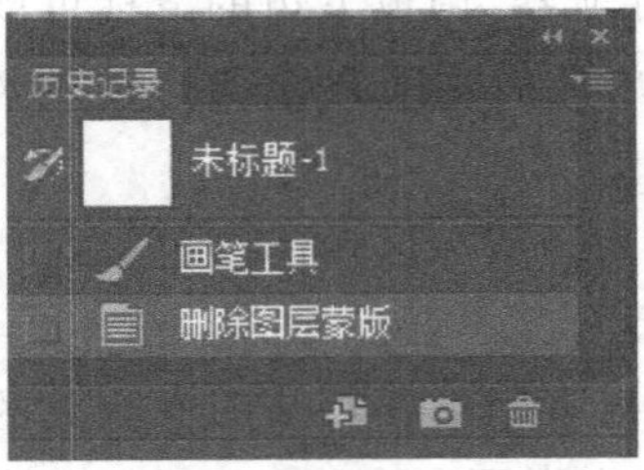

图 3.75 “历史记录”调板

(7)“图层”调板：是 Photoshop CC 中的重要调板，用于合成图像、新建图层、应用果等大部分操作。执行图层操作可通过右键快捷菜单或直接单击调板下边的按钮，如 3.76 所示。

(8)“通道”调板：用于显示将图像分解后的颜色数据，并可用来转换成选区和保存区，添加 Alpha 通道等，如图 3.77 所示。

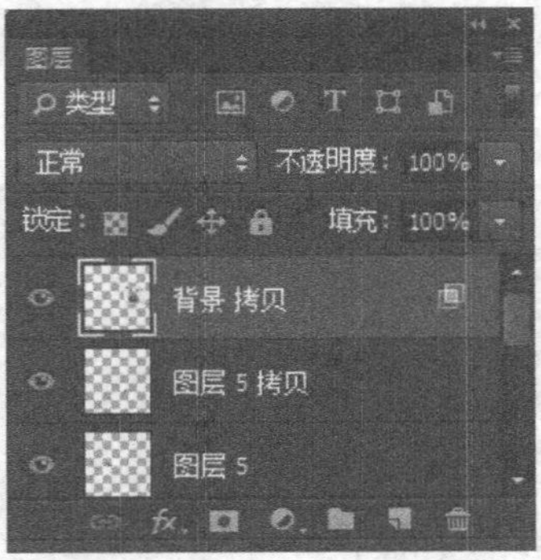

图 3.76 “图层”调板

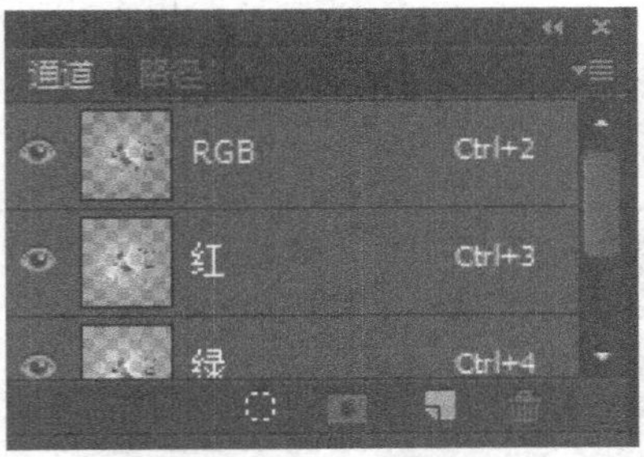

图 3.77 “通道”调板

小结

本单元介绍了图像的抠图技术、图层的基本操作、数码照片调色等，并通过两个实际图像合成与优化任务，重点学习了磁性套索工具、滤镜、魔棒工具、移动工具和选择工具、滤镜、调整图层等在图像处理工作中的使用方法和技巧，最后完成了两个实际的图像处理项目。

习 题

一、填空题

1. 常用的图层样式有________、________、________、________、________、________、________等。

2. Adobe Photoshop CC 中存储选区使用________命令，载入选区使用________命令。

二、选择题

1. 在图像抠图中，使用快捷键________可以将选区复制成图层。

A. Ctrl＋A　　B. Shift＋A　　C. Alt＋J　　D. Ctrl＋J

2. 移动工具________。

A. 只能选择移动工具后才能使用

B. 可以在使用其他工具时，按住 Ctrl 键使用

C. 任意时刻都可以使用

D. 以上都不对

三、判断题

1. 用选框工具和移动工具移动选区效果是一样的。（　　）

2. 使用水平旋转 180°和选择“编辑”→“自由变换”命令，然后在图片上右击，在弹出的菜单中选择“水平翻转”命令的效果是一样的（　　）

四、简答题

在使用魔棒工具时，属性栏中的“新选区”和“添加到选区”有何异同？

五、操作题

请自行在网上下载 2～3 幅图片，并将其合成为一幅有一定意义的图片。

单元 4

简单的音、视频处理

知识教学目标

● 掌握 Premiere Pro CC 启动时各种设置的含义；

● 掌握 Premiere Pro CC 的影片编辑制作流程；

● 掌握 Premiere Pro CC 工作界面的组成。

技能培养目标

● 能使用 Premiere Pro CC 的“剃刀工具”“平移工具”和“选择工具”对图像进行处理；

● 能完成“导入文件”“增加音频轨”“音量控制”“声音合成”“音频特效滤镜”和“声音文件的输出”等操作；

● 能使用 Premiere Pro CC 进行音乐合成和字幕制作。

任务 4.1 动听的音乐合成

任务描述

本任务介绍将一个声音文件中间不必要的部分删除，改变任意处声音的大小，声音前采用淡入淡出的效果。最后与另一声音文件合成为一个和谐的音乐（素材可在网上下载，果可由学生自主设计）。

知识准备

1. Premiere Pro CC 简介

Premiere Pro CC 是 Adobe 公司于 2013 年推出的一款基于非线性编辑设备的音视频编辑软件，被广泛应用于电影、电视、多媒体、网络视频、动画设计以及家庭 DV(字视频）等领域的后期制作中，有很高的知名度。Premiere Pro CC 可以实时编辑 HD DV 格式的视频影像，并可与 Adobe 公司其他软件完美整合，为制作高效数字视频树了新的标准。

2. 影片编辑制作流程

用非线性编辑软件制作电视节目时，一般需要这样几个步骤：首先创建一个“项目文”；再对拍摄的素材进行采集，存入计算机；然后再将素材导入到项目窗口中，通过剪辑并时间线窗口中进行装配、组接素材，还要为素材添加特技、字幕，再配好解说，添加音乐、音；最后把所有编辑(装配)好的素材合成影片，导出文件(输出)。这个过程就是影片编辑制流程。

3. 启动 Premiere Pro CC

在 Windows 7 系统下，选择“开始”→“所有程序”→“Adobe Premiere Pro CC”命令，弹如图 4.1 所示启动界面，单击“新建项目”选项，弹出“新建项目”对话框，如图 4.2 所示。

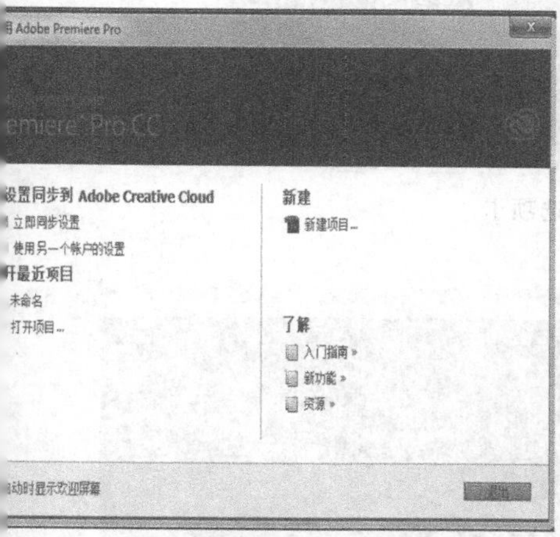

图 4.1　启动 Premiere Pro CC

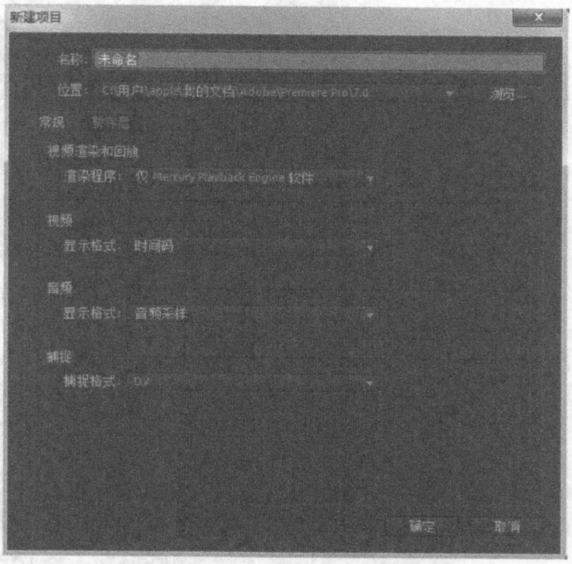

图 4.2　“新建项目”对话框

将“常规”选项卡中“视频”栏里的“显示格式”设置为“时间码”，“音频”栏里的“显示格”设置为“音频采样”，“捕捉”栏里的“捕捉格式”设置为“DV”。在“位置”栏里，设置项目保的路径和文件夹名，在“名称”栏里填写制作的影片片名。单击“暂存盘”选项卡，界面如图 3 所示。

在“暂存盘”选项卡的“捕捉的视频”项中选择“与项目相同”；在“捕捉的音频”项中选择项目相同”；在“视频预览”项中选择“与项目相同”；在“音频预览”项中选择“与项目相”；在“项目自动保存”项中选择“与项目相同”。单击“确定”按钮后，就进入了 Adobe emiere Pro CC 非线性编辑工作界面。

4. Premiere Pro CC 的工作界面

Premiere Pro CC 的工作界面由三个窗口(项目窗口、监视器窗口和时间线窗口)、多个制面板(媒体浏览、信息面板、历史面板、效果面板、特效控制台面板和调音台面板等)、主道电平显示、工具箱和菜单栏组成，如图 4.4 所示。

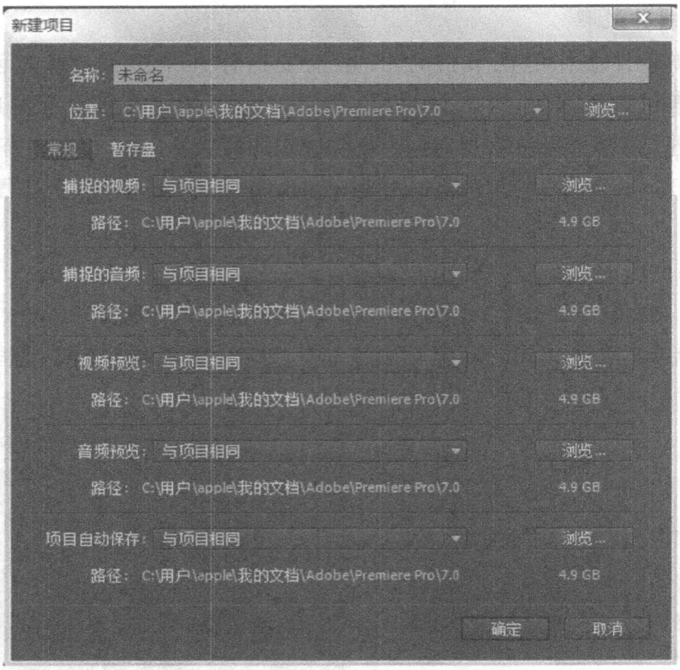

图 4.3 “暂存盘”选项卡

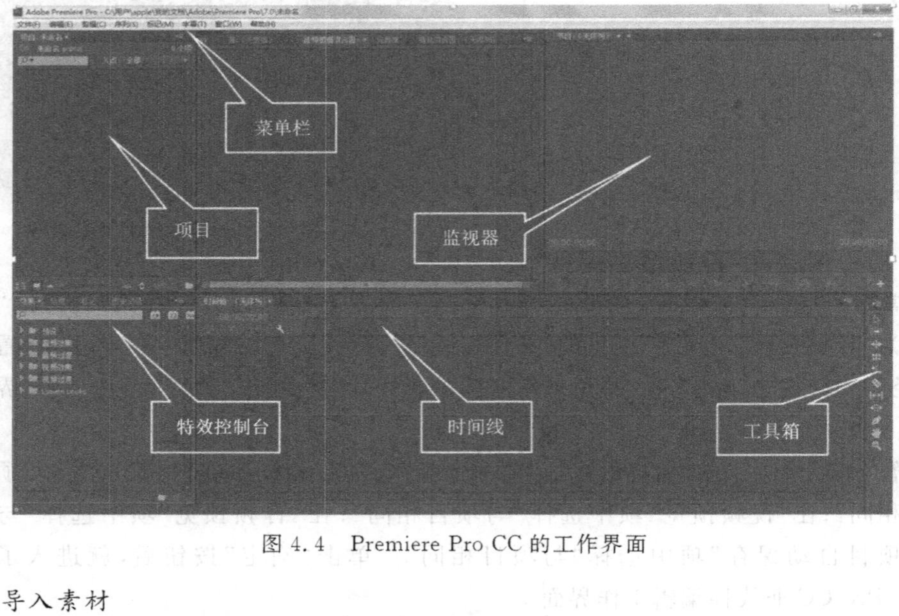

图 4.4 Premiere Pro CC 的工作界面

素材导入与装配教学视频

5．导入素材

在 Premiere Pro CC 工作窗口下，选择菜单栏中的“文件”→“导入”命令，或在项目窗下右击，在弹出的菜单中选择“导入”命令，均可将素材导入到项目窗口。

6．放置素材

素材导入到项目窗口后不能直接编辑，还要将素材放到时间线窗口中相应的轨道上置方法是从项目窗口中拖动素材到相应的轨道上。

7. “剃刀工具”

选择工具箱中的“剃刀工具”，在轨道上的素材上单击一下就可将素材分成两部分，以单独处理。

8. “选择工具”

工具箱中的“选择工具”用于选择素材目标，单击该工具按钮后单击对象即可选中对主要用于素材的选择、移动及关键帧设置等一系列操作，它是编辑中最常用到的工具。

9. 音量设置

在音频轨道前端有一个“折叠—展开轨道”按钮，单击该按钮展开轨道，在展开轨道的最端有一个“设置显示样式”按钮，单击此按钮弹出菜单，选择“显示波形”命令，在音频轨的素材上就出现一条波形线，向上或向下拖动波形线就可以调整素材音量的大小。

10. 声音特效设置

在工作窗口的左下角有一个制作面板，单击“效果”标签，出现效果面板，如图 4.5 所示。击“音频效果”选项前面的按钮展开特效，拖动相应的特效到音频轨道的素材上，便可完音频特效的设置。

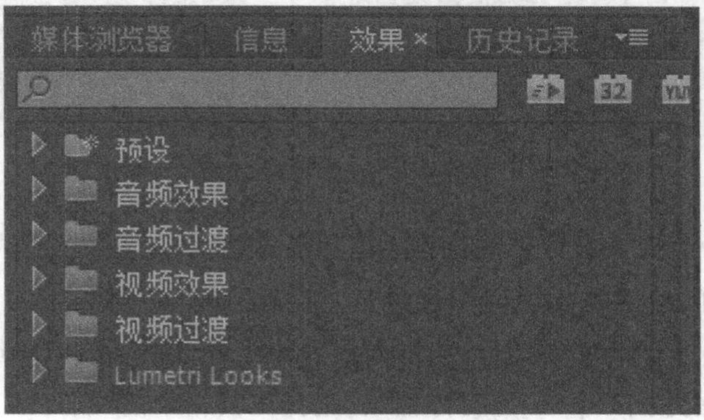

图 4.5　效果面板

11. 试听效果

音、视频素材处理结束后，可以单击监视器下的“播放—停止”按钮试听或停止，也可直接按下 Space 键开始播放，再按下 Space 键停止播放。

12. 结果输出

文件编辑结束后选择“文件”→“保存”命令，保存项目，保存的项目类型自动设置为.prproj”。选择“文件”→“导出”→“媒体”命令，可以将文件导出为多种格式的文件。

务实施

任务流程：导入文件→剪裁移动→声音效果设置→音乐合成→设置音频特效→声音文输出。

(1) 导入文件。启动 Premiere Pro CC，新建项目，单击文件菜单下的“导入”→“文件”命在弹出的对话框中选择要导入的声音文件，单击“打开”按钮就可以将声音文件导入到素窗口中(本例导入的是“bg.mp3”文件)，如图 4.6 所示。

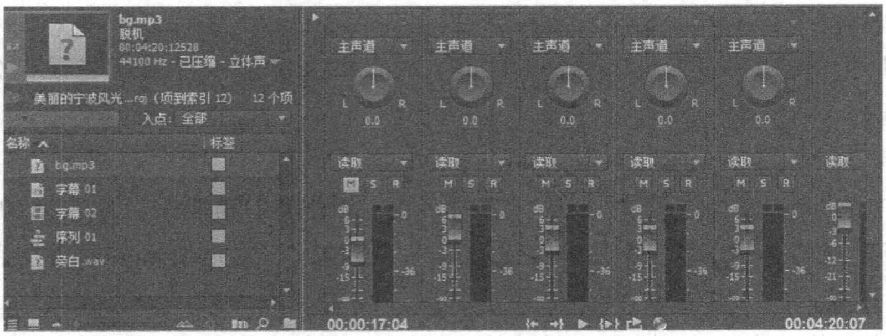

图 4.6　导入文件

（2）将素材放到音频 1 轨道上。拖动素材窗口中的“音乐”文件图标到音频 1 轨道，如
4.7 所示。

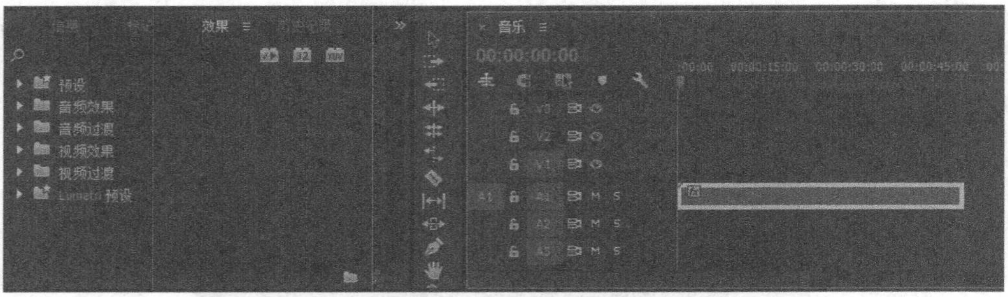

图 4.7　拖动“音乐”文件图标到音频 1 轨道

（3）试听。单击监视器窗口中的“播放”按钮▶，试听音乐效果。按 Space 键可暂停或
续试听，也可拖动时间线中的“滑标”设定试听位置。

（4）剪裁。音乐文件的开始部分没有声音、音乐后面太长，可以剪掉这两个部分。试
音乐，在出现声音之前按下 Space 键暂停播放，选择工具箱中的“剃刀工具”，在“滑标”
停留线处单击，此时音轨上的文件被分成两部分，选择工具箱中的“选择工具”，单击音
上被分开的前部分，按下 Delete 键或右击，在弹出的菜单中选择“剪切”命令，前部分被删
如图 4.8 所示。用同样方法删除后面太长的音乐。

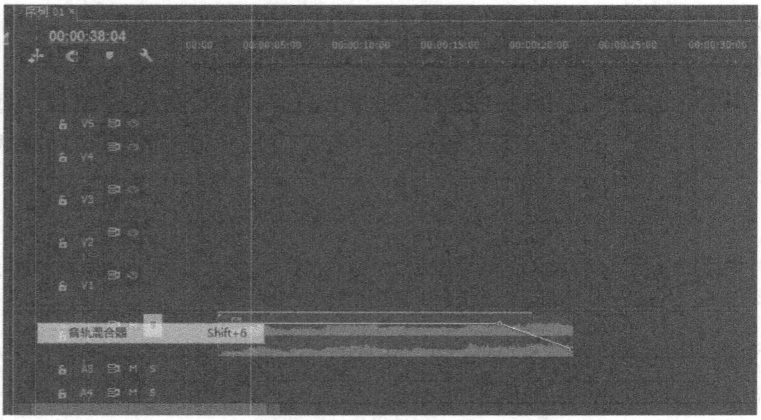

图 4.8　剪切前面部分

(5) 移动。选择工具箱中的"选择工具" ，拖动音轨上留下的部分向左移动到最
力。

(6) 声音音量设置。单击时间线上
频 1"左边的小三角，展开声音文件。
皮形的中间有一根黄线，用来控制音
按住 Ctrl 键单击黄线可增加控制点，
上或向下拖动控制点可增大或减小音
如图 4.9 所示(注：要删除控制点，只
将控制点拖动到轨道外就行了)。

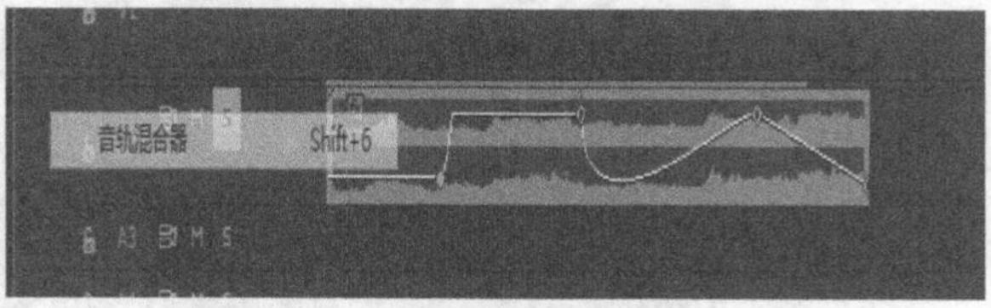

图 4.9　声音音量设置

(7) 音乐合成。导入另一个"伴奏音乐"文件(本例导入的是"架子鼓. mp3"文件)，并拖
到音频 2 轨道。试听效果，对"伴奏音乐"进行剪裁和音效调整，使之符合"音乐文件"的效
如图 4.10 所示。

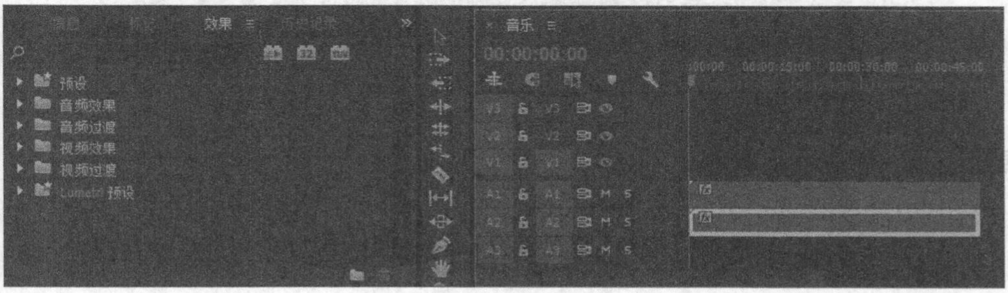

图 4.10　音乐合成

(8) 声音特效设置。Premiere Pro CC 提供
40 多种音频特效插件(分成了 3 类)，如图 4.11
示，几乎包括了各种常用的声音特效(如平衡、
响、低音、和唱、去除噪声和声道交换等)。单击
型名称组前的小三角，可以展开各组特效，如图
1 所示。

(9) 设置音频特效。将 Reverb(混响)图标拖
到音轨 2 中，给"伴奏音乐"添加混响效果。试
音乐，体会 Reverb(混响)效果。选择"文件"→
存"命令，保存项目。

(10) 声音文件的输出。选择"文件"→"导
→"媒体"命令，弹出如图 4.12 所示的对话框，
行参数设置。单击"确定"按钮，自动打开"媒体
马器"窗口，单击"开始输出"按钮，开始生成相
文件。

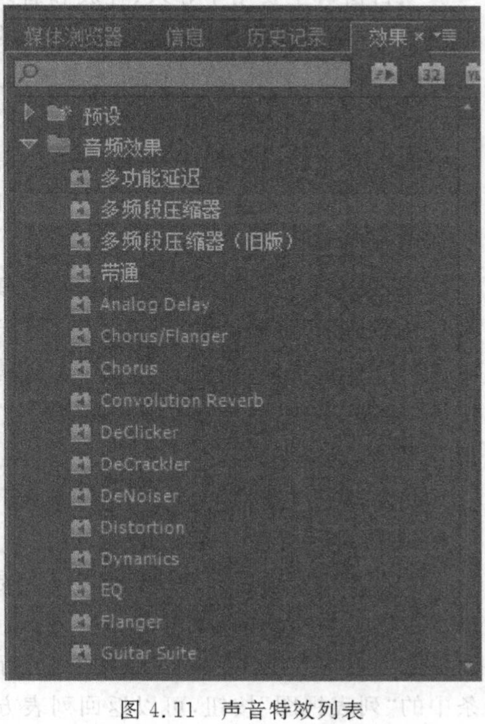

图 4.11　声音特效列表

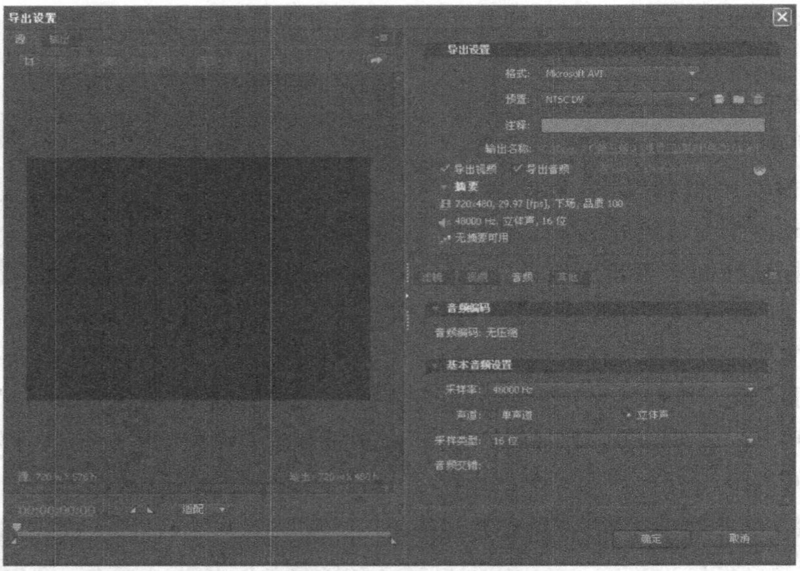

图 4.12　输出参数设置

拓展知识

项目窗口、监视器窗口和时间线窗口

1. 项目窗口

项目窗口主要用于导入、存放和管理素材。编辑影片所用的全部素材应事先存放于目窗口里，然后再调出使用。项目窗口的素材可以用列表和图标两种视图方式来显示，包素材的缩略图、名称、格式和出入点等信息；也可以为素材分类、重命名或新建一些类型的材。导入、新建素材后，所有的素材都存放在项目窗口里，用户可以随时查看和调用项目口中的所有文件(素材)。在项目窗口双击某一素材可以打开素材源监视器窗口。

项目窗口按照不同的功能可以分为以下几个功能区。

1) 预览区

项目窗口的上部分是预览区。在素材区单击某一素材文件，就会在预览区显示素材的缩略图和相关的文字信息。对于影片、视频素材，选中后按下预览区左侧的"放/停止切换"(▶)按钮，可以预览该素材的内容。当播放到该素材有代表性的画面时按下"播放"按钮上方的"标识帧"按钮，便可将该画面作为该素材的缩略图，便于用识别和查找。

此外，还有"查找"和"入口"两个用于查找素材区中某一素材的工具。

2) 素材区

素材区位于项目窗口中间部分，主要用于排列当前编辑的项目文件中的所有素材，可显示包括素材类别图标、素材名称、格式在内的相关信息。其默认显示方式是列表方式，果单击项目窗口下部的工具条中的"图标视图"按钮，素材将以缩略图方式显示；再单击工条中的"列表视图"按钮，可以返回列表方式显示。

3）工具条

位于项目窗口最下方的工具条提供了一些常用的功能按钮，如素材区的“列表视图” 图标视图” 显示方式图标按钮，还有“自动匹配序列” 、“查找” 、“新建素材箱” 、建项” 和“清除” 等图标按钮。单击“新建项”图标按钮，会弹出快捷菜单，用户可以素材区中快速新建如“序列”“脱机文件”“字幕”“彩条”“黑场视频”等类型的素材。

4）下拉菜单

单击项目窗口右上角的小三角按钮（▼），会弹出快捷菜单。该菜单命令主要用于对项窗口素材进行管理，其中包括工具条中相关按钮的功能。

2. 监视器窗口

监视器窗口分左、右两个视窗（监视器）。左边是素材源监视器，主要用来预览或剪裁项窗口中选中的某一原始素材；右边是节目监视器，主要用来预览时间线窗口序列中已经编的素材（影片），也是最终输出视频效果的预览窗口。

1）素材源监视器

素材源监视器的上部分是素材名称。单击右上角的三角按钮，会弹出快捷菜单，包括关素材窗口的所有设置，可以根据项目的不同要求以及编辑的需求对素材源监视器窗口进模式选择。

中间部分是监视器。可以在项目窗口或时间线窗口中双击某个素材，也可以将项目窗中的某个视窗直接拖至素材源监视器中将它打开。监视器的下方分别是素材时间编辑滑时间码、窗口比例选择、素材总长度。

下部分是素材源监视器的控制器及功能按钮。其左边有“设置入点”（{）、“设置出点”、“设置未编号标记” 、“跳转到入点”（{←）、“跳转到出点”（→}）、“播放入点到出点”}）按钮；右边有“循环” 、“安全框” 、“输出” （包括下拉菜单）等；中间有“跳转到一编辑点” 、“步退” 、“播放（或停止）” 、“步进” 、“跳转到下一编辑点” 按钮，还飞梭”（快速搜索） 和“微调” 工具。

2）节目监视器

节目监视器很多地方与素材源监视器相类似或相近。节目监视器用来预览时间线窗口选的序列，为其设置标记或指定入点和出点以确定添加或删除的部分帧。其右下方还有“提“提取”按钮，用来删除序列选中的部分内容，而修整监视器用来调整序列中编辑点的位置。

3. 时间线窗口

时间线窗口是以轨道的方式实施视频、音频组接编辑素材的阵地，用户的编辑工作都需在时间线窗口中完成。素材片段按照播放时间的先后顺序在时间线上从左至右、由上至排列在各自的轨道上，可以使用各种编辑工具对这些素材进行编辑操作。时间线窗口分上、下两个区域：上方为时间显示区；下方为轨道区。

1）时间显示区

时间显示区是时间线窗口工作的基准，承担着指示时间的任务。它包括时间标尺、时间辑线滑块及工作区域。左上方的时间码显示的是时间编辑线滑块所处的位置。单击时间可以输入时间，使时间编辑线滑块自动停到指定的时间位置。也可以在时间栏中按住鼠左键并水平拖动鼠标来改变时间，确定时间编辑线滑块的位置。

时间码下方有“吸附”图标按钮（默认被激活），在时间线窗口轨道中移动素材片段时候，可使素材片段边缘自动吸引对齐。此外，还有“设置 Encore 章节标记”图标按钮“设置未编号标记”图标按钮。

时间标尺用于显示序列的时间，其时间单位以项目设置中的时基设置（一般为时间为准。时间标尺上的编辑线用于定义序列的时间，拖动时间编辑线滑块可以在节目监视窗口中浏览影片内容。时间标尺上方的标尺缩放条工具和窗口下方的缩放滑块工具效果同，都可以控制标尺精度，改变时间单位。时间标尺下是工作区控制条，它确定了序列的作区域，在预演和渲染影片的时候，一般都要指定工作区域，控制影片输出范围。

2）轨道区

轨道区是用来放置和编辑视频、音频素材的地方。用户可以对现有的轨道进行添加删除操作，还可以将它们任意地锁定、隐藏、扩展和收缩。

在轨道区的左侧是轨道控制面板，里面的按钮可以对轨道进行相关的控制设置。它是：“切换轨道输出”按钮、“切换同步锁定”按钮、“设置显示样式（及下拉菜单）”按钮“显示关键帧（及下拉菜单）”选择按钮，还有“到前一关键帧”和“到后一关键帧”按钮轨道区右侧上半部分是 3 条视频轨，下半部分是 3 条音频轨。在轨道上可以放置视频、音等素材片段。在轨道的空白处右击，在弹出的快捷菜单中可以选择“添加轨道”“删除轨命令来实现轨道的增减。

任务 4.2　美丽的宁波风光

任务描述

本任务使用 Premiere Pro CC 制作一个介绍宁波风光的视频，并配上字幕和解说词。频效果的一个画面如图 4.13 所示。

知识准备

1. 持续时间

素材的持续时间就是素材播放的时间长度，可以通过拖动轨道中素材左、右边缘中红色的缘标记设置持续时间，也可以在轨道素材上右击，在弹出的快捷菜单中选择“素材速度/持续时命令，弹出“素材速度/持续时间”对话框，如图 4.14 所示。在该对话框中可设定持续时间。

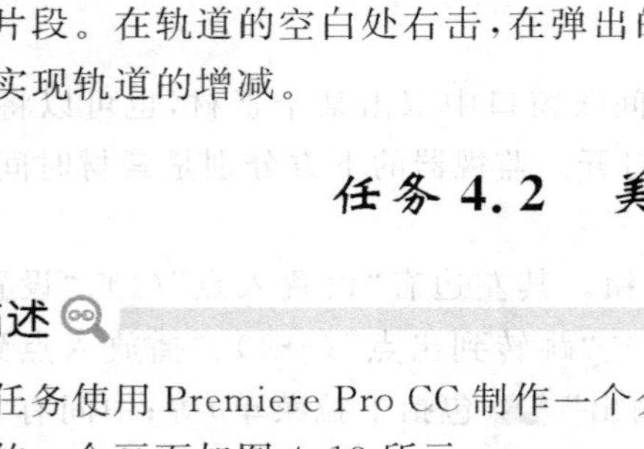

图 4.13　视频效果

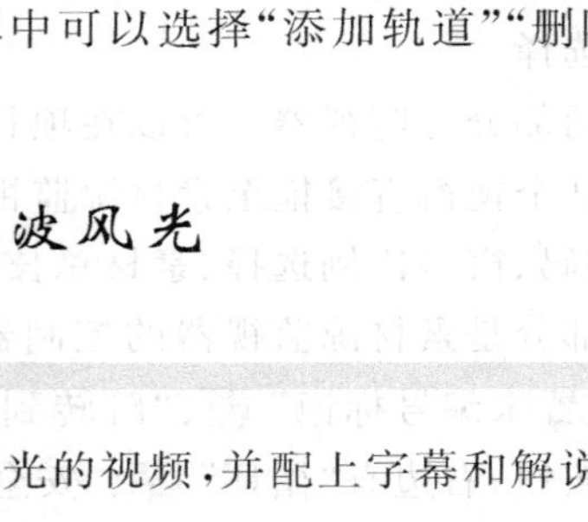

图 4.14　“素材速度/持续时间”对话框

2. 制作字幕

创建一个字幕并同时创建一个字幕素材文件有三种方式：一
选择"文件"→"新建"→"字幕"命令；二是在项目窗口下右击，
弹出的窗口中选择"新建分页"→"字幕"命令；三是在工作窗口
选择"字幕"→"新建字幕"命令。使用前两种方式创建字幕时
类型只能在字幕编辑窗口中设置，最后一种方式会弹出设置菜
如图 4.15 所示。

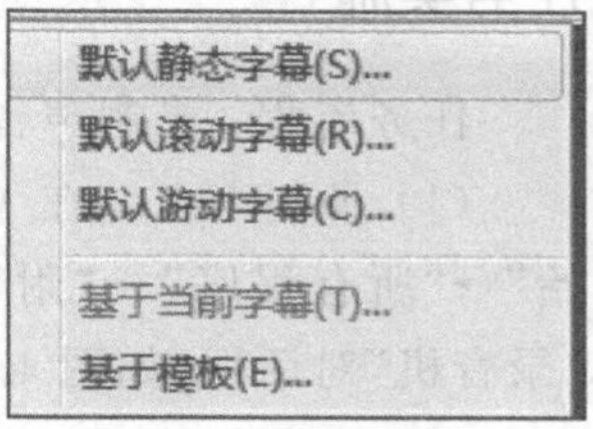

图 4.15　字幕设置

字幕制作教学视频

3. "文字工具"

在字幕编辑窗口中有两个文字工具，分别是"文字工具"和"垂直文字工具"。"文
工具"只能输入水平文字，可以通过字幕样式设置文字的样式，通过"字体"和"大小"设
文字的字体和字号，如果某些文字显示不出来，要重新选择另一种字体。

4. 时间编辑线滑块

时间显示区上方的时间码显示的是时间编辑线滑块所处的位置。单击时间码，可以输
时间，使时间编辑线滑块自动停到指定的时间位置。也可以在时间栏中按住鼠标左键并
平拖动鼠标来改变时间，确定时间编辑线滑块的位置。

5. "添加/移除关键帧"按钮

在"效果控件"窗口，音频或视频效果中的选项前有一个按钮，单击此按钮展开轨道，在
开项的后面有一个设置"添加/移除关键帧"按钮。移动时间编辑线滑块到指定位置
单击此按钮，就会在指定位置添加一个关键帧；移动时间编辑线滑块到关键帧上，单击
加/移动关键帧"按钮，可以删除一个关键帧。

6. 音轨混合器

单击"窗口"→"音轨混合器"命令，打开音轨混合器面板，如图 4.16 所示。这个窗口主
用于完成对音频素材的各种加工和处理工作，如混合音频轨道、调整各声道音量平衡或录
音。

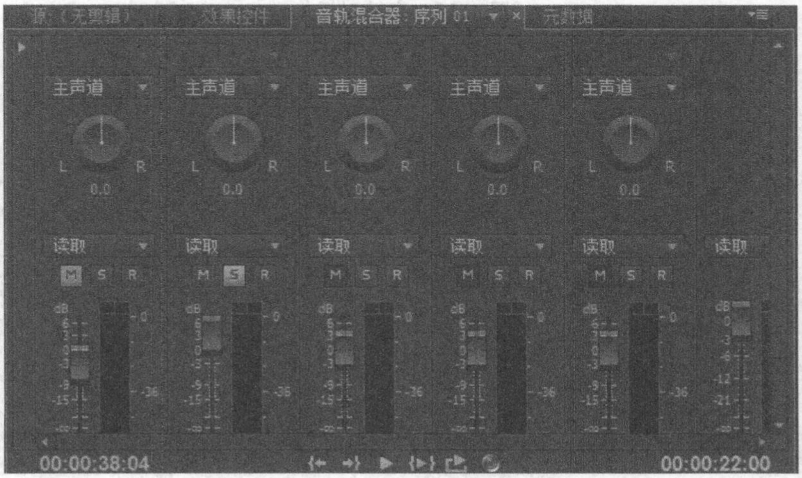

图 4.16　音轨混合器

任务实施

任务流程：录制声音→导入图片→制作字幕→特效设置→文件输出。

(1) 录制声音。在 Windows 7 系统中运行“开始”→“所有程序”→“附件”→“录音机”命令，打开“录音机”对话框，如图 4.17 所示。

图 4.17 “录音机”对话框

(2) 将自备的耳机与计算机进行正确的连接，单击红色“录音”按钮开始录音旁白，单击“结束”按钮结束录音。(旁白：宁波位东海之滨，是全国历史文化名城，国家优秀旅游城市，宁波历史悠久，是中国对外贸易的重港口城市，拥有巨大的发展潜力，宁波四季分明，气候温和，山川秀丽，欢迎大家到宁波来。

(3) 录音结束后可以选择“文件”→“保存”命令保存录音文件，将其命名为“旁白.wav

(4) 启动 Premiere Pro CC，如图 4.18 所示，选择“新建项目”选项，弹出如图 4.19 所的对话框，输入项目名称“美丽的宁波风光”，单击“暂存盘”标签，在“暂存盘”选项卡中选模式，如图 4.20 所示。

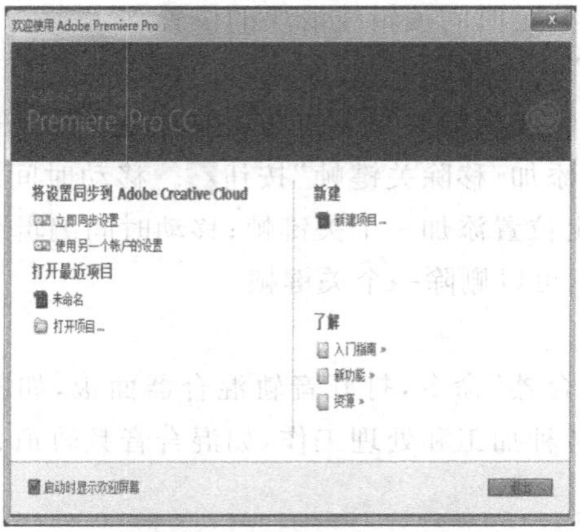

图 4.18 启动对话框

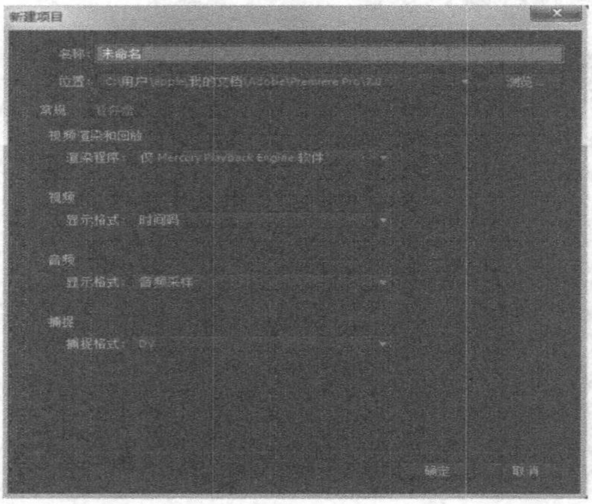

图 4.19 “新建项目”对话框

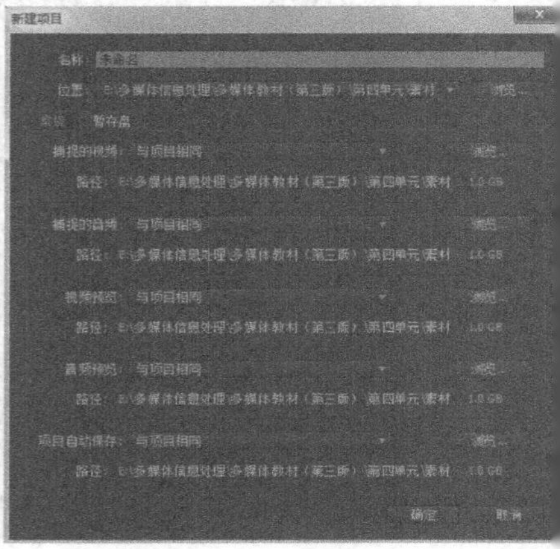

图 4.20 选择模式

(5) 在项目窗口右方空白区域右击，选择“导入”→“文件”命令，导入准备好的素材，包括图
文件 1. jpg、2. jpg、3. jpg、4. jpg、5. jpg、6. jpg 和 7. jpg 以及声音文件 bg. mp3 和旁白. wav。这
，准备好的素材就进入了项目窗口中，如图 4.21 所示。

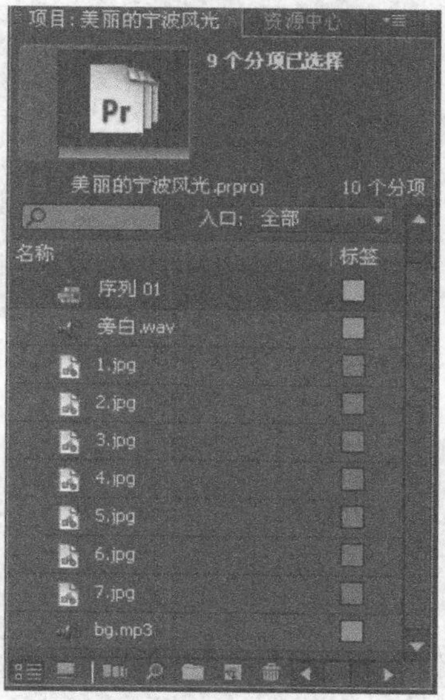

图 4.21　项目窗口

(6) 将项目窗口中的图片“1. jpg”拖动到时间线窗口中的视频 1 轨道中，将光标放在图
的后面，光标变成带相反方向的红杠，拖动鼠标改变图片“1. jpg”的长度为 9 秒；或者将鼠
放在图片“1. jpg”上，右击，将“持续时间”设置为 9 秒，如图 4.22 所示。

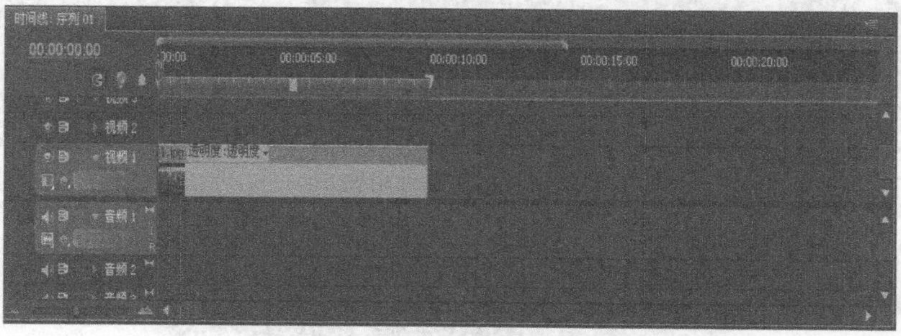

图 4.22　更改图片显示时间

(7) 制作一个静态字幕。单击“文件”→“新建”→“字幕”命令，弹出“新建字幕”对话框，
图 4.23 所示。输入相关信息后单击“确定”按钮，打开字幕编辑窗口，如图 4.24 所示。单
窗口上方的“字幕类型”按钮，弹出“滚动/游动选项”对话框，如图 4.25 所示。字幕类型
泽“静止图像”单选按钮，单击“确定”按钮。

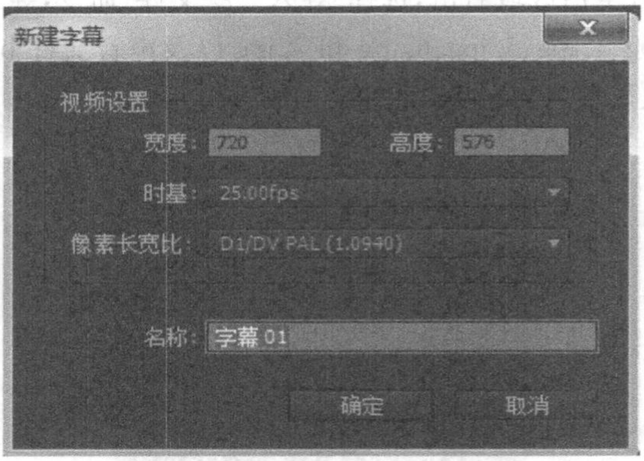

图 4.23 “新建字幕”对话框

图 4.24 字幕编辑窗口

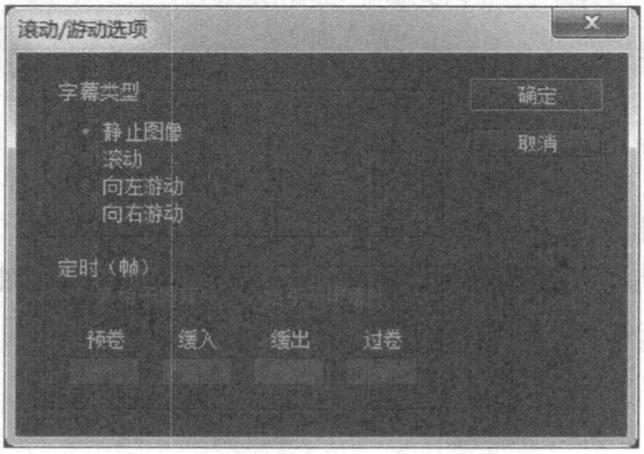

图 4.25 “滚动/游动选项”对话框

(8) 单击工具箱中的"文字工具" T，在字幕样式中选择一种样式，在文字编辑窗口中击，输入文字"宁波"，在下方输入"Very Beautiful City"，如图 4.26 所示。

(9) 关闭字幕编辑窗口，系统会自动保存文件，并将其命名为"字幕 01"。这时，"字幕"会自动添加到项目窗口中，如图 4.27 所示。

图 4.26　输入文字

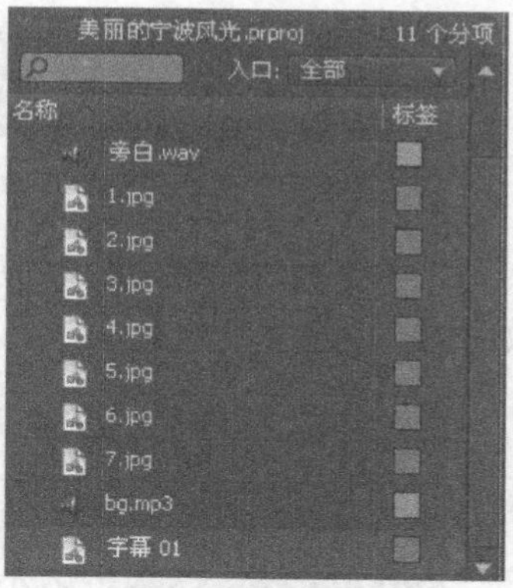

图 4.27　"字幕 01"自动添加到项目窗口中

(10) 制作一个滚动字幕。再次单击"文件"→"新建"→"字幕"命令，字幕类型选择"滚"，在工具箱中单击"文字工具" T，输入文本，如图 4.28 所示。

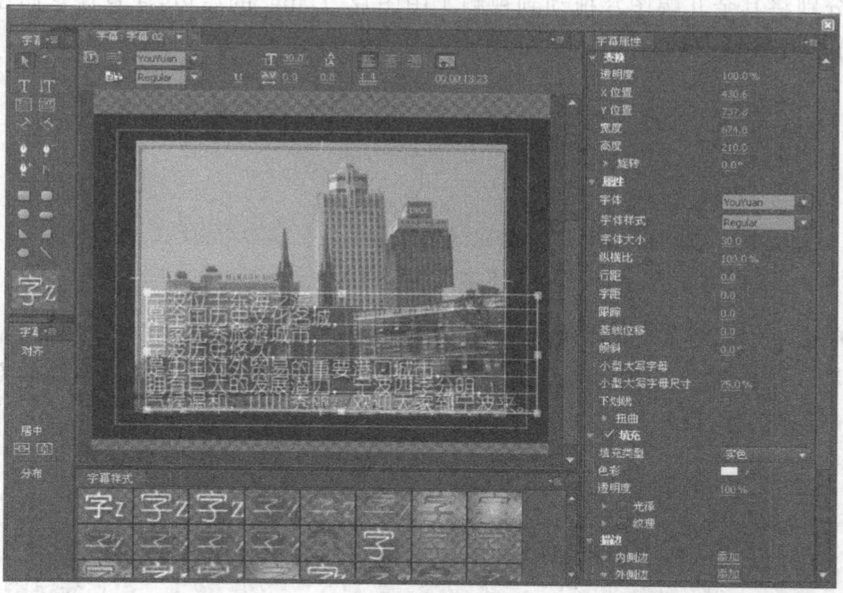

图 4.28　输入文本

(11) 关闭字幕编辑窗口，系统会自动保存文件，将其命名为"字幕 02"并添加到项目窗口中。

(12) 将"字幕 01"拖动到视频 2 轨道上，将光标放在"字幕 01"的后面，光标变成带相反向的红杠，拖动鼠标改变"字幕 01"的长度为 2 秒；或者将鼠标放在"字幕 01"上右击，将持时间设置为 2 秒。使用同样的方法，将"字幕 02"拖动到"字幕 01"的后面，根据录制好的秒旁白，将"字幕 02"的持续时间设置为 18 秒。

(13) 单击视频 2 轨道上的按钮，扩展视频轨道控制区。将时间编辑线滑块移动
19 秒处，单击时间线上的“字幕 02”，单击左边的“添加/移除关键帧”按钮，此时在 19 秒
就添加了一个关键帧，用同样的方法在 20 秒处再添加一个关键帧，拖动 20 秒处的关键帧
下移动，设置“字幕 02”的淡出效果，如图 4.29 所示。

图 4.29 设置字幕淡出效果

(14) 将“旁白.wav”文件拖动到声音 1 轨道上，调整其位置使之与“字幕 02”的起点、
点吻合，如图 4.30 所示。

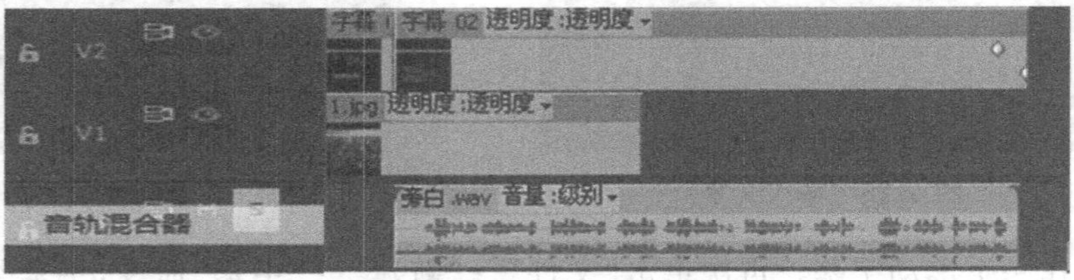

图 4.30 设置旁白

(15) 分别将其余几幅图片拖动到视频 1 中图片“1.jpg”的后边，注意让它们在轨道上
叉分布。分别设置它们的持续时间，如图 4.31 所示。

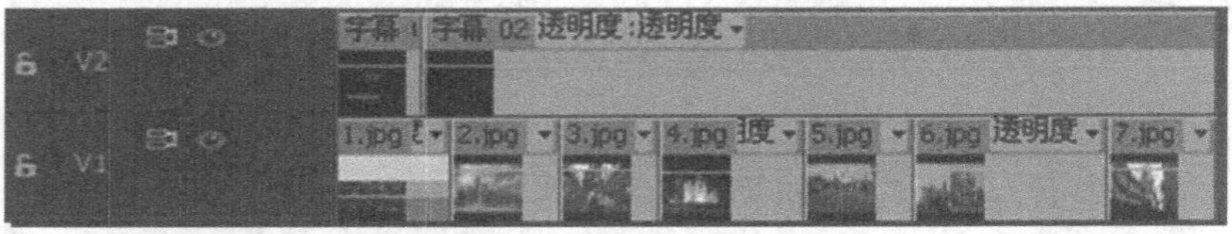

图 4.31 时间线

(16) 单击“效果”标签，打开效果面板，选择“视频切换”→“擦除”→“风车”命令，将“
车”拖到视频 1 中图片“1.jpg”与“2.jpg”的交叉处，如图 4.32 所示。可用同样的方法给其
交叉处添加切换效果。

图 4.32 添加切换效果

(17) 在效果面板中有“视频效果”文件夹，单击每一个文件夹左边的按钮，都能展开
文件夹中包含的视频特效文件，如图 4.33 所示。

(18) 选择“变换”文件夹中的“水平翻转”选项，按住鼠标左键不松手，将其拖到素
“2.jpg”上面，这时素材上面有一条绿色的线，说明该素材添加了视频效果，如图 4.34 所示

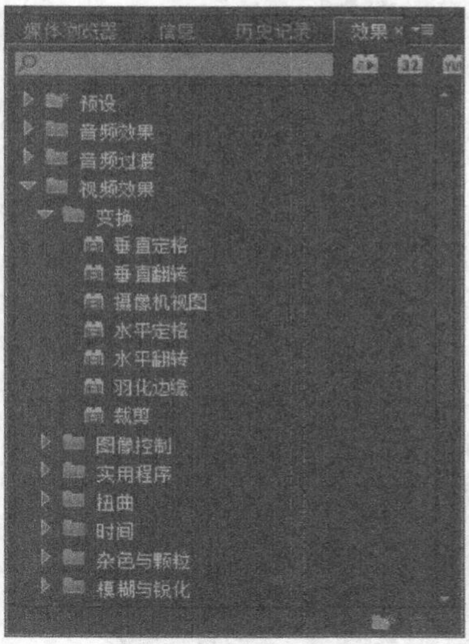

图 4.33　展开特效

图 4.34　添加视频效果

(19) 自行为其他素材添加适当的视频效果。

(20) 将项目窗口中的背景音乐“bg.mp3”拖动到音频轨道声音 2 中，选择“剃刀工具”，将光标放在“bg.mp3”素材的后面，把音乐的长度剪为和视频一样的长度。

(21) 调整背景音乐的音量。选择“窗口”→“音轨混合器”命令，弹出如图 4.35 所示的轨混合器窗口。通过音量调节滑标可以控制各轨道音频对象的音量，用户也可以直接在值栏中输入声音分贝。

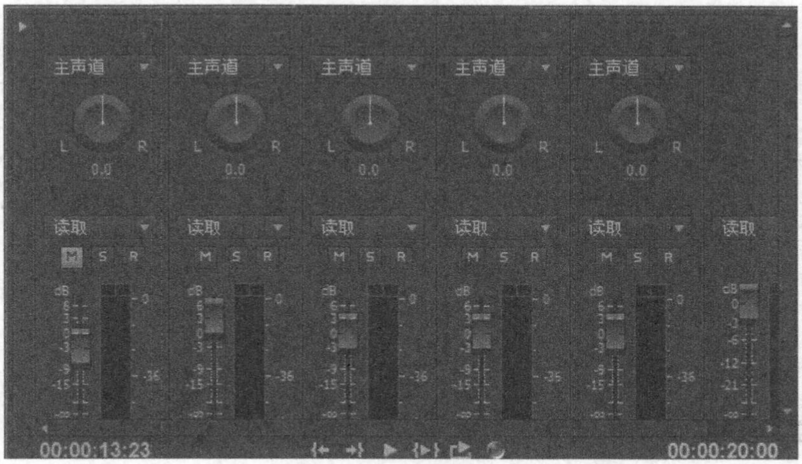

图 4.35　音轨混合器

(22) 单击声音 2 轨道上的▷按钮，扩展音频轨道控制区。将时间编辑线滑块移动到秒处，单击时间线上的“bg.mp3”，单击左边的“添加/移除关键帧”按钮◆，此时在 15 秒处添加了一个关键帧。用同样的方法在 20 秒处再添加一个关键帧，拖动 20 秒处的关键帧向移动，设置音乐的淡出效果，如图 4.36 所示。

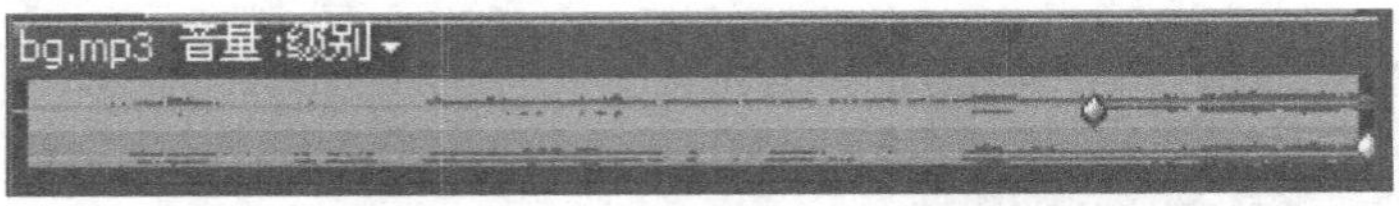

图 4.36　设置声音淡出效果

(23) 选择“文件”→“保存”命令，将文件保存。

(24) 选择“文件”→“导出”→“媒体”命令，弹出如图 4.37 所示的对话框，输入文件名和路径，即可按照设定的参数输出各种格式的文件。

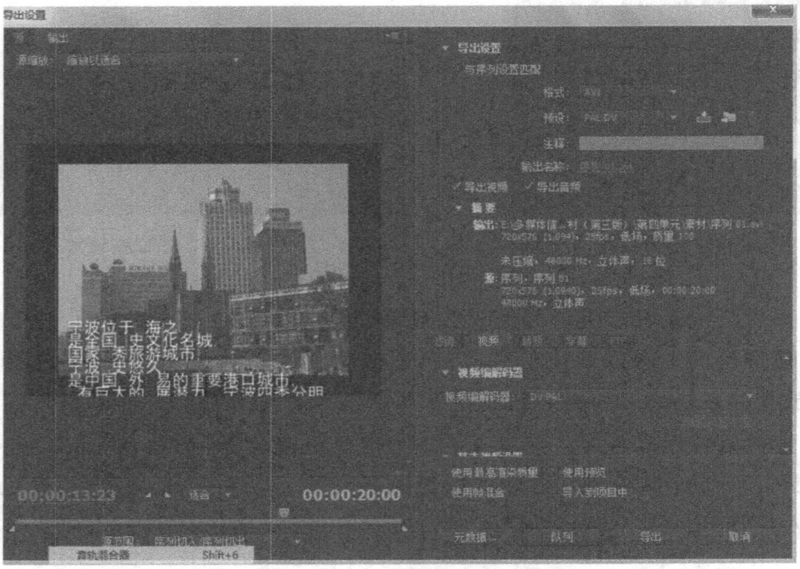

图 4.37　输出文件

小结

本单元主要介绍了音、视频的基本概念，音、视频文件的格式，音、视频素材的获取途径等，并通过两个实际音、视频处理任务，重点学习了导入文件，剪裁移动，声音效果设置，制作字幕和视频特效设置等，最后完成了两个实际的音、视频处理任务。

习　题

一、填空题

1. Premiere Pro CC 的窗口主要由________、________、________、________、________组成。

2. 创建字幕有__________、__________和__________三种方式。

二、选择题

1. 剃刀工具的功能是________。

A. 分割素材　　B. 缩短素材时间　　C. 选择素材　　D. 复制素材

2. 播放或暂停播放时间线上的素材的快捷键是________。

A. Enter　　B. Ctrl+Enter　　C. Space　　D. Alt+Enter

三、判断题

1. 可以清除时间线上素材的特效。（　　）

2. 在时间线上只能插入关键帧，不能删除关键帧。（　　）

四、简答题

如何增加和删除音、视频轨道？

五、操作题

请自行制作一段介绍本市或某景点的音、视频宣传片。

单元 5

特殊视频效果制作

知识教学目标

- 掌握 Premiere Pro CC 视频切换的含义；
- 掌握 Premiere Pro CC 关键帧的概念；
- 掌握 Premiere Pro CC 字幕的类型。

技能培养目标

- 能使用 Premiere Pro CC 相关编辑工具对素材进行编辑处理；
- 能在 Premiere Pro CC 中设置音、视频特效和切换效果；
- 能在 Premiere Pro CC 中设置动画的运动方式。

任务 5.1　自我展示

任务描述

本任务使用 Premiere Pro CC 将音乐、自己录制的歌声、文字字幕和图片文件素材合为一个和谐视频文件。

知识准备

1. 视频切换效果设置

将两段选定的素材 A 和 B 按前后顺序紧密排列在时间线窗口中的某一条视频轨道上，打开“特效”选项卡，选择“视频过渡”→“3D 运动”→“立方体旋转”选项，将其拖至时间线窗口并在 A、B 两素材的交界（编辑点）处释放，这时“立方体旋转”转换效果就被添加到素材 A、B 交界处了，并在素材交界处上方显示该切换的名称。

2. 运动设置

视频运动是一种后期制作与合成的技术，它包括视频在画面上的运动、缩放、旋转等效果。

运动设置是利用关键帧技术，对素材进行位置、动作及透明度等相关参数的设置。

miere Pro CC 中，运动效果是在“特效控制台”选项卡中设置的。关键帧是指在不同的时点对对象属性进行改变，而时间点间的变化则由计算机来完成。计算机通过给定的关键可以计算出对象从一个关键帧到另一个关键帧之间的变化过程。因此，关键帧的位置至重要，它是指对象开始新的变化的起始(时间)点。用户在设置关键帧的时候，往往是通过置时间编辑线滑块在时间标尺的位置(时间)来确定的。

(1) 选中素材：在时间线窗口中，选中需要设置运动的素材。

(2) 展开运动参数：在素材视窗中打开“特效控制台”选项卡，单击“运动”项目前的小三展开按钮，展开其设置参数。

(3) 设置关键帧：把时间编辑线滑块拖到素材 0 秒的位置，可以分别按下“位置”“比例”转”栏左边的“固定动画”图标按钮，这样分别在素材的 0 秒处各创建了一个关键帧。

(4) 调整视频图像大小：单击“缩放比例”栏左边的小三角展开按钮，拖动其下小三角滑使图像缩放。也可以在节目视窗中单击图像，利用图像四角出现的小方块，拖动鼠标来变其大小。还可以在“缩放比例”右边的文本框中输入数值(例如“50.0”)进行图像缩放。

(5) 调整视频图像的位置：将“位置”栏右边的“360.0”(X 轴)、“288.0”(Y 轴)，分别按鼠标左键拖动，设置视频图像在屏幕中的位置。更简单的方法是直接用鼠标在节目视窗拖动视频图像来实现。

这样，我们便完成了在 0 秒时刻，素材以刚才调整的大小和在屏幕中所处的位置开始变的设置。接下来，还需要设置下一个关键帧，即图像发生新的变化的起始点。

(6) 添加关键帧，设置运动路径：将时间编辑线滑块向右拖到 2 秒位置，将 X 轴、Y 轴分设置为“－360.0”和“288.0”，或者在节目视窗中将素材直接拖动到屏幕外左侧，使 X 轴、轴分别为“－360.0”和“288.0”。此时可以看到从屏幕中心到屏幕左侧有一条白色的虚表示该影片将在 2 秒时间内从屏幕中心运动到屏幕左侧的运动轨迹。再在此帧处单击置”栏右边的“切换动画”按钮，这样就添加了一个新的关键帧。

(7) 设置图像大小：如果在这 2 秒之内，不需要改变图像大小，则在此帧处单击“缩放比栏右边的“添加/移除关键帧”按钮，添加一个新关键帧；如果需要改变图像大小，就需调整其比例，再单击“缩放比例”栏右边的“添加/移除关键帧”按钮，表示图像在内由屏幕中心运动到屏幕左侧的同时其大小还会发生变化。

(8) 设置图像旋转：如果还需要画面在这 2 秒之内图像沿 Z 轴旋转 3 圈，可以将“旋栏右边的数值“0”改为“3”，并单击该栏的“添加/移除关键帧”按钮，添加一个新关帧。

(9) 预览运动效果：参数设置完成后，单击节目视窗中的“播放”按钮，可以看到图像动变化的效果。

(10) 修改效果：如果需要修改某个关键帧，可以将时间编辑线滑块拖放到该处，先单击栏的“添加/移除关键帧”按钮，将该关键帧删除；重新设置后，再单击该栏的“添加/移除键帧”按钮，或者在该关键帧上右击，在弹出的对话框中，单击“清除”按钮。删除关键帧再进行新的设置，将时间编辑线滑块拖放到新的位置，再单击该栏的“添加/移除关键帧”钮，修改后的关键帧则被确定。

运动设置教学视频

任务实施

任务流程：录制歌声→启动 Premiere Pro CC→导入素材→制作字幕→调整编辑素材效果设置→导出文件。

(1) 用 Windows 7 系统自带的录音机录制一个与下面音乐相应的歌声。

(2) 启动 Premiere Pro CC 进入工作窗口。

(3) 导入以上准备好的音乐、歌声、图片文件素材，如图 5.1 所示。

(4) 制作文字字幕。在主菜单中单击“文件”→“新建”→“字幕”命令，打开字幕编辑窗口，如图 5.2 所示。

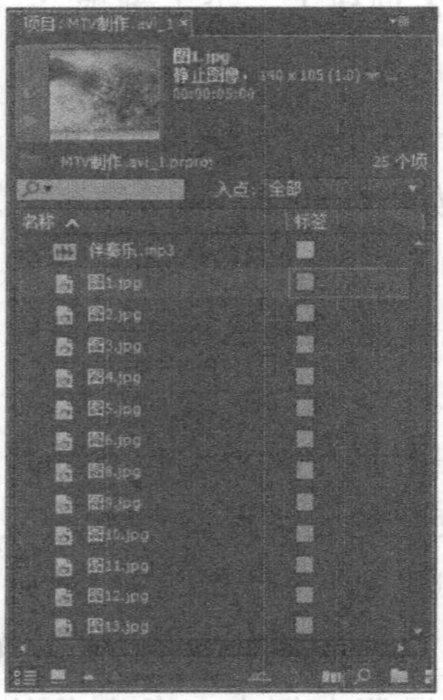

图 5.1　导入素材

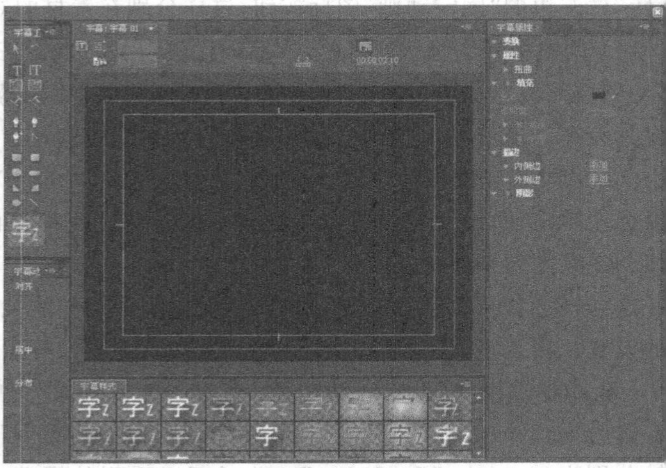

图 5.2　字幕编辑窗口

(5) 选择“文字工具”，在窗口中单击，输入歌词的第一句，如图 5.3 所示。

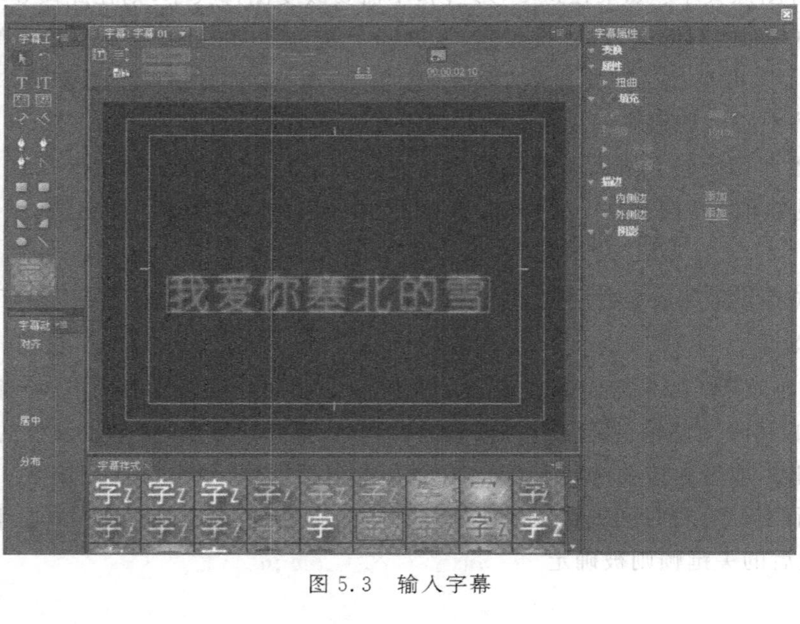

图 5.3　输入字幕

注：在输入字幕之前最好选择一下字体。字幕类型可选择静止图像、滚动、向左游动、右游动等，如图 5.4 所示。

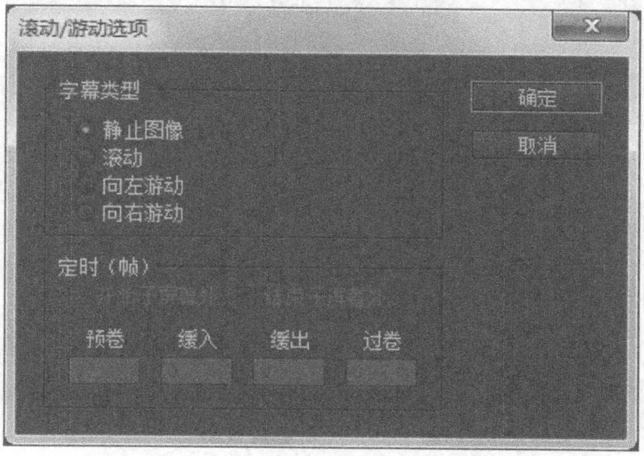

图 5.4　字幕类型

(6) 输入完成后关闭文字窗口，系统自动保存，并命名为“字幕 01”，同时会自动填加到目窗口中。

(7) 用同样的方法制作歌词的第二句、第三句直至最后一句，分别被自动命名为“字幕”“字幕 03”等。

(8) 将“歌声”拖入音频 1 轨，伴奏乐拖入音频 2 轨，分别使用“剃刀工具”“选择工具”等理两个声音文件，使其合拍。

(9) 分别将字幕拖入视频 3 轨，人物图片拖入视频 2 轨，其他图片分别拖入视频轨。

(10) 调整歌词字幕位置，使其与歌声出现的位置同步。

(11) 人物图片与其他图片的摆放位置如图 5.5 所示(注：视频 1 中的图片在摆放时头、要相连，准备做切换效果用，人物图片准备做画中画)。

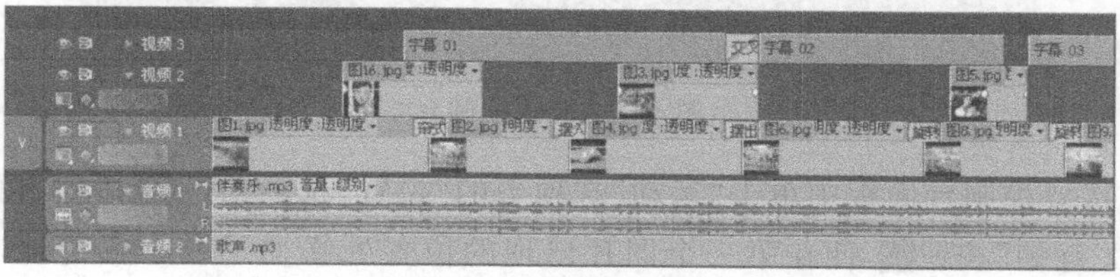

图 5.5　摆放位置

(12) 选择时间线左边控制面板中的“效果”→“视频过渡”→“3D 运动”选项，打开效果板，如图 5.6 所示。

(13) 将图 5.6 中的“帘式”切换效果拖入视频 1 轨道时间线两个图片的重叠处，为这个图片设置了“帘式”切换效果。在时间线上拖动时间编辑线滑块可以看到“帘式”切效果。

(14) 用同样的方法为其他图片重叠处设置“摆入”“摆出”等切换效果。

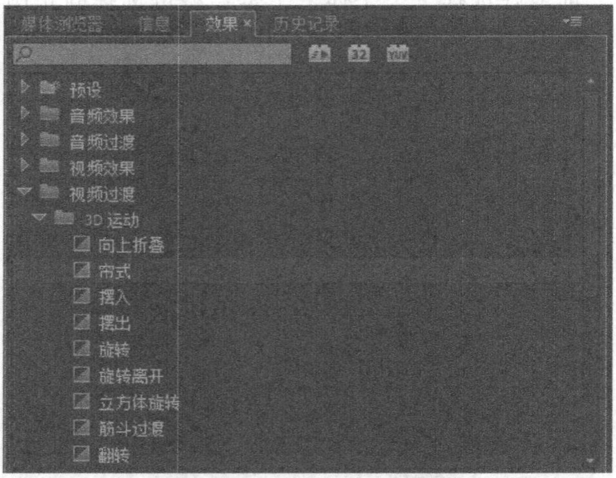

图 5.6　视频切换效果

（15）运动设置。选中视频 2 轨里的第一个图片，将时间编辑线滑块移动到第一个片出现的位置，打开上面的特效控制台面板，如图 5.7 所示。

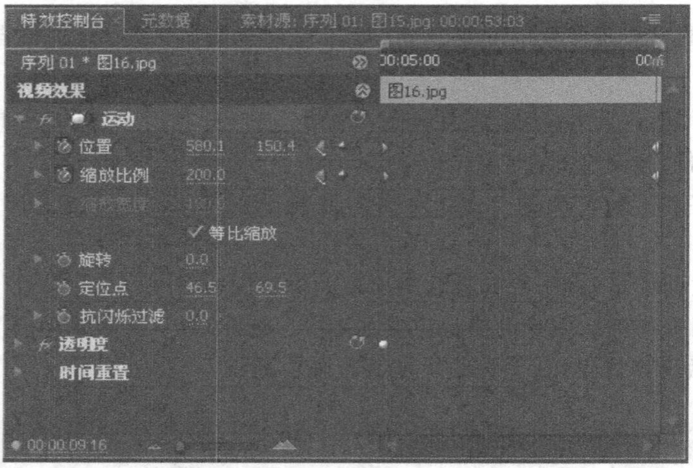

图 5.7　特效控制台

（16）在特效控制台面板中单击"运动"选项下的"位置"选项前的按钮，再单击后面"添加/移除关键帧"按钮，便在第一个图片出现的位置处添加了一个关键帧，此时在监器窗口出现人物图片，拖动图片放到合适位置。再将时间编辑线滑块移动到第一个图结束的位置，再单击后面的"添加/移除关键帧"按钮，此时在第一个图片结束的位置添了一个关键帧，在监视器窗口拖动图片放到另外一个位置，如图 5.8 所示。运动设置完此时拖动时间编辑线滑块在时间线上移动，可以看到运动效果。

（17）用同样的方法可以为其他人物图片设置运动方式。

图 5.8　运动设置

(18) 缩放设置。选中视频 2 轨里的第一个图片，将时间编辑线滑块移动到第一个图出现的位置，打开上面的特效控制台面板，如图 5.7 所示。在特效控制台面板中单击"运"选项下的"缩放比例"选项前的按钮，再单击后面的"添加/移删除关键帧"按钮，便在一个图片出现的位置添加了一个关键帧，此时在监视器窗口出现人物图片，拖动图片边缘变图片大小。再将时间编辑线滑块拖动到第一个图片结束的位置，再单击后面的"添/移除关键帧"按钮，此时在第一个图片结束的位置添加了一个关键帧，在监视器窗口拖图片边缘改变图片大小，如图 5.8 所示，缩放设置完成。此时拖动时间编辑线滑块在时线上移动，可以看到缩放效果。

(19) 用同样的方法可以为其他人物图片设置缩放。

(20) 将时间编辑线滑块拖动到时间线的开始处，按下 Space 键播放制作效果。如果满意可以进行修改。

(21) 任务完成后，在主菜单下选择"文件"→"导出"命令，生成预演节目文件时，需要一的生成时间，但不会很长，请耐心等待。最终效果的一个画面如图 5.9 所示。

图 5.9　最终效果的一个画面

任务 5.2 篮球教学

任务描述

本任务根据一段篮球赛实况视频，从中找出典型的动作，以特效结合字幕的方式，力简单明了地展现并解读动作要领，从而达到理想的教学效果。本任务创造性强，要求学生分发挥自己的主观能动性、想象力和创新意识来完成本任务的制作。

知识准备

1. 视频过渡类型

打开 Premiere Pro CC 编辑软件后，单击“效果”选项卡，打开“效果”面板，单击“视频渡”文件夹前的小三角展转按钮，展开视频切换的子文件夹。单击视频切换子文件夹前的三角展转按钮，可以展开各子文件夹里的多种视频切换效果。用户可以利用查找栏，填写要使用的切换效果名称，该切换效果会快捷地出现在效果面板中。视频切换文件夹中包了 10 大类 70 余种视频切换效果。

1) 3D 运动(3D Motion)

3D 运动文件夹中包含有三维特效的转场，包括门、摆入、筋斗过渡、翻转、立方体旋帘式、摆出、旋转、旋转离开和向上折叠 10 种效果。

(1) 门：两个相邻片段的过渡是以图像 B(后一素材画面)呈一扇门一样由外向里关状态覆盖图像 A(前一素材画面)，效果就像关门一样，图像 B 逐渐遮住了图像 A。

(2) 摆入：两个相邻片段的过渡是以图像 B 呈关门状态，由里向外逐渐覆盖像 A。

(3) 筋斗过渡：两个相邻片段的过渡是以图像 A 在翻转过程中逐渐变小消失，显现图像 B 效果，就像翻筋斗一样。

(4) 翻转：两个相邻片段的过渡是以图像 A 翻转到图像 B，效果就像一页画册的两面一面翻转到另一面一样。

(5) 立方体旋转：两个相邻片段的过渡是以立方体相邻的两个面，以图像 A 旋转到像 B 的形式来实现的。

(6) 帘式：两个相邻片段的过渡是以图像 A 呈门帘一样被拉起显示出图像 B 的形式实现的。

(7) 摆出：两个相邻片段的过渡是以图像 B 从两边向中间合拢，覆盖图像 A，如同双关门一样。

(8) 旋转：两个相邻片段的过渡是以图像 B 从图像 A 的中心伸展开来的形式来现的。

(9) 旋转离开：两个相邻片段的过渡是以图像 B 中心旋转来代替图像 A 的形式来现的。

(10) 向上折叠：两个相邻片段的过渡是以图像 A 像纸一样折叠显示图像 B 的形式

现的。

2）溶解

溶解文件夹中包含交叉溶解、叠加溶解、抖动溶解、渐隐为白色、渐隐为黑色、胶片溶解、儿反转和非叠加溶解共8项转场效果。

3）划像(Iris)

划像文件夹中包含多种划变特效，共7项：划像交叉、菱形划像、划像形状、点划像、星划像、圆划像和盒形划像。

4）映射(Map)

映射文件夹中特效是使用影像通道作为影响图进行过渡的，包括明亮度映射和通道映两项。

5）卷页(Page Peel)

卷页文件夹中包含了多种像翻书一样的卷页特效，共5项：翻页、页面剥落、卷走、中心落和剥开背面。

6）滑动(Slide)

滑动文件夹中包括了12项：带状滑动、多旋转、拆分、滑动、滑动带、滑动框、互换、推、戋滑动、中心合并、中心拆分和漩涡。

7）特殊效果(Special Effect)

特殊效果文件夹中包含几种特效的转场，共3项：三维、纹理和置换。

8）伸缩(Stretch)

伸缩文件夹中包含几种图像（被挤压后）展开的特殊效果转场，共4项：交叉伸展、伸伸展放大和伸展进入。

9）擦除(Wipe)

擦除文件夹中包含了多种以扫像方式过渡的转场，共16项：双侧平推门、带状擦除、径划变、插入、擦除、时钟式划变、棋盘、棋盘划变、水波块、油漆飞溅、渐变擦除、百叶窗、旋转、随机块、随机擦除和风车。

10）缩放(Zoom)

缩放文件夹中包含了几种以缩放方式过渡的转场，共4项：交叉缩放、缩放、缩放拖尾宿放框。

2．添加切换

一般情况下，切换是在同一轨道上的两个相邻素材之间使用。当然，也可以单独为一个材施加切换，这时候，此素材与其轨道下方的素材之间进行切换，但是轨道下方的素材只乍为背景使用，并不能被切换所控制。

切换特效教学视频

如果需要在素材之间添加切换，用户可以做如下操作：

(1) 在项目窗口中打开效果面板，单击“视频切换”文件夹前的小三角展开按钮，展开视刃换的分类文件夹。

(2) 单击如“3D Motion”(3D运动)分类文件夹前的小三角展开按钮，展开其中各项，用示左键按住“立方体旋转”选项拖动到时间线窗口序列中需要添加切换的相邻两段素材之交界处（连接处）再释放，在素材的交界处上方便出现了应用切换后的标识，该标识与切换的时间长度以及开始和结束位置对应，表示“立方体旋转”特效被应用。

（3）在切换的区域内拖动时间编辑线滑块，可以在节目视窗中观看视频切换特效。

任务实施

任务流程：准备篮球赛实况视频→启动 Premiere Pro CC→导入视频→截取典型动作作面→视频处理→特效处理→添加字幕→背景音乐处理→视频输出。

（1）下载一段篮球赛实况视频和一段背景音乐。

（2）启动 Premiere Pro CC，新建项目，单击文件菜单下的“导入”→“文件”命令，在弹的对话框中选择要导入的视频文件和背景音乐。

（3）将视频素材放到视频 1 轨道上。拖动素材窗口中的“背景音乐”文件图标到音频轨道。

（4）将时间线中的“滑标”拖动到开始处，按 Space 键播放视频，在典型动作处按 Space 键暂停播放，使用 Snagit 等抓图软件抓取本帧图片，保存为 t1，再按下 Space 键继续放，按下 Space 键暂停播放，用同样的方法抓取其他典型动作图保存为 t2、t3、t4、t5、t6 等。

（5）导入刚才保存的图片文件 t1、t2、t3、t4、t5、t6 等。

（6）将图片文件 t1、t2、t3、t4、t5、t6 等拖到视频 2 轨道上。

（7）在视频 2 轨道上右击 t1，在弹出的菜单中选择“素材速度/持续时间”命令，在弹的对话框中设置持续时间为 5 秒，如图 5.10 所示。

（8）用同样的方法为其他图片文件设置持续时间为 5 秒。

（9）播放视频，在出现 t1 画面处按 Space 键暂停播放，在工具箱中选择“剃刀工具”在视频 1 轨道上的红线处单击，此时将视频 1 轨道上的素材分成两部分，再选择工具箱中“选择工具”，拖动后面部分向右移动 5 秒（此时可用上述图片大小作参照）。

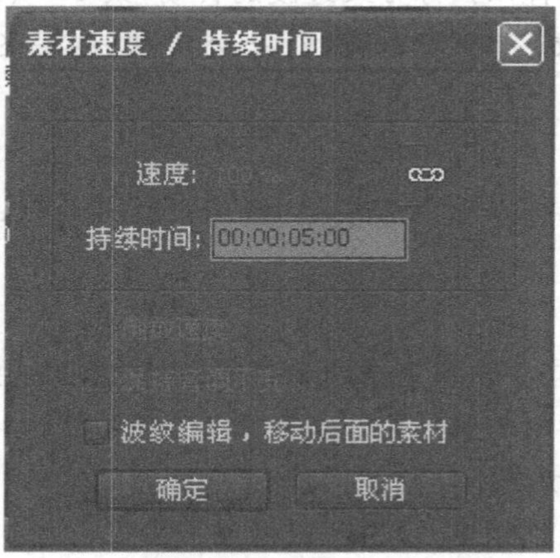

图 5.10　设置持续时间

(10) 用同样的方法将视频中的其他部分分开，并在视频 2 轨道上将相应图片拖放到视 1 轨道空白位置，如图 5.11 所示。

图 5.11　素材摆放位置

(11) 为图片添加缩放动画。选择视频 2 轨道上的 t1 素材，将时间线中的“滑标” 拖到 t1 开始处，打开“特效控制台”，如图 5.12 所示。

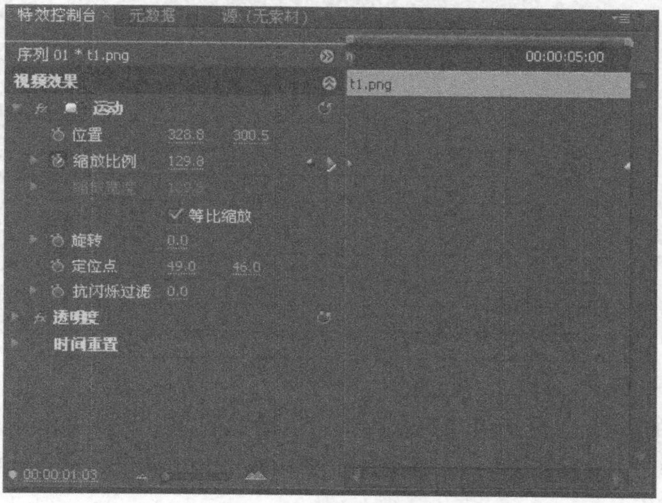

图 5.12　特效控制台

(12) 单击“缩放比例”选项前的按钮，再单击“添加/移除关键帧”按钮，此时在图片的第一帧处添加了一个关键帧，这时在监视器窗口出现 t1 图片，在监视器窗口中拖动图边框缩小图片，如图 5.13 所示。

(13) 将时间线中的“滑标” 拖动到 t1 结束处，单击“添加/移除关键帧”按钮，此时在片 t1 的最后一帧处添加了一个关键帧，这时在监视器窗口出现 t1 图片，在监视器窗口中动图片边框放大图片，如图 5.14 所示。

图 5.13　第一帧

图 5.14　最后一帧

(14) 用同样的方法为其他图片添加缩放动画。

(15) 添加字幕。在主菜单中选择“文件”→“新建”→“字幕”命令，打开字幕编辑窗口

(16) 选择“文字工具”，在窗口中单击，输入文字“突破上篮”，设置字体、字号，并用字编辑窗口中的“选择工具”将文字转动一定角度，如图 5.15 所示。关闭字幕编辑窗口，统将其自动保存为字幕 01。

图 5.15　输入并转动字幕

(17) 用同样的方法设置其他字幕(字幕 02：跳起投篮；字幕 03：卡位；字幕 04：错防守；字幕 05：转身投篮；字幕 06：抢断；字幕 07：阻挡犯规；字幕 08：要位；字幕 0盖帽)。

(18) 将所有字幕依次拖到视频 3 轨道上，所有字幕持续时间都设置为 5 秒，并与视频轨道上的图片对齐，如图 5.16 所示，设置字幕的切换效果。

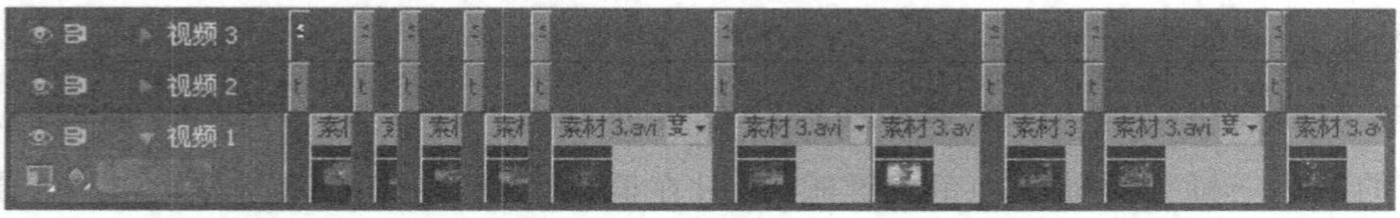

图 5.16　字幕位置

(19) 设置音频 1 轨道上的“背景音乐”持续时间为 4 分 25 秒，与视频 2 轨道上的视频后对齐。

(20) 将时间线中的“滑标”拖动到时间主线的开始处，按下 Space 键播放，如不满可进行修改，直到满意为止。

(21) 单击“文件”→“导出”→“媒体”命令，导出多媒体文件。

展知识

视频特效

1. 视频特效类型

Premiere Pro CC 提供(内置)了 16 大类 178 个视频特效,这些特效放置在效果面板中“视频效果”文件夹中。用户可以单击菜单栏中的“窗口”→“效果”命令,或者在信息窗口接单击“效果”标签,打开效果面板,然后单击“视频效果”文件夹前的小三角展开按钮,展该文件夹内 16 个子文件夹(16 大类特效),再单击子文件夹前的小三角展开按钮,可以分展开该类的多种效果项目。

1) 变换(Transform)类

变换类效果主要是通过对图像的位置、方向和距离等参数进行调节,从而制作出画面视变化的效果,它包含垂直定格、垂直翻转、摄像机视图、水平定格、水平翻转、羽化边缘和裁 7 种效果。

2) 杂色与颗粒(Noise Grain)类

杂色与颗粒类效果主要用于去除画面中的噪点或者在画面中增加噪点,它包含中间值、波、噪波 Alpha、噪波 HLS、自动噪波 HLS、蒙尘与刮痕 6 种效果。

3) 图像控制(Image Control)类

图像控制类效果主要是通过各种方法对素材图像中的特定颜色像素进行处理,从而做特殊的视觉效果,它包含灰度系数(Gamma)校正、颜色平衡(RGB)、颜色替换和黑白 5 种果。

4) 实用(Utility)类

实用类效果主要是通过调整画面的黑白斑来调整画面的整体效果,它只有 Cineon 电影换 1 种效果。

5) 扭曲(Distort)类

扭曲类效果主要通过对图像进行几何扭曲变形来制作各种各样的画面变形效果,它包偏移、变换、弯曲、放大、旋转、波动弯曲、球面化、紊乱置换、边角固定、镜像和镜头扭曲等种效果。

6) 时间(Time)类

时间类效果主要是通过处理视频的相邻帧变化来制作特殊的视觉效果,它包含抽帧和影 2 种效果。

7) 模糊与锐化(Blur & Sharpen)类

模糊与锐化类效果主要用于柔化或者锐化图像或边缘过于清晰或者对比度过强的图像或,甚至把原本清晰的图像变得很朦胧,以至模糊不清。它包含复合模糊、定向模糊、快速糊、摄像机模糊、残像、消除锯齿、通道模糊、锐化、非锐化遮罩和高斯模糊 10 种效果。

8) 生成(Generate)类

生成类效果是经过优化分类后新增加的一类效果,它包含书写、发光、吸色管填充、四色变、圆形、棋盘、油漆桶、渐变、网格、蜂巢图案、镜头光晕和闪电 12 种效果。

9）色彩校正（Color Correction）类

色彩校正类效果是用于对素材画面颜色进行校正处理，它包含 RGB 曲线、RGB 色彩校正、三路色彩校正、亮度与对比度、亮度曲线、亮度校正、广播级色彩、快速色彩校正、更改颜色、色、脱色、色彩均化、色彩平衡、色彩平衡（HLS）、视频限幅器、转换颜色和通道混合 17 种效果

10）视频（Video）类

视频类效果主要是通过在素材上添加时间码，以显示当前影片播放的时间，包括剪辑称和时间码 2 种效果。

11）调整（Adjust）类

调整类效果是常用的一类特效，主要是用于修复原始素材偏色或者曝光不足等方面缺陷，也可以调整颜色或者亮度来制作特殊的色彩效果。它包含卷积内核、基本信号控制提取、照明效果、自动对比度、自动色阶、自动颜色、色阶和阴影/高光 9 种效果。

12）过渡（Transition）类

过渡类效果主要用于场景过渡（转换），其用法与“视频切换”类似，但是需要设置关键才能产生转场效果。它包含块溶解、径向擦除、渐变擦除、百叶窗和线性擦除 5 种效果。

13）透视（Perspective）类

透视类效果主要用于制作三维立体效果和空间效果，它包含基本 3D、径向放射阴影、角边、斜角 Alpha 和阴影（投影）5 种效果。

14）通道（Channel）类

通道类效果主要是利用图像通道的转换与插入等方式来改变图像，从而制作出各种殊效果，它包含反相、固态合成、复合运算、混合、算术、计算和设置遮罩 7 种效果。

15）键控（Keying）类

键控类效果主要用于对图像进行抠像操作，通过各种抠像方式和不同画面图层叠加法来合成不同的场景或者制作各种无法拍摄的画面。它包含 16 点无用信号遮罩、4 点无信号遮罩、8 点无用信号遮罩、Alpha 调整、RGB 差异键、亮度键、图像遮罩键、差异遮罩、致键、移除遮罩、色度键、蓝屏键、轨道遮罩键、非红色键和颜色键 15 种效果。

16）风格化（Stylize）类

风格化类效果主要是通过改变图像中的像素或者对图像的色彩进行处理，从而产生种抽象派或者印象派的作品效果，也可以模仿其他门类的艺术作品，如浮雕、素描等。它含 Alpha 辉光、复制、彩色浮雕、招贴画、曝光过度、查找边缘、浮雕、画笔描绘、纹理材质、缘粗糙、闪光灯、阈值和马赛克 13 种效果。

Premiere Pro CC 还拥有众多的第三方外挂视频特效插件，这些外挂视频特效插件能展 Premiere Pro CC 的视频功能，制作出 Premiere Pro CC 自身不易制作或者不能实现的些效果，从而为影片增加更多的艺术效果。例如，可以制作雨、雪效果的 Final Effects 插件可以制作绚丽光斑效果的 Knoll Light Factory（光工厂）插件，可以制作出扫光文字的 Sh（耀光）插件等。

2. 添加视频特效

用户在为素材添加视频特效之前，应该首先打开效果面板，从中选择需要的效果，并其拖曳到时间线窗口中的某段视频素材上，有些特效还需要对效果进行参数设置。

给素材添加视频效果的步骤如下：

(1) 打开效果面板。单击菜单栏中的“窗口”→“效果”命令，或者在信息窗口中直接单"效果"标签，便可打开效果面板。

(2) 选择效果项目。在效果面板里，单击“视频效果”文件夹前的小三角展开按钮，展开文件夹内的 16 个子文件夹(为 16 大类特效)，再单击“调整”子文件夹前的小三角按钮，展效果项目，选择其中的“基本信号控制”效果项目。

(3) 添加视频特效。如将“基本信号控制”效果拖曳到时间线窗口中的某一段素材上释便将此特效添加到了该素材上。同时，在素材源监视器窗口中单击特效控制台面板，可看到“基本信号控制”效果项目在其中。

(4) 设置效果。在为一个视频素材添加了特效之后，就可以在特效控制台面板中通过置特效的各种参数来控制特效，并且还可以通过设置关键帧来制作各种动态变化效果。作步骤如下。

①选中素材，在时间线窗口中，将时间编辑线滑块拖曳到刚才添加效果的素材上，并单该素材。

②展开特效项目参数。单击特效控制台面板中的“基本信号控制”项目前的小三角展开钮，展开项目参数。

③设置特效参数。用户可以对添加了“基本信号控制”特效后的素材进行“亮度”“对比”“色调”和“饱和度”四个特效参数的设置(调整)。例如在“亮度”栏目中的参数上(默认值0.0)按住鼠标左键，并水平拖动，改变参数值大小(取值范围为－100～＋100，其正值为增亮度，负值为减少亮度)，或者在参数上直接单击后填入数值，再在空处单击一下，新的参更被确定。

(5) 预览效果。对素材设置了参数后，可以直接在节目视窗中预览设置了参数之后的画效果。

(6) 删除特效。用户如果对添加的效果不满意，可以删除该效果，回到素材原始状态。特效控制台面板中，右击“基本信号控制”效果项目，在弹出的菜单中单击“清除”命令，该果则被删除。

小结

本单元主要介绍了音、视频素材更多的编辑方法，并通过两个实际音、视频处理任务，重点学习了剪裁移动、缩放动画效果设置、制作字幕和视频特效设置等操作，最后完成了两个实际的音、视频处理任务。

习　题

一、填空题

1. Premiere Pro CC 中的运动设置包括________、________、________等效果。

2. Premiere Pro CC 中的效果面板包括________、________、________、________、________五大类效果。

二、选择题

1. 在 Premiere Pro CC 中制作字幕时有些文字显示为一个方框，是因为________。

A. 文字输入错了　　B. 文字大小不对

C. 文字字体不对　　D. 文字间距太小

2. 在 Premiere Pro CC 中使用剃刀工具时，要想同时分割所有轨道上的素材时要按________。

A. Ctrl 键　　B. Shift 键　　C. Ctrl+Shift 键　　D. Ctrl+Alt 键

三、判断题

1. Premiere Pro CC 中的切换效果只能在两个相连素材之间实现。　　(　　)

2. Premiere Pro CC 中的音频轨道和视频轨道数是一定的，不能增、减。　　(　　)

四、简答题

简单叙述一下 Premiere Pro CC 的缩放动画效果设置步骤。

五、操作题

请自行制作一段足球教学片，要求有运动、特效、字幕、解说和背景音乐。

单元 6

简单动画制作

知识教学目标

- 掌握 Flash CC 工作窗口的组成；
- 掌握 Flash CC 工具箱的组成；
- 掌握 Flash CC 属性的相关知识。

技能培养目标

- 能使用 Flash CC 中的简单工具绘制图形；
- 能在 Flash CC 中进行简单动画设置；
- 能在 Flash CC 中创建元件并应用实例。

任务 6.1　变形的物体

任务描述

本任务要制作一个由一个小球变成一个彩色五角星的简单动画。动画效果的一个画面如图 6.1 所示。

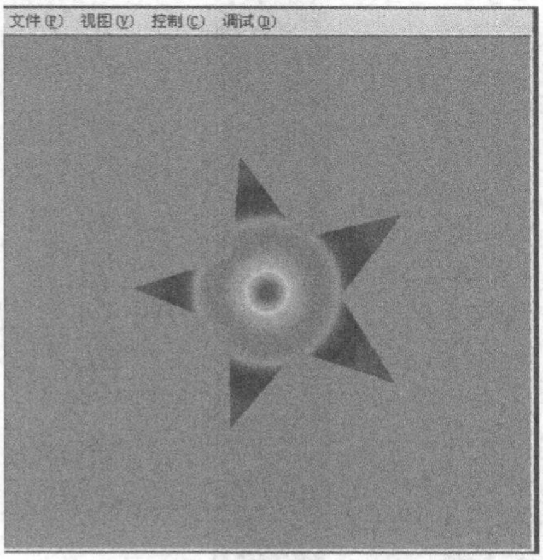

图 6.1　动画效果的一个画面

知识准备

1. Flash CC 的启动

在 Windows 7 系统下选择“开始”→“所有程序”→“Adobe Flash CC”命令，或者在桌
直接双击 Flash CC 的快捷方式图标，都可以启动 Flash CC。

2. Flash CC 的工作环境

Flash CC 的工作窗口如图 6.2 所示，其中主要包括菜单栏、时间轴、工具箱、属性面
舞台、颜色面板和库面板等，这里的一些内容可以根据需要打开或关闭，方法是通过菜单
中的“窗口”菜单进行选择。

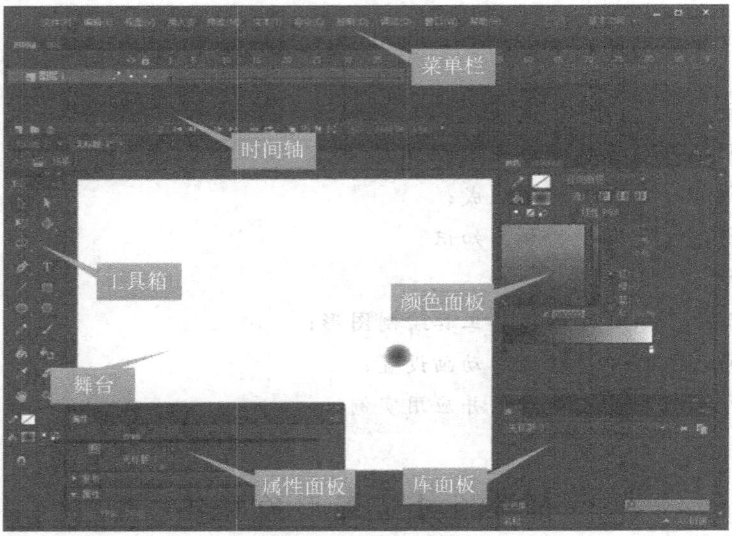

图 6.2 Flash CC 的工作窗口

工具箱：提供了绘图、编辑图形的所有工具，工具箱中的工具组成如图 6.3 所示。若
具右下角有小黑三角的表明里面还有其他工具，在这样的工具上按住鼠标左键不放，可以
示和选择其他工具。

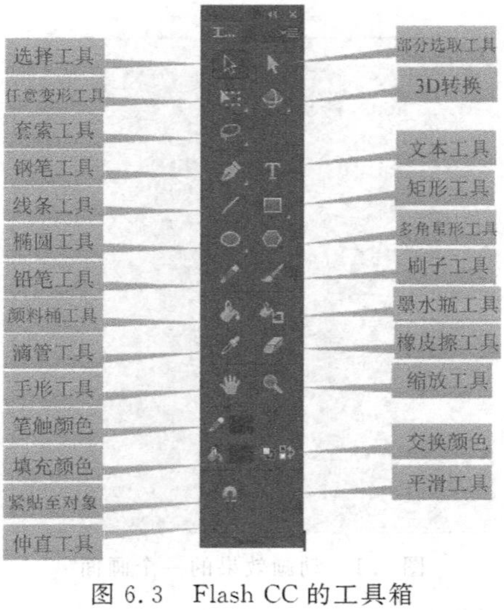

图 6.3 Flash CC 的工具箱

时间轴：如图 6.4 所示，主要用于组织和控制一定时间内的图层和帧中的文档内容，图
可以进行增加、删除等操作，一个图层对应一个时间轴。

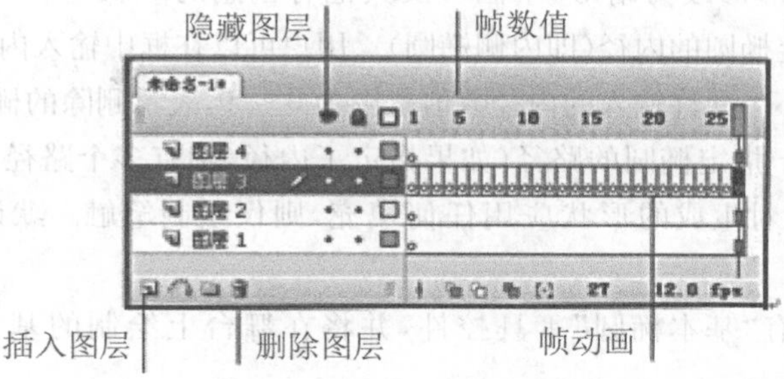

图 6.4　Flash CC 的时间轴

舞台：是用于创建 Flash 文档的区域，动画效果也在该区域展示，该区域的大小可以通
属性设置。

属性面板：通过属性面板可以设置被选中的工具、图形和文档的常用属性。

颜色面板：可以设置图形的颜色、笔触、透明度和渐变等内容。

库面板：是存储和管理在 Flash 中创建的各种元件的地方，并用于存储和管理导入的
牛。

3. “椭圆工具”

利用“椭圆工具”可以绘制出光滑的椭圆。在绘制椭圆时，按住键盘上的 Shift 键，然后
工作区中拖动鼠标，可以绘制出正圆形。此外，在选择了“椭圆工具”，绘制椭圆之前，还可
在其属性面板中设置一些特殊参数，如图 6.5 所示。

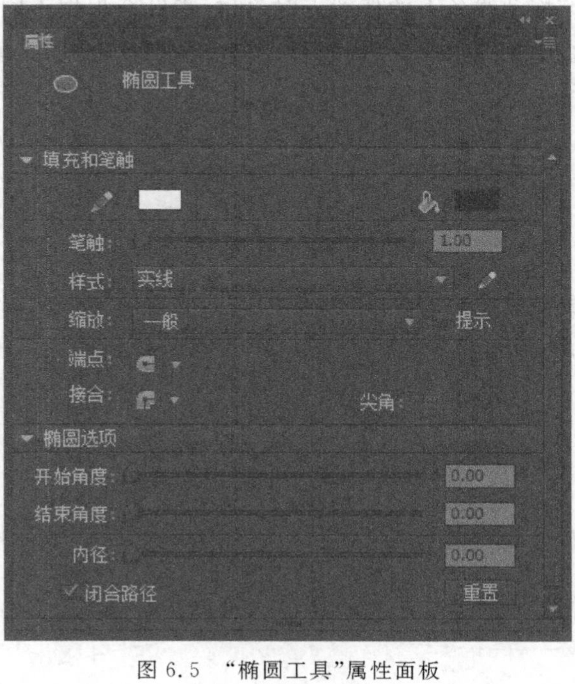

图 6.5　“椭圆工具”属性面板

"椭圆工具"属性面板中的主要参数说明如下：

● 开始角度和结束角度：用于指定椭圆的开始点和结束点的角度。使用这两个选项以轻松地将椭圆和圆形修改为扇形、半圆形及其他有创意的形状。

● 内径：用于指定椭圆的内径（即内侧椭圆）。用户可以在框中输入内径的数值，或单击滑相应地调整内径的大小。允许输入的内径数值范围为0～99，表示删除的椭圆填充的百分比。

● 闭合路径：用于指定椭圆的路径（如果指定了内径，则有多个路径）是否闭合。如果指了一条开放路径，但未对生成的形状应用任何填充，则仅绘制笔触。默认情况下选中"闭合径"。

● 重置：重置所有"基本椭圆"工具控件，并将在舞台上绘制的基本椭圆形状恢复为始大小和形状。

图6.6为设置不同参数后绘制的圆形。

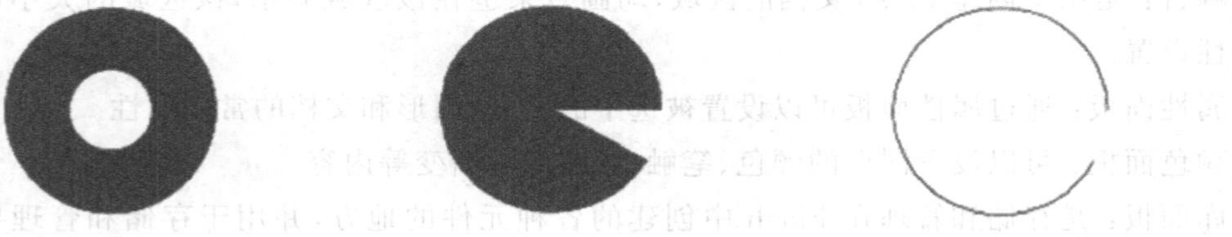

选中"闭合路径"，"内径"40　　选中"闭合路径"，"起始角度"30　　未选中"闭合路径"，"起始角度"30

图6.6　设置不同参数绘制的图形

4."选择工具"

"选择工具"在创作中较为常用，利用它可以进行选择、移动、复制、调整矢量线或矢量块形状等操作。按住Ctrl键，所有工具都可以当成选择工具使用。

变形动画制作教学视频

当使用"选择工具"拖动线条上的任意点时，鼠标指针会根据不同情况而改变形状。将"选择工具"放在曲线的端点上时，鼠标指针变为尖角形状，此时拖动鼠标，可以延长或短该线条，如图6.7所示。

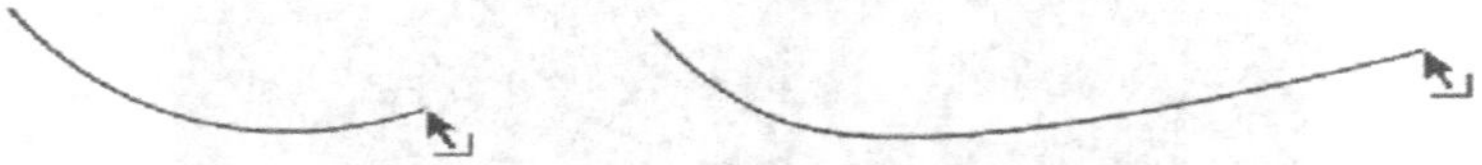

图6.7　拖动曲线的端点

当将"选择工具"放在曲线中的任意一点时，鼠标变为圆角形状，此时拖动鼠标，可以变曲线的弧度，如图6.8所示。

图6.8　拖动曲线的中间点

当将"选择工具"放在曲线中的任意一点并按住键盘上的Ctrl键进行拖动时，可以在线上创建新的转角点，如图6.9所示。

图6.9　按住Ctrl键拖动曲线的中间点

5. “多角星形工具”

利用“多角星形工具”可以绘制出标准的多边形和星形。“多角星形工具”属性面板如图10 所示。单击“选项”按钮，在弹出的如图 6.11 所示的对话框中可以选择“样式”为“多边”或“星形”，设置完毕后，单击“确定”按钮，即可进行绘制了。图 6.12 所示为绘制的五边和五角星。

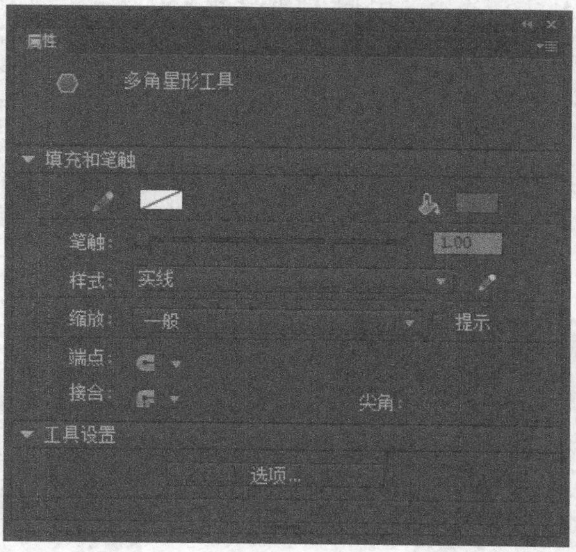

图 6.10 “多角星形工具”属性面板

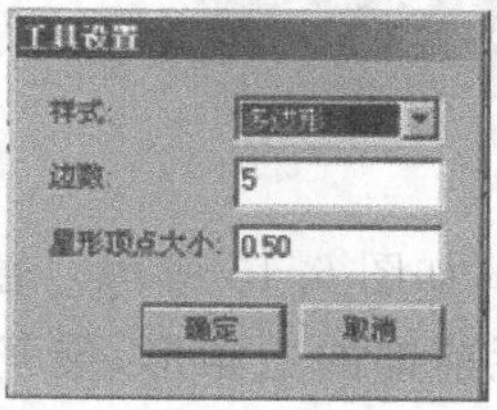

图 6.11 “工具设置”对话框

图 6.12 绘制的五边形和五角星

务实施

任务流程：新建文档→绘制圆形→填充颜色→添加关键帧→绘制五角星→填充颜色→建补间动画→保存结果。

(1) 新建文档。选择“开始”→“所有程序”→“Adobe Flash CC”命令，弹出 Flash CC 的动界面，如图 6.13 所示。选择文件类型中的“ActionScript 3.0”选项，单击“确定”按钮自弹出 Flash CC 的工作窗口，如图 6.14 所示。

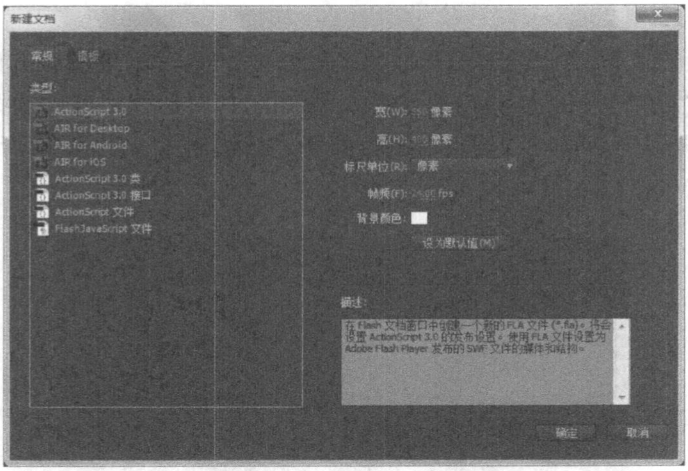

图 6.13　Flash CC 的启动界面

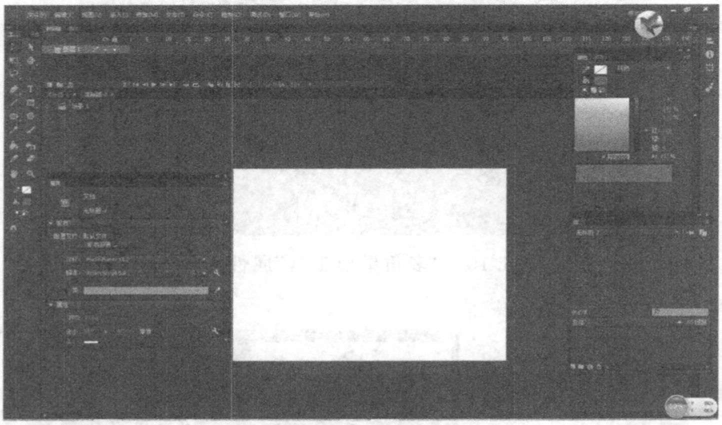

图 6.14　Flash CC 的工作界面

(2) 设置文档属性。在工作窗口下面有一个属性设置面板，如图 6.15 所示。通过这面板可以设置文档的大小、背景和帧频等参数。单击“发布”栏前部的三角形，展开“发

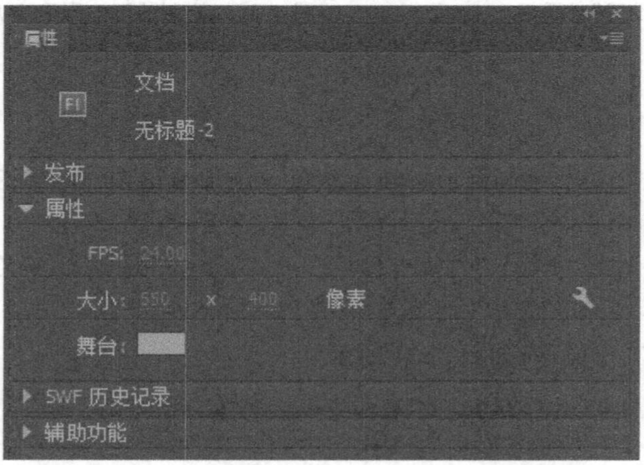

图 6.15　“文档”属性面板

，如图 6.16 所示。本例设置文档的高度和宽度都为 400 像素。单击“文档”属性面板中舞右边的图形，在弹出的“颜色样本”面板上选取所需要的颜色，如图 6.17 所示；也可以直接文本框中直接输入颜色值，其他不变。

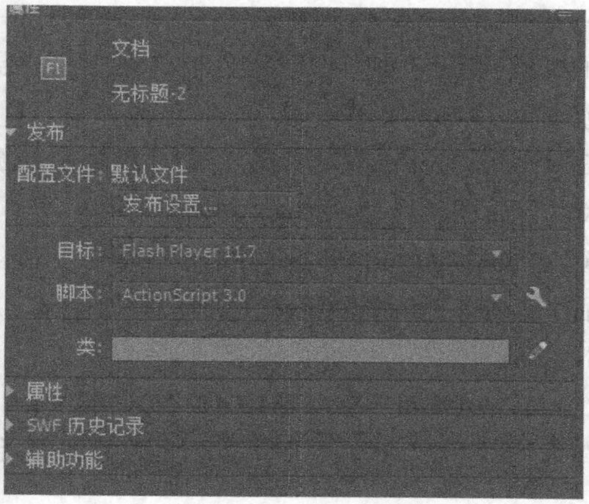

图 6.16　“发布”栏

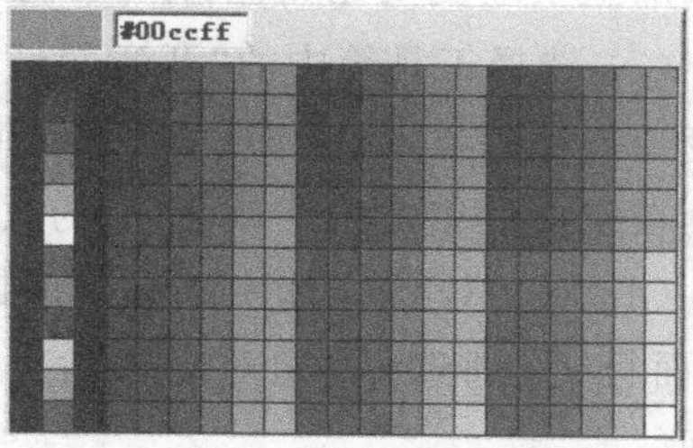

图 6.17　“颜色样本”面板

(3) 绘制圆形。选择工作窗口左边工具箱中的“椭圆工具”，单击工具属性中的“笔触色”按钮，在弹出的“颜色样本”面板中选择“(无)”，再单击“填充颜色”按钮，在出的“颜色样本”面板中输入颜色值“#0000ff”，按 Enter 键，移动鼠标到舞台中央，按住ift 键的同时拖动鼠标，绘制一个任意大小的圆。

(4) 设置圆形的属性。选择工具箱中的“选择工具”，单击舞台中的圆，在“形状”属面板中设置宽和高都为 80 像素，X、Y 坐标都为 160，如图 6.18 所示。

(5) 设置渐变。保持舞台中的圆处于选中状态，在窗口右边的“颜色”面板中单击“填充色”按钮，类型选择“径向渐变”，如图 6.19 所示。

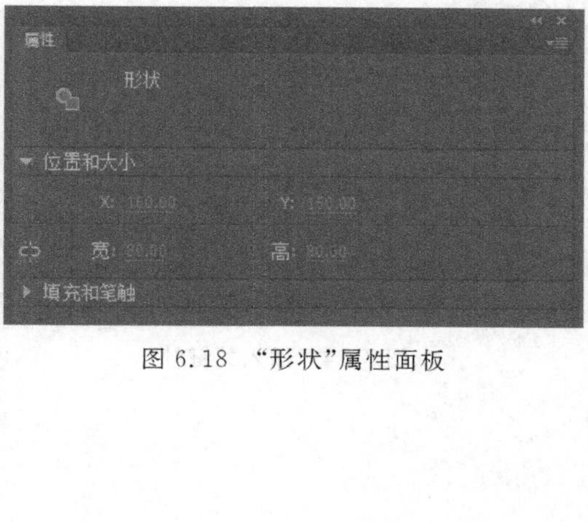

图 6.18　“形状”属性面板

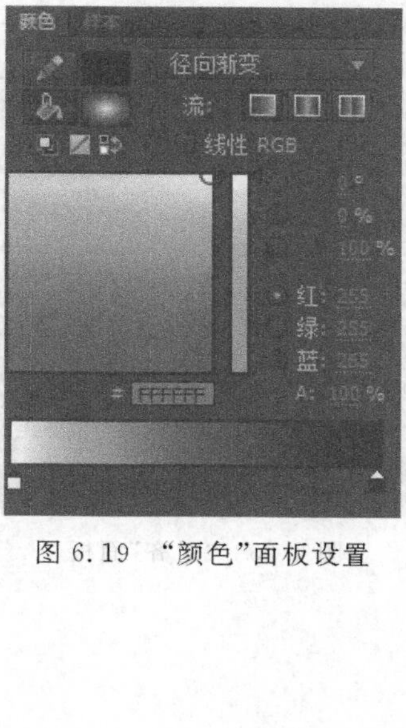

图 6.19　“颜色”面板设置

提示

在绘制形状时，所绘形状由两部分组成：一部分是填充；另一部分是边框（笔触）。因此，要注意填充色和边框（笔触）色设置。

（6）双击“颜色”面板中渐变设置中左边的“颜色指针”，打开“调色板”，在“调色板”输入颜色值为“＃939BFD”。同样，双击“颜色”面板中渐变设置中右边的“颜色指针”，开“调色板”，在“调色板”中输入颜色值为“＃36027D”，按 Enter 键确定。此时舞台中的圆动添加上了渐变填充颜色，像一个小球的形状。下面调整光照效果。

（7）选择工具箱中的“渐变变形工具”，单击舞台中的圆，圆的中间和周围出现 4 渐变变形控制点，如图 6.20 所示。拖动中间的“高亮区”控制点到圆的左上方，如图 6.21 示。在空白处单击一下，调整后的效果如图 6.22 所示。

（8）对齐设置。选中舞台中的圆，选择“窗口”→“对齐”命令，打开如图 6.23 所示“齐”面板，分别选择“相对于舞台”、“垂直居中”、“水平居中”，使圆处于舞台中间。

（9）绘制五角星。选中时间轴上的第 20 帧，右击，在弹出的菜单中选择“插入关键帧命令（或按 F6 键），此时在第 20 帧插入了一个关键帧，如图 6.24 所示。

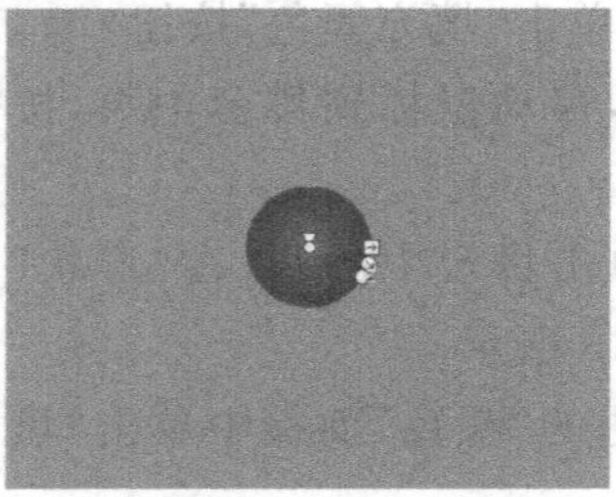

图 6.20　渐变变形控制点

图 6.21　移动控制点

图 6.22　调整后的效果

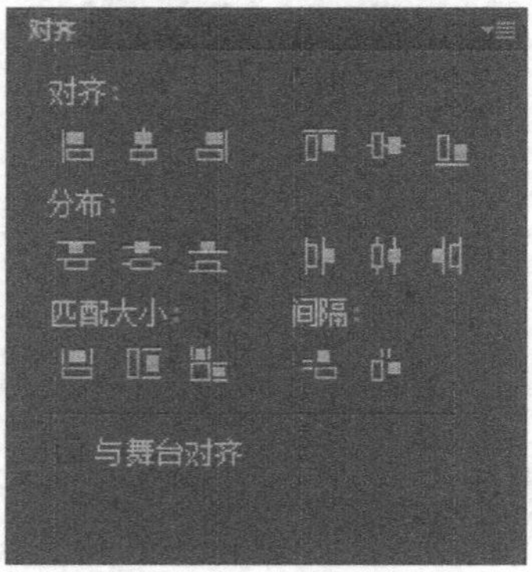

图 6.23　“对齐”面板

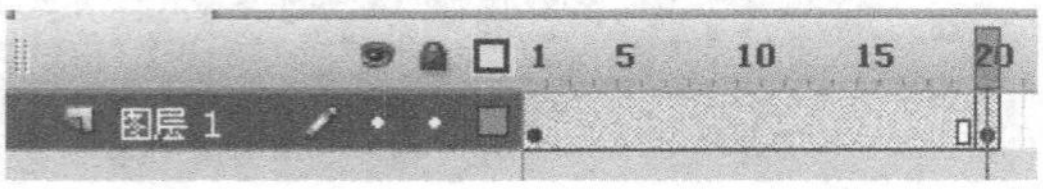

图 6.24　插入关键帧

(10) 选择“多角星形工具”，单击工具属性中的“选项”，打开“工具设置”对话框，设置
数为 5，样式为星形，如图 6.25 所示。

(11) 设置笔触颜色为“无”，填充色为“五彩”，如图 6.26 所示。

(12) 单击第 20 帧，选中舞台中的圆，按 Backspace 键删除圆，选择“多角星形工具”，
舞台中央拖动鼠标，绘制一个五角星，如图 6.27 所示。

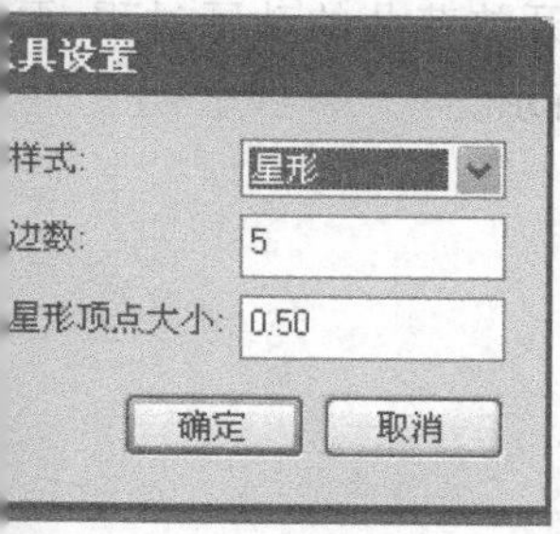

6.25 “工具设置”对话框

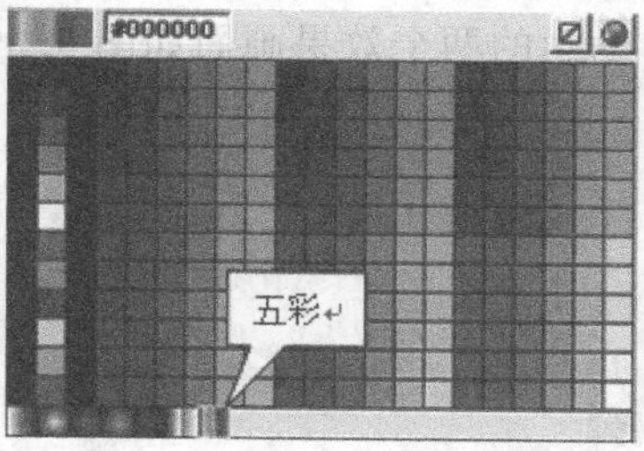

图 6.26 “五彩”设置

图 6.27 绘制五角星

(13) 参照上面的方法，把五角星相对于舞台水平、垂直居中。

(14) 设置动画。选中第 1 帧，右击，在弹出的菜单中选择“创建补间形状”命令，如图
28 所示。此时时间轴的第 1～20 帧之间出现一条有向实线，如图 6.29 所示。

(15) 测试动画。选中第 1 帧，按 Enter 键，开始播放动画，如不满意可重新修改，直到满
为止。

(16) 保存和导出动画。按 Ctrl+Enter 键导出动画。

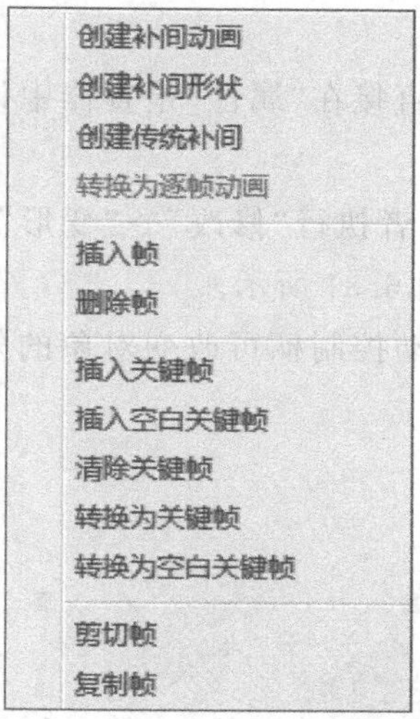

图 6.28 设置补间

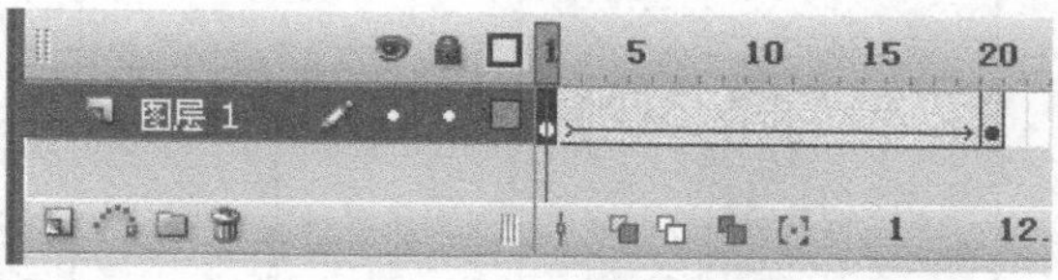

图 6.29 时间轴

提示

选择“文件”→“保存”命令，将以 Flash 原文件“*.fla”类型保存文件；按 Ctrl+
Enter 键，将以“*.swf”类型保存文件，该类型可独立运行。

任务 6.2　生长的花朵

任务描述

本任务将使用 Flash CC 制作一个慢慢长出花枝，生出花苞，开放花朵的动画过程，要各部分的生长过程自然、流畅。动画的两个效果画面如图 6.30 所示。

图 6.30　动画效果画面

知识准备

1. “任意变形工具”

使用“任意变形工具”可以将各种对象变形。除此之外，直接在“属性”检查器中设置象的大小，也可以使对象发生形变。

(1) 变形手柄的使用选择工具箱中的“任意变形工具”或者执行“修改”→“变形”→“意变形”命令，会在对象上显示出控制柄(8 个小矩形块)，如图 6.31 所示。

当然，鼠标指针放置在控制柄上时，则变成双向箭头，拖动控制柄可改变对象的外观果，如放大、缩小、拉伸、调高等操作，如图 6.32 所示。

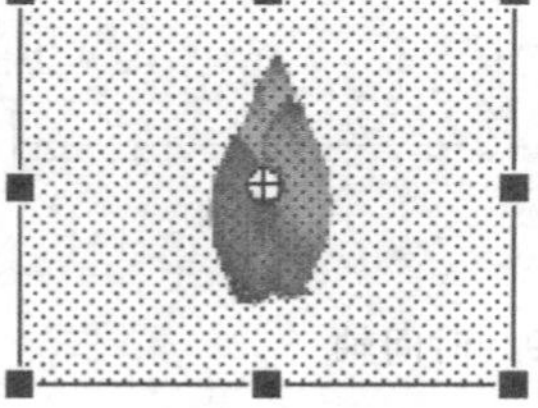

图 6.31　控制柄

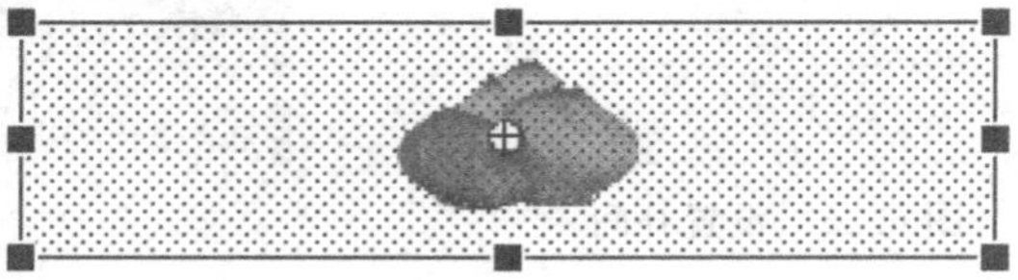

图 6.32　拉伸对象

(2) 斜切对象。用户也可以将鼠标指针放置到所选对象矩形框的水平或垂直边上。此时，鼠标指针将变成“水平平行双向箭头”或者“垂直平行双向箭头”，即可拖鼠标，斜切对象。

(3) 使用变形点。当用户选择对象后，除 4 个边框和控制柄外，在该矩形框内还有一个色实心”的圆圈，这就是变形点。变形点最初位于对象的中心位置，而改变变形点的位则在调整对象时其起始点会发生变化。将变形点拖至对象的左侧，再拖动右上角的控制则对象左侧不会发生大的变化。

2. “颜料桶工具”

选择工具箱中的“颜料桶工具”，在工具栏下部的选项中将显示如图 6.33 所示的选项。里共有两个选项：空隙大小和锁定填充。

在空隙大小选项中有“不封闭空隙”“封闭小空隙”“封闭中等空隙”和“封闭大空隙”4 种项可供选择，如图 6.34 所示。

图 6.33　“颜料桶工具”的选项

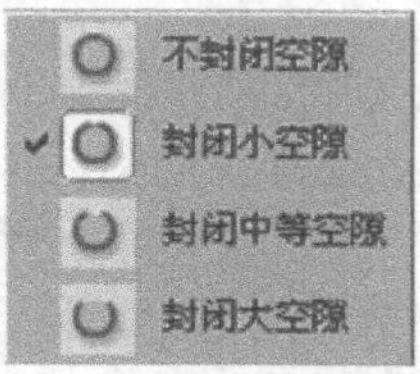

图 6.34　空隙大小选项

如果选择了“锁定填充”选项，将不能再对图形进行填充颜色的修改，这样可以防止错误作而使填充色被改变。

“颜料桶工具”的使用方法：首先在工具栏中选择“颜料桶工具”，然后选择填充颜色和式。接着单击“空隙大小”按钮，从中选择一个空隙大小选项，最后单击要填充的形状或者闭区域，即可填充。

3. 插入帧

插入帧是 Flash 的基础，可以在时间轴上右击，在弹出的菜单中选择“插入帧”“插入关帧”“插入空白关键帧”命令，也可以使用快捷键完成（F5 键为“插入帧”；F6 键为“插入关帧”；F7 键为“插入空白关键帧”）。

4. 复制图形

复制图形可以右击，在弹出的菜单中选择“复制”命令，再选择“粘贴”命令，也可以使用择工具”，按住 Alt 键，用拖动图形的方式复制图形。

5. 动画的测试与导出

选择“控制”→“测试影片”命令，再选择“在 Flash 中”或“在浏览器中”进入动画测试境。

选择“文件”→“导出”命令，可以将作品导出为影片或图像。例如，可以将整个影片导为 Flash 影片、一系列位图图像、单一的帧或图像文件，以及不同格式的活动、静止图像包括 GIF、JPEG、PNG、BMP、PICT、QuickTime 或 AVI 等格式。导出设置如图 6.35示。

运动动画教学视频

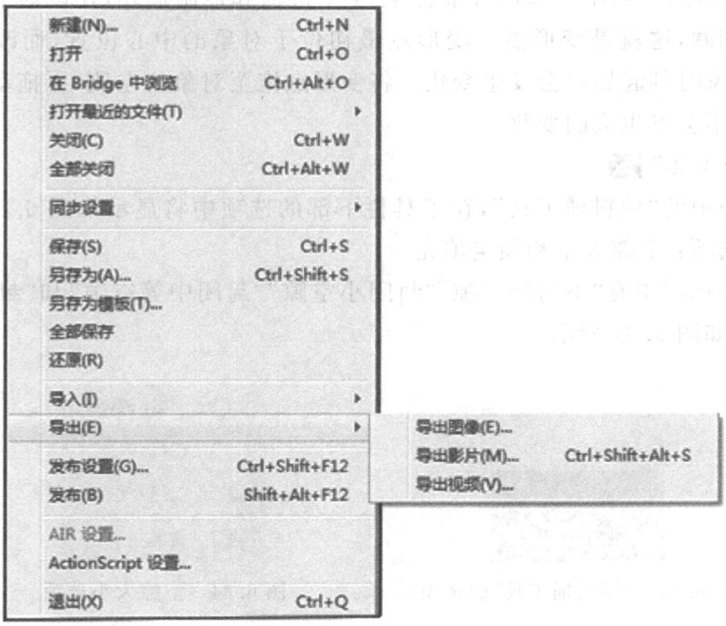

图 6.35　作品导出设置

任务实施

任务流程：新建文档→绘制圆形→元件设置→关键帧设置→遮罩层设置→动画设置保存结果。

(1) 启动 Flash CC，新建一个 Flash ActionScript 3.0 文档，在属性面板中将文档大小整为 550 像素×900 像素，背景颜色设置为白色，如图 6.36 所示。

(2) 绘制元件。单击库面板中的“新建元件”图标，在弹出的对话框中更改元件名为花盆，类型选择图形，如图 6.37 所示。

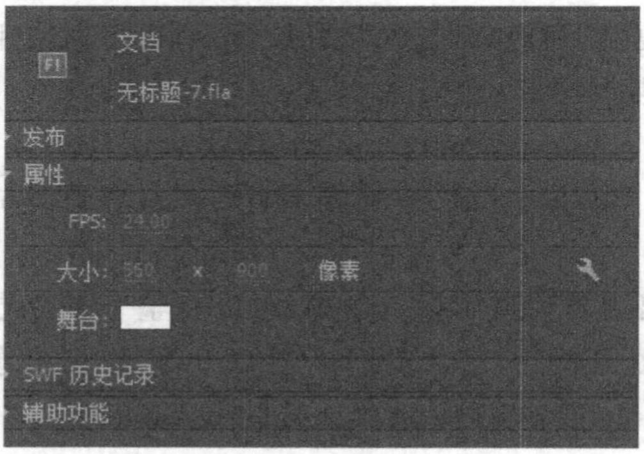

图 6.36　“文档”属性面板

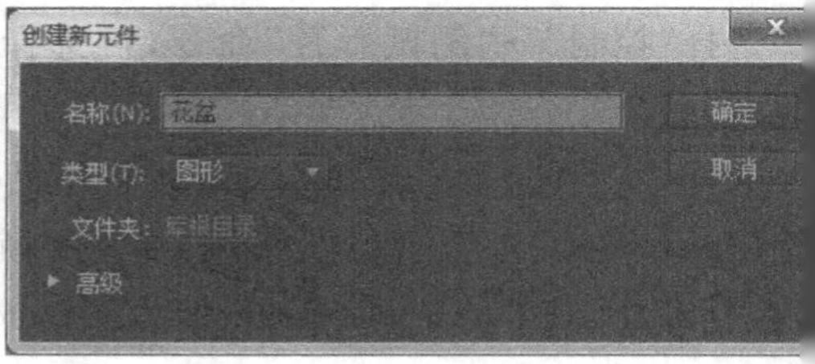

图 6.37　新建元件

单击“确定”按钮，进入元件制作窗口。先用“直线工具”配合“选择工具”绘画出花盆轮廓线，再使用“颜料桶工具”填充颜色，最后删除线条。效果如图 6.38 所示。

(3) 使用同样的方法新建元件，起名为花枝，类型为图形。绘制花枝，如图 6.39 所示。回到主场景。

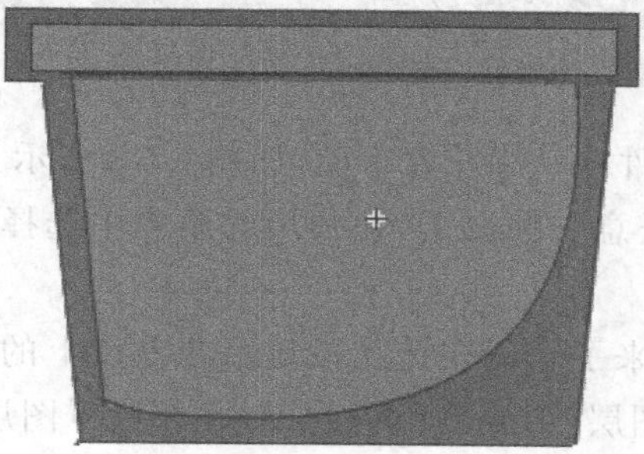

图 6.38 制作花盆

图 6.39 制作花枝

(4) 在时间轴面板中，将库面板中的花盆元件拖入到舞台中，这时时间轴面板的图层 1 示的就是花盆元件了，空白关键帧变成了关键帧，双击图层 1 的名称，将名称更改为花盆，图 6.40 所示。

(5) 单击时间轴面板左下角的“新建图层”按钮，新建一个图层，更改名称为花枝。避免误操作我们可以将暂时不用的图层锁住，确定是在花枝图层下将库面板中的花枝件拖曳到舞台。选中花枝图层，按住鼠标左键后不松手拖动到花盆图层的下面，如图 41 所示。

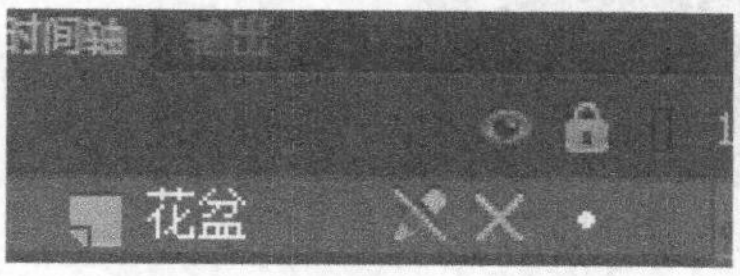

图 6.40 建立“花盆”图层

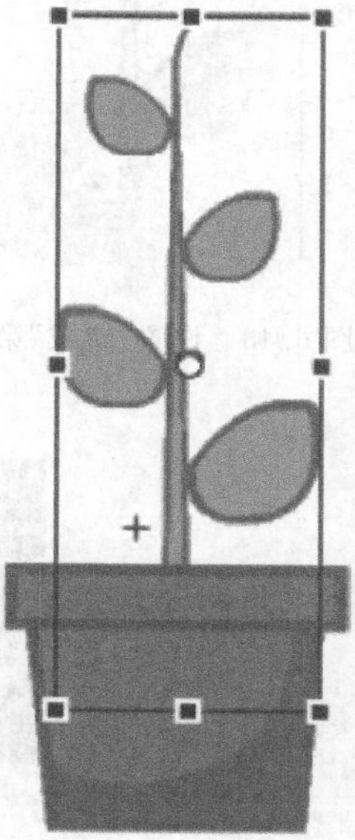

图 6.41 花枝与花盆的位置

(6) 制作动画。为了体现花枝破土而出的效果，我们将先制作一下花枝的位移动
假设花枝破土而出的画面需要 70 帧，那就要将两个图层的第 70 帧选中并按快捷键 F6，或
右击，在弹出的菜单中选择“插入快捷键”命令来设置关键帧，如图 6.42 所示。

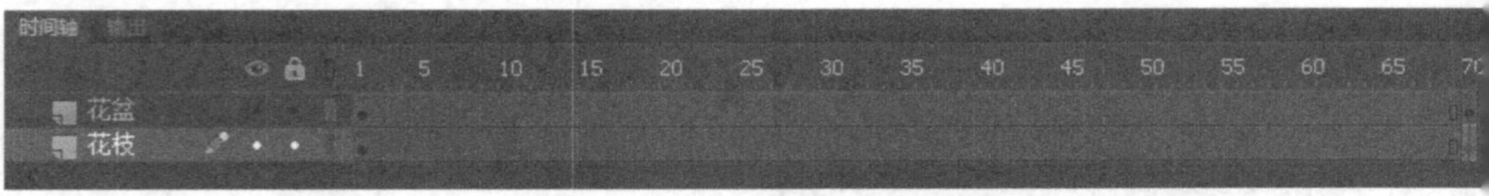

图 6.42　插入关键帧

(7) 将花枝图层的第一帧选中，把花枝元件拖动到花盆下面，如图 6.43 所示。

(8) 在花枝图层中的两个关键帧中选中任意一帧右击，在弹出的菜单中选择“创建传
补间”命令，这样就完成了花枝的位移动画。

(9) 观察发现，花盆以下的花枝也显示出来了。现在让花枝显示花盆以上的内容，花
以下的内容不显示。在花枝图层上再新建一图层，更改名称为遮罩，并在遮罩图层中的花
上绘制一个可以遮挡住花枝的矩形，如图 6.44 所示。

(10) 右击矩形遮罩图层的名称，在弹出的对话框中选择遮罩层，这时矩形遮罩图层
变为遮罩层，如图 6.45 所示。

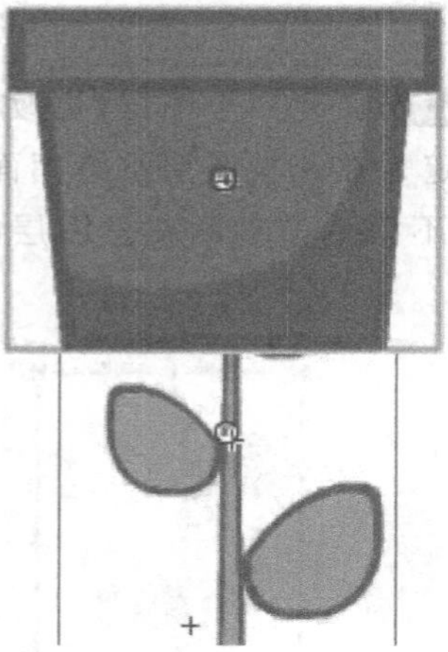

图 6.43　设置“花枝”第 1 帧

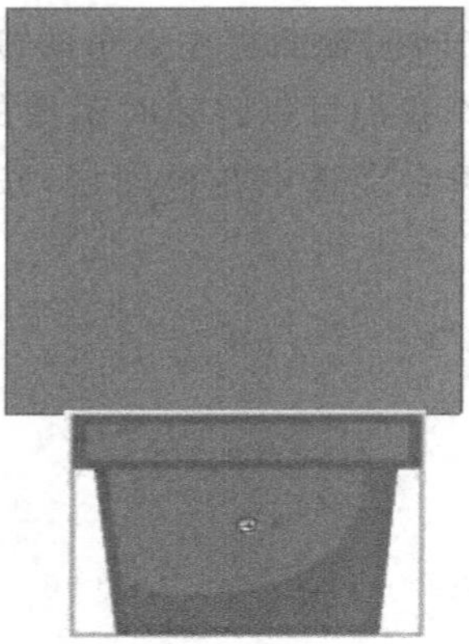

图 6.44　绘制遮挡住花枝的矩形

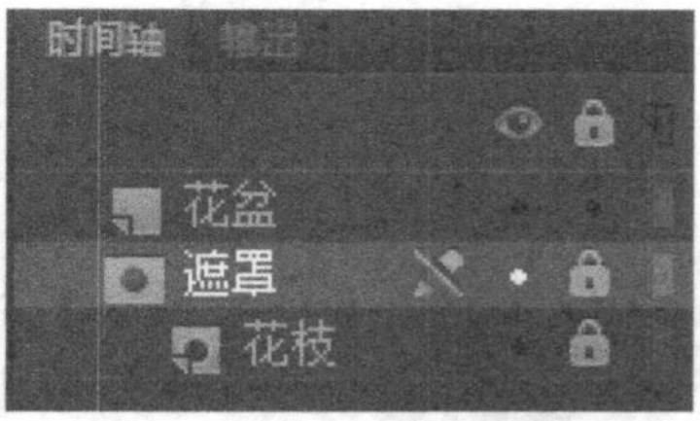

图 6.45　设置遮罩层

(11) 绘制“花苞”。新建一元件,取名为花,类型为图形,先在第一帧绘画出一个花苞,图 6.46 所示。

(12) 在第 10 帧插入关键帧,绘画出绽放的花朵,如图 6.47 所示。

图 6.46 绘制花苞

图 6.47 绘制花朵

(13) 在第 5 帧按 F6 键插入关键帧,在第 5 帧和第 10 帧这两个关键帧中选择任意一帧击,选择“创建补间形状”命令,如图 6.48 所示。操作时注意,必要时要按 Ctrl+B 键打散件。

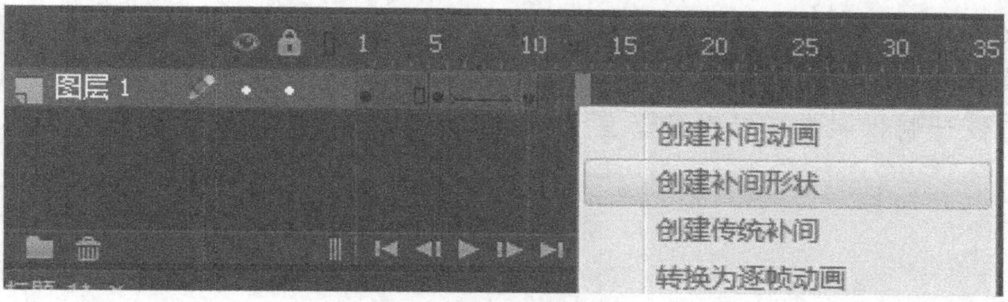

图 6.48 创建补间形状

(14) 回到场景,新建一图层,更名为花。在第 70 帧确定关键帧,将在库面板中的花元拖入舞台中,在第 74 帧插入关键帧,把第 70 帧的关键帧中的花苞缩小一些,在第 70 帧至 100 帧中选择任意一帧选中右击,选择“创建传统补间”命令,并将所有图层帧数都延续到) 帧。

(15) 测试动画。选中第 1 帧,按 Enter 键,开始播放动画,如不满意可重新修改,直到满为止。

(16) 单击“文件”→“保存”菜单命令,将制作的 Flash 动画保存为“动画制作.fla”文件。

(17) 按 Ctrl+Enter 键导出动画。

小结

本单元主要介绍了动画的有关知识,学习了 Adobe Flash CC 的工作环境、动画制作方法等,并通过两个实际动画处理任务,重点学习了选择工具、椭圆工具、文字工具等的使用,学习了在 Adobe Flash CC 中制作动画的基本方法,最后完成了两个实际的动画制作项目。

习　题

一、填空题

1. Adobe Flash CC 工作窗口主要包括________、________、________、________、________、________、________等内容。

2. Adobe Flash CC 中的补间动画有________、________两种。

二、选择题

1. 插入关键帧的快捷键是________。

A. F5　　B. F6　　C. F7　　D. F8

2. 在选择了其他工具后，要选择或移动图形可按住________。

A. Shift 键　　B. Ctrl 键　　C. Alt 键　　D. Ctrl ＋Alt 键

三、判断题

1. 椭圆工具只能画椭圆。（　　）

2. 选择工具只能选择或移动图形。（　　）

四、简答题

任意变形工具如何使用？

五、操作题

请自行设计制作一个运动引导动画。

单元 7

遮罩动画设计

知识教学目标

- 掌握 Flash CC 的动画类型；
- 掌握 Flash CC 中关键帧的概念；
- 掌握 Flash CC 中遮罩层的概念。

技能培养目标

- 能使用 Flash CC 制作运动动画和形状动画；
- 能使用遮罩层制作遮罩效果的动画；
- 掌握使用引导层制作引导效果的动画。

任务 7.1 探照灯效果

务描述

本任务将制作一个具有探照灯效果的动画。当灯光移动到文字画面时，文字变成高亮，画效果的一个画面如图 7.1 所示。

图 7.1 效果画面

识准备

1. 帧和关键帧的概念

帧就是动画的一个画面，关键帧是指在动画中定义的变化处所在的帧。Flash 可以在关键帧之间补间或填充帧，从而生成流畅的动画。在帧上按下 F6 键可创建关键帧；按下 F7 可创建空白关键帧；按下 F5 键可创建普通帧。

2. 三种动画形式

(1) 逐帧动画：就是在每一帧都改变舞台里的内容，为每一个关键帧都创建不同的容，不存在补间动画。

(2) 动作渐变：在一个时间点定义实例的位置、大小、颜色等属性，在其他时间点改变些属性，由此可以产生动作渐变。这种渐变应用于实例或整体，也就是选择该对象时外部一个蓝色的边框，不能应用于简单的用绘图工具产生的图形。

(3) 形状渐变：就是在“打散”的图形之间产生形状补间，而不能在一个组合或者一个例上运用补间动画。选择该图形时，在图形上会显示很多白色小点。如果要形状渐变的象是一个实例或者整体，可以将它打散(可以通过按 Ctrl+B 键实现)。

3. 元件和实例

元件是 Flash 动画的基础，图形元件是元件的基础。元件是可在文档中重复使用的素，包含图形、按钮、视频剪辑、声音文件或文字。当创建好一个元件时，该元件会存储在件的库中(可以通过按 Ctrl+L 键调出文件的库)。将元件放在舞台上时，就会创建该元的一个实例。每个元件都有一个唯一的时间轴和舞台，以及若干个层。创建元件时要选元件类型，这取决于影片中如何使用该元件。

4. 遮罩动画

遮罩动画是利用特殊的图层——遮罩层来创建的动画。使用遮罩层后，遮罩层下面层的内容就像透过一个窗口显示出来一样，这个窗口的大小和形状就是遮罩层中内容的小和形状。在 Flash CC 中，用户无法直接创建遮罩层，只能将某个图层转换为遮罩层，可利用右键快捷菜单转换。当某个标准图层转换为遮罩层后，其下面的图层自动变为被遮层，且遮罩层和被遮罩层还将同时被锁定。

遮罩动画教学视频

任务实施

任务流程：新建文档→绘制圆形→输入文本→新建图层→复制图形→设置遮罩→动设置→保存结果。

(1) 启动 Flash CC，新建 Flash 文件(ActionScript 3.0)，创建一个新电影，在“文档”性面板中设置背景颜色为灰黑色，如图 7.2 所示，单击“确定”按钮。场景如图 7.3 所示。

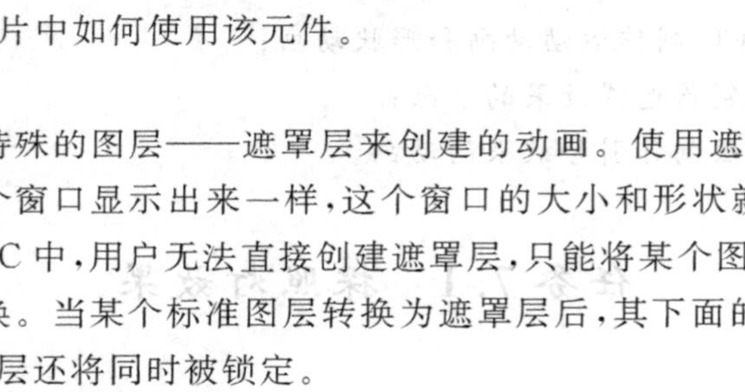

图 7.2　文档属性设置

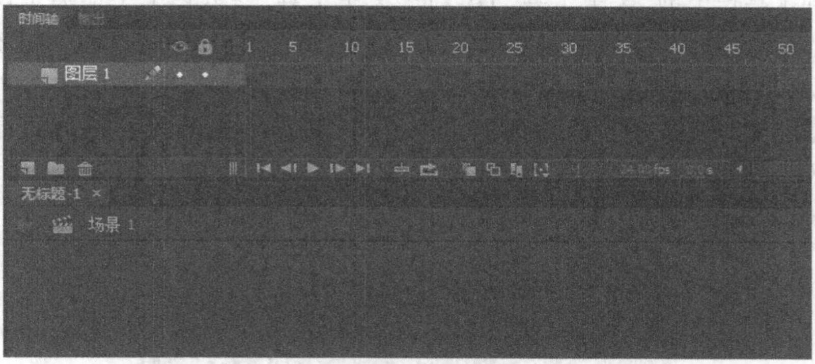

图 7.3 场景

(2) 选择工具栏中的"椭圆工具"，按住 Shift 键，在工作区以外的左侧绘制出一个圆
用白色填充(单击绘图工具栏中的"填充颜色"按钮，在弹出的颜色面板中选择颜色，
单击绘图工具栏中的"颜料桶工具"，然后用鼠标单击画出的图形进行填充)，设置透明
为 50%(在屏幕右上角的混色器中设置 Alpha: 50%)。再制作一个圆，用任意色填充，但图形
小要和第一个完全一样，如图 7.4 所示。

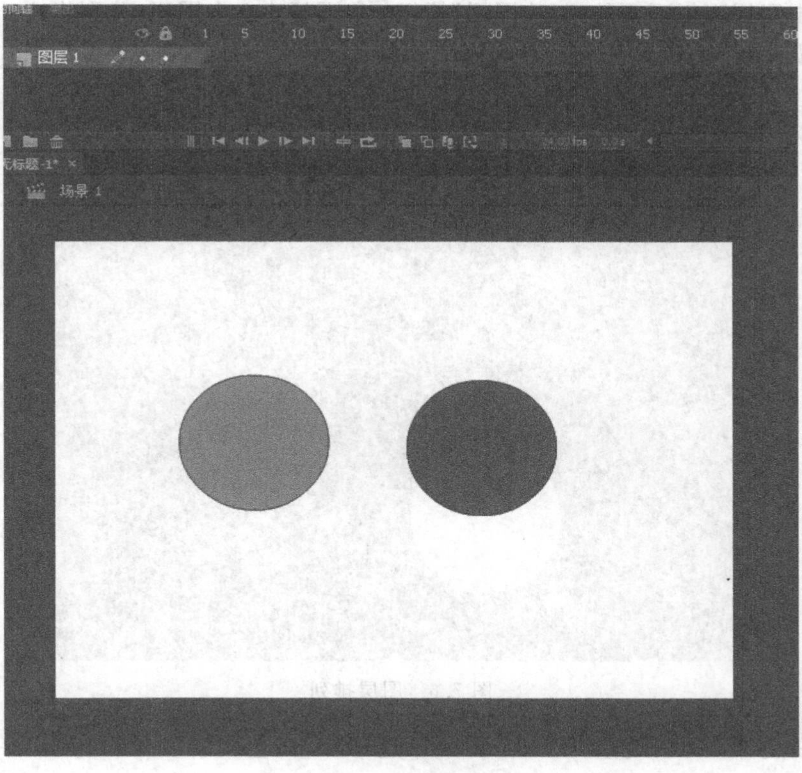

图 7.4 绘制圆

(3) 双击白色圆(全部选中，包括边线)，在窗口菜单栏中选择"修改"→"组合"，将白色
及边线组合成一个整体。用同样的方法将另一个圆组合。

(4) 选择工具栏中的“文字工具”，将“文字工具”参数栏中字体类型设置成“Ar Black”，字体大小设置为72，文字颜色设置为白色(可通过窗口底部的“属性”进行设置)。置完毕，在工作区中拖动鼠标，在出现的文本框中输入“LightMask”。用鼠标单击工具栏的箭头工具，选中刚输入的文字，按住Shift+Alt键，向上拖动文字，这时将看到白色文被复制了。双击刚被复制的文字，选中它然后将“文字工具”参数栏中的白色改为深蓝色，图7.5所示。

图7.5　文字设置

(5) 单击图层面板下面的“新建图层”按钮，再新建3个图层，分别将这4个图层命为灯光、遮罩、明亮和灰暗，排列顺序如图7.6所示。

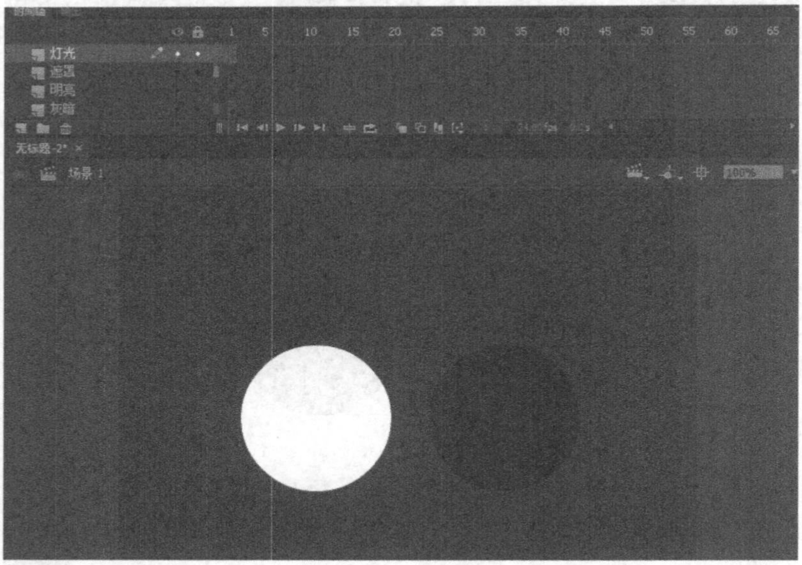

图7.6　图层排列

(6) 将白色圆放入灯光层，另一个圆放入遮罩层，白色文字放入明亮层，深蓝色文字入灰暗层(可通过剪切、粘贴的方法实现)。

(7) 调整文字对象，使白色文字的位置比深蓝色文字稍微靠左一点，靠上一点，如图7所示。

(8) 使两个圆完全重合，并放于文字之上，如图 7.8 所示。

图 7.7 文字位置

图 7.8 圆形位置

(9) 分别选择灯光层的第 20 帧和第 40 帧，按 F6 键插入关键帧。然后分别在第 1 帧和 20 帧处单击鼠标左键，在属性检查器中选择“动画”类型。对遮罩层也进行同样的设置。

(10) 分别选中灯光层和遮罩层的第 20 帧，分别将两个圆移动到文字的末端，移动后使个圆仍然是重合的。

(11) 将遮罩层设置为遮罩(右击遮罩层，选择“遮罩层”命令)。

(12) 分别在明亮层和灰暗层的第 40 帧处按 F5 键或右击，在弹出的菜单中选择“插入”命令，目的是将第 1 帧的内容延续到第 40 帧。

(13) 按 Ctrl+Enter 键，部分效果如图 7.1 所示。

任务 7.2 彩旗飘扬效果

务描述

本任务主要表现旗杆上的彩旗迎风飘扬，以经典的影片剪辑作为辅助，结合钢笔工具来画动态的红旗外形，并配以激昂的音乐，动画效果的一个画面如图 7.9 所示。

图 7.9 效果画面

知识准备

1. 渐变设置

利用颜色面板可以在 RGB 或 HSB 模式下选择颜色，还可以通过指定 Alpha 值来定颜色的透明度。执行菜单中的“窗口”→“颜色”命令，调出颜色面板，如图 7.10 所示。如要选择其他模式显示，可以单击颜色面板右上角的模式，从弹出的快捷菜单中选择，如 7.11 所示。对于 RGB 模式，可以在“红”“绿”和“蓝”文本框中输入颜色值。此外用户还以输入一个 Alpha 值来指定透明度，其取值范围在 0（表示完全透明）～100%（表示完全透明）之间。

单击图标，可以设置笔触颜色；单击图标可以设置填充颜色；单击按钮，可恢复到默认的黑色笔触和白色填充；单击按钮，可以交换笔触和填充的颜色。

在类型栏右侧下拉列表框中有“无”“纯色”“线性渐变”“径向渐变”和“位图填充”5 种型可供选择，如图 7.12 所示。

- 无：表示对区域不进行填充。
- 纯色：表示对区域进行单色的填充，效果如图 7.13 所示。
- 线性渐变：表示对区域进行线性的填充，效果如图 7.14 所示。单击颜色条和色标块，可以在其上方设置相关渐变颜色。
- 径向渐变：表示对区域进行从中心处向两边扩散的放射状渐变填充，效果如图 7.所示。单击颜色条和色标滑块，可以在其上方设置相关渐变颜色。
- 位图填充：表示对区域进行从外部导入的位图填充。

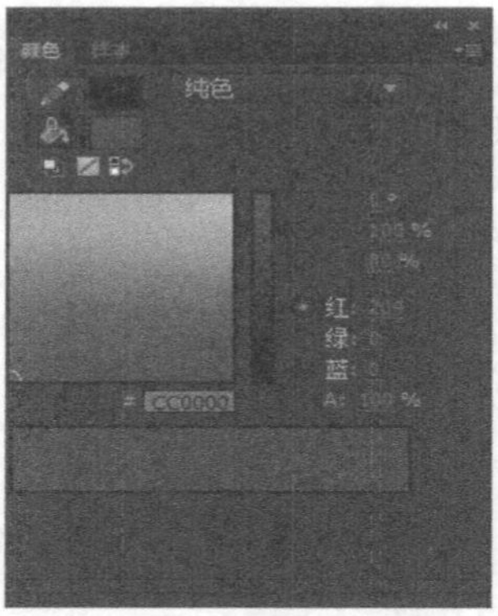

图 7.10　颜色面板

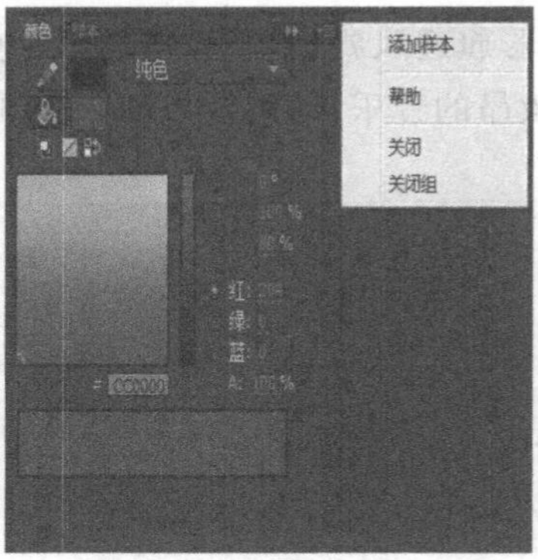

图 7.11　选择颜色模式

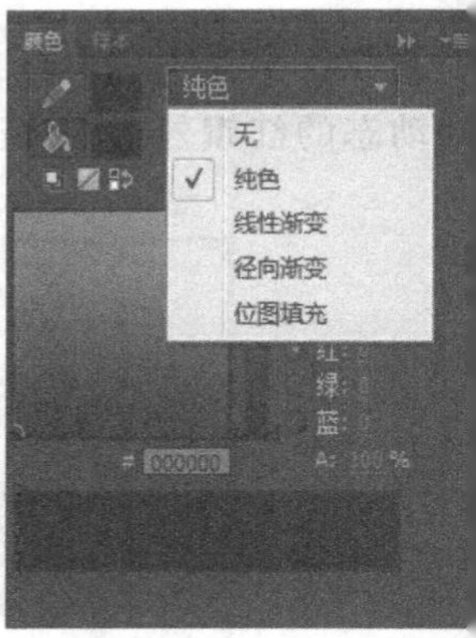

图 7.12　选择不同类型

图 7.13　纯色填充

图 7.14　线性填充

图 7.15　放射状填充

2. “矩形工具”

利用“矩形工具”可以绘制出标准的矩形。在绘制矩形时，按住 Shift 键，然后在工作区拖拉，可以绘制出正方形。此外，在选择了“矩形工具”绘制矩形之前，还可以在其属性面板中设置一些特殊参数，如图 7.16 所示。

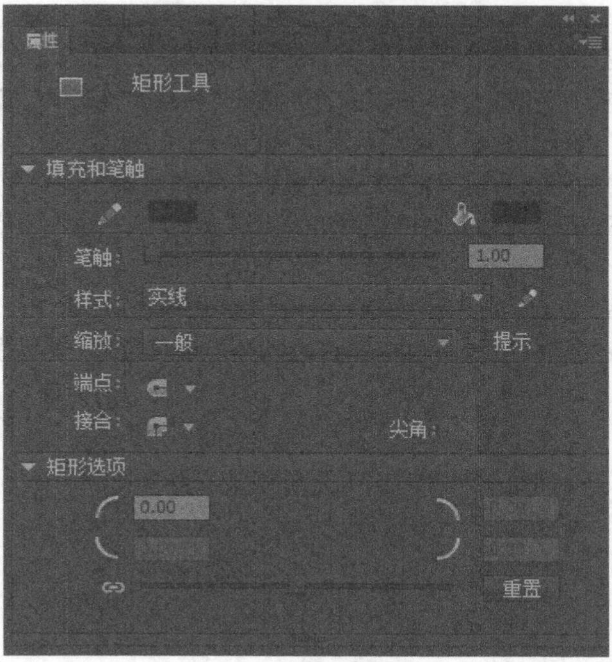

图 7.16 “矩形工具”属性面板

主要参数说明如下：

● 矩形角半径：用于指定矩形的角半径。用户可以在框中输入内径的数值，或单击滑块相应地调整半径的大小；如果输入负值，则创建的是反半径；还可以取消选择限制角半径图标，然后分别调整每个角半径。

● 重置：单击此按钮将重置所有“基本矩形”工具控件，并将在舞台上绘制的基本矩形形状恢复为原始大小和形状。

图 7.17 和图 7.18 为设置不同参数后绘制的矩形。

图 7.17 矩形角半径为 0

图 7.18 矩形角半径为 20

提示

在绘制了矩形后，可以对其填充和线条属性进行相应修改，但不能对矩形角和半径参数进行更改了。

3. 钢笔工具的使用

Flash 中的“钢笔工具”，其实是由四个工具组成的一个套组，除了我们熟悉的钢笔具外，还有“添加锚点工具”，“删除锚点工具”和“转换锚点工具”，用于在 Flash 中建各种形状的路径。当该工具处于活动状态时，鼠标光标将变成与工具图标相同的形状，过在舞台的工作区中的点击和拖拽，就能得到各种直线和曲线。

用钢笔工具绘图时，在舞台上点击你的出发点，以创建第一个向量点。如果你只需点并释放，你将创建一个静态的点。

从第二个点开始，如果单击并拖动，你会得到一条曲线，并在第二个点出现控制手柄，许使用此向量指向控制线的曲线两边。之后的所有点情况类似，直到你完成整个形状的制。如图 7.19 所示。

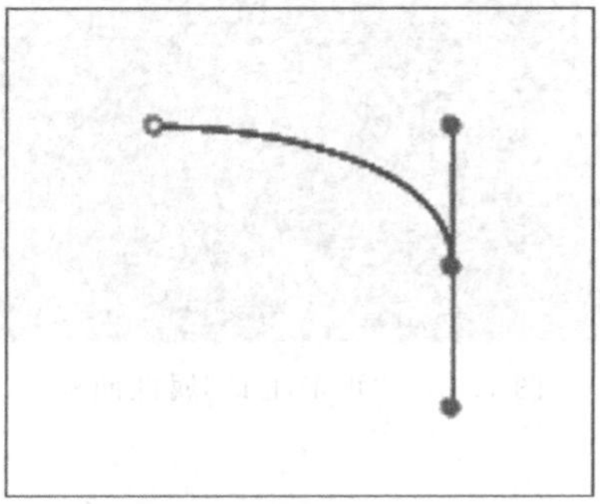

图 7.19　钢笔工具绘制曲线

对于一个绘制完成的曲线路径，我们可以在原有基础上添加和删除锚点，以便于调整形状的控制。只需要选择“添加锚点工具”在路径上的任意位置点击添加，如图 7.所示。

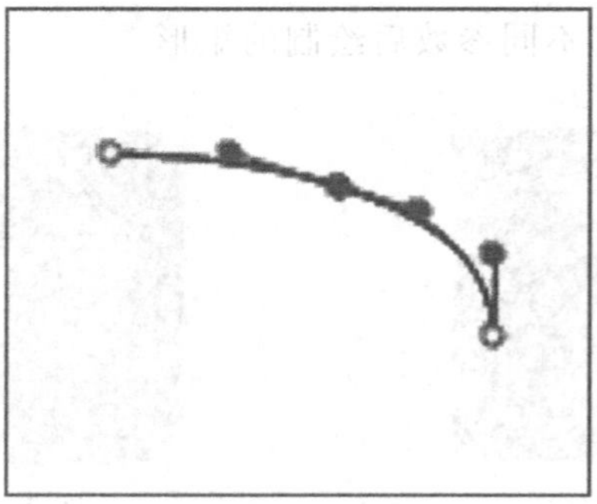

图 7.20　添加锚点

或者选择“删除锚点工具”在曲线路径上的某个锚点上点击，以达到删除的效果。如
尔需要将某个曲线锚点转换为直线锚点，则需要选择“转换锚点工具”在需要转换的锚
上点击，如图 7.21 所示。

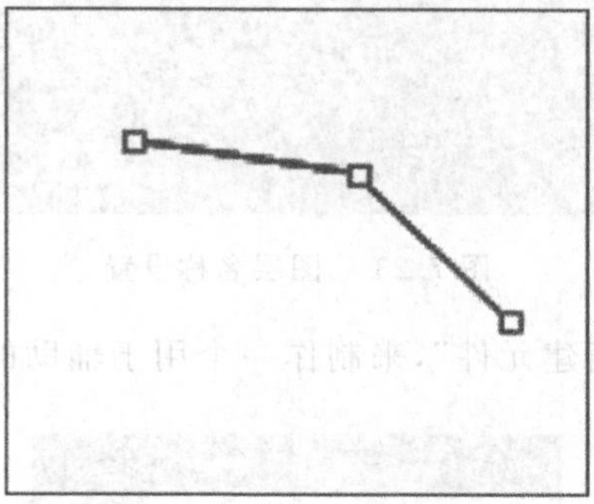

图 7.21　转换锚点

务实施

任务流程：新建文档→绘制旗杆→创建影片剪辑→应用实例制作传统渐变→利用辅助
制红旗→删除辅助图层→预览动画→保存结果。

(1)打开 Flash 软件新建文档，保持背景大小为默认的 550×400 像素不变。如图 7.22
示。

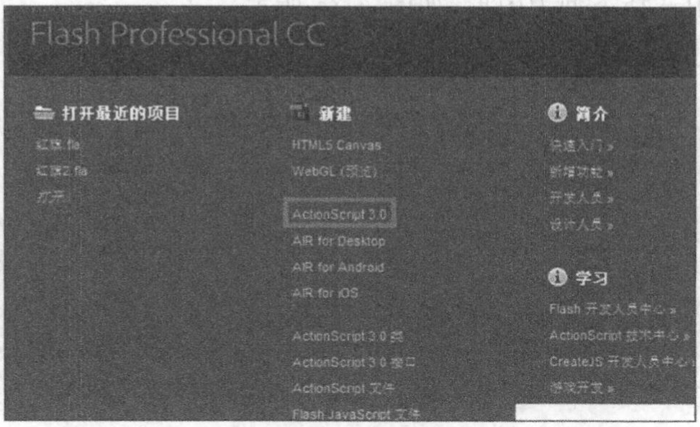

图 7.22　新建 Flash 文档

(2)制作旗杆，选择“矩形”工具，设置笔触颜色为透明，填充颜色为黑白色的线性渐
，在工作窗口创建一个细长的矩形作为旗杆主体。选择“椭圆工具”在旗杆顶端添加
个圆球作为点缀。

在时间轴面板中，更改旗杆所在的图层的名称为“旗杆”，并在该图层的第九帧插入帧。
时间轴中分别新建两个名为“辅助”和“红旗”的图层，用于放置后续添加的内容，如图 7.23
示。

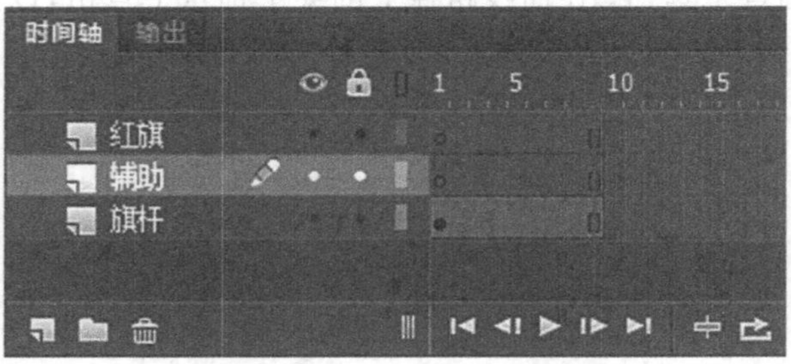

图 7.23　图层名称设置

(3)选择菜单“插入”→“新建元件”,来制作一个用于辅助的影片剪辑。如图 7.24 所示

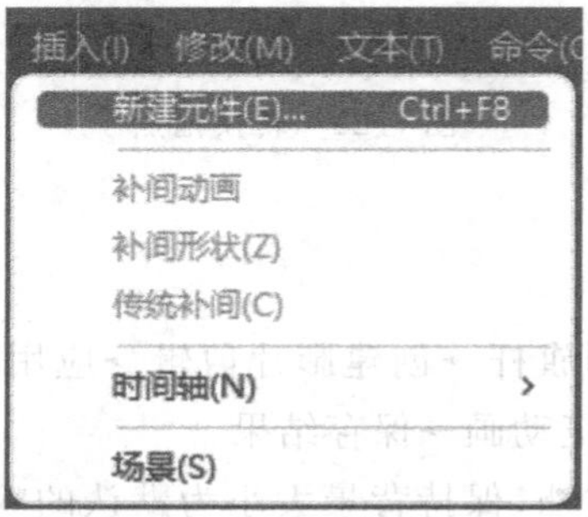

图 7.24　新建元件

在弹出的窗口中选择类型为图形,如图 7.25 所示。

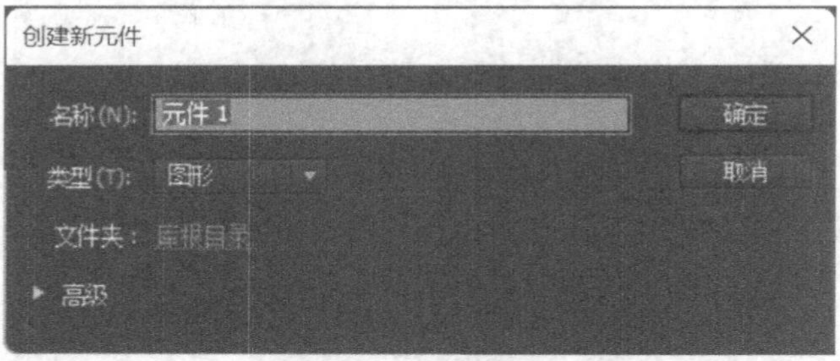

图 7.25　选择元件类型

(4)更改填充区域为蓝色,选择“椭圆工具”在元件编辑区域创建一个椭圆,选择“任
变形工具”调整椭圆的形状,如图 7.26 所示。

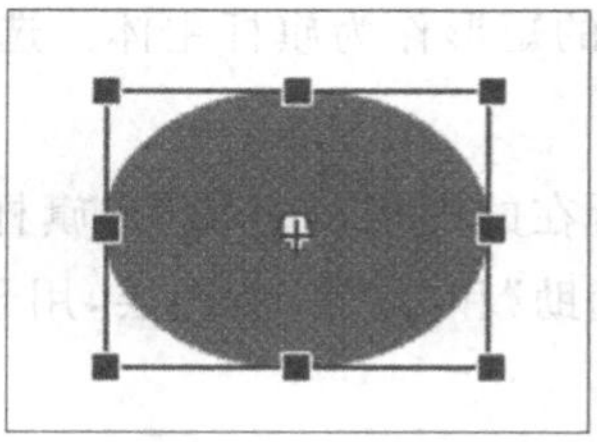

图 7.26　调整椭圆形状

按下快捷键 Ctrl+D，克隆这个椭圆，调整位置到原椭圆的下方。同时选中这两个椭圆，次按下快捷键 Ctrl+D 克隆，移到这两个椭圆的左侧。改变左边两个椭圆的填充色为粉。如图 7.27 所示。

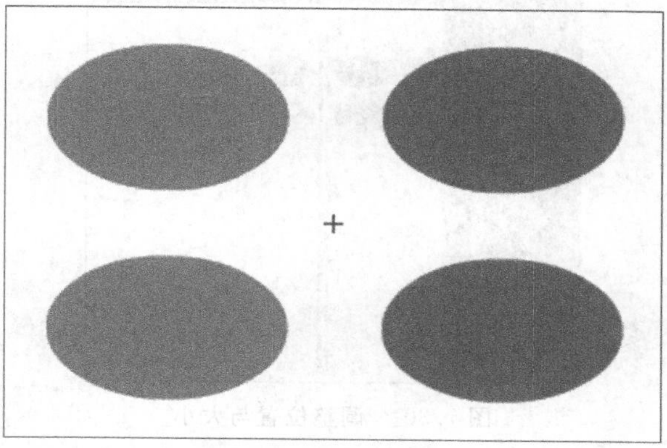

图 7.27　克隆椭圆

用同样的方法继续克隆，使得颜色相间的椭圆在水平线上依次排列，如图 7.28 所示。

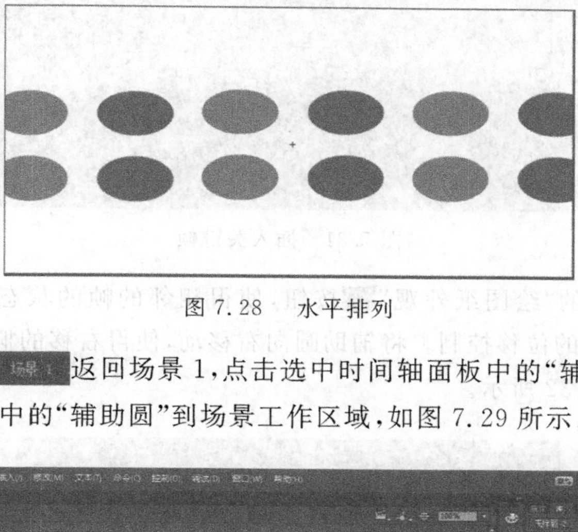

图 7.28　水平排列

(5)点击上面的 场景 1 返回场景 1，点击选中时间轴面板中的“辅助”图层，将右侧的库板打开，拖动库面板中的“辅助圆”到场景工作区域，如图 7.29 所示。

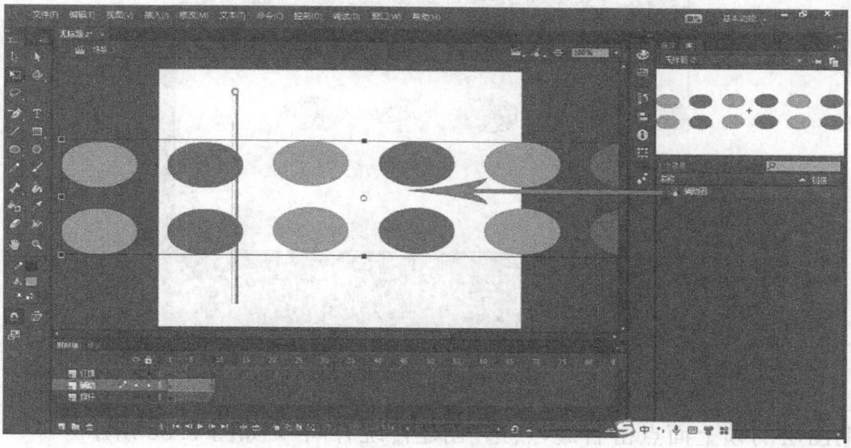

图 7.29　从库里应用实例

(6)对应用到场景 1 中的实例,进行大小和位置的调整,使得它能够很好地为我们绘红旗提供辅助,如图 7.30 所示。

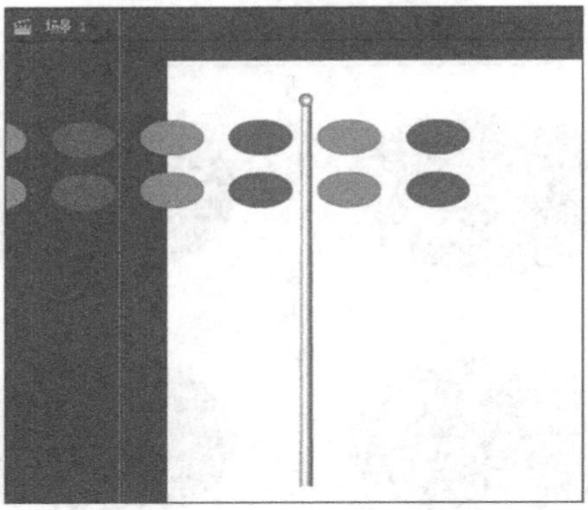

图 7.30　调整位置与大小

在辅助图层的第 10 帧插入关键帧,如图 7.31 所示。

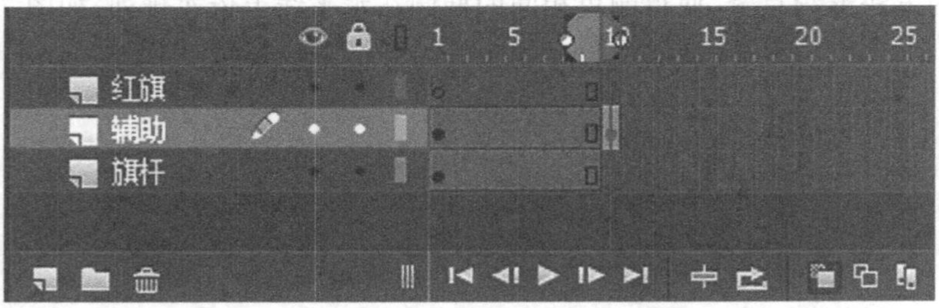

图 7.31　插入关键帧

点击时间轴底端的"绘图纸外观"按钮,使得相邻的帧的状态能以半透明的形态示,帮助我们进行精确的位移控制。将辅助圆向右移动,使得右移的椭圆刚好盖住相同颜的半透明椭圆,如图 7.32 所示。

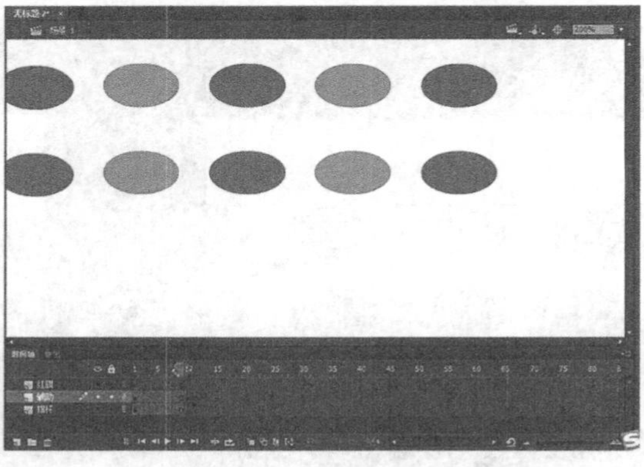

图 7.32　平移辅助椭圆

在辅助图层的帧上面点击右键,点选"创建传统补间",如图 7.33 所示。

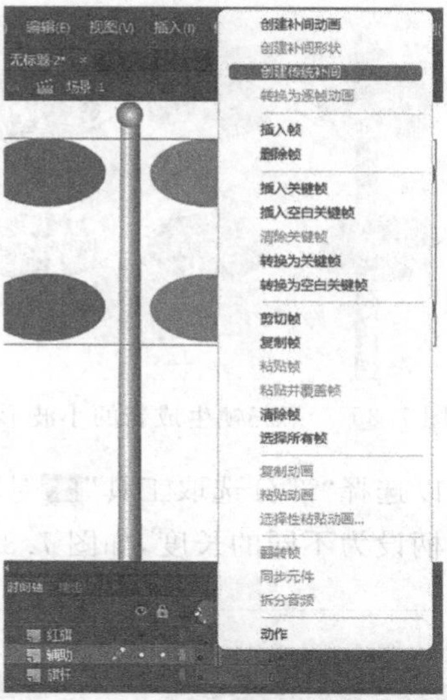

图 7.33　创建传统补间

这时，我们通过点击动画播放按钮，可以看到辅助圆在向右移动，形成一个 10 帧的循
这里之所以比红旗多设置一帧，是为了使得红旗的最后一帧和第一帧不会重复，从而避
了红旗在完成一个循环后会停顿一下的情况出现。

(7)接下来，我们就可以用“钢笔工具”来绘制各帧的形态了，我们可以事先确定不同颜
的辅助椭圆为不同的上切和下切，在之后各帧的绘制中只要牢记这一点，就不会出现错乱
情况发生，如图 7.34 所示。

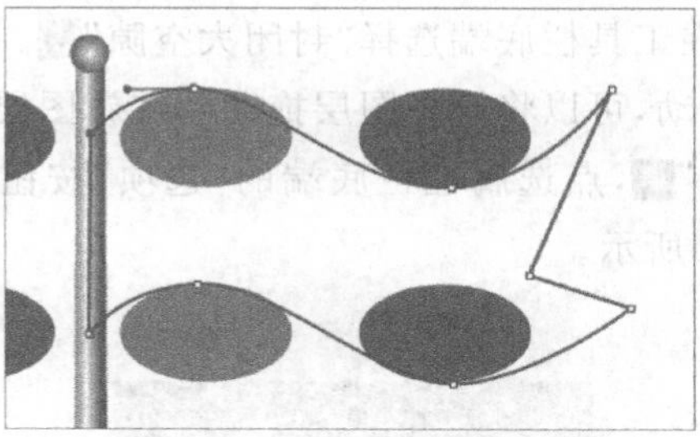

图 7.34　绘制红旗

绘制红旗的过程中，建议先不要进行填充，而是以纯路径的形式进行。因为填充区域会
注前后帧的半透明状态，不利于我们进行观察。当你完成全部 9 帧的绘制，并进行了动画
览，确定没有问题之后，再用“油漆桶工具”进行填充即可。

当你完成第一帧的绘制后，需要点选下一帧，按下快捷键 F7 创建空白关键帧，再开始绘
下一帧的红旗形态，切不可在同一帧里重复绘制。

同时，还需要在合适的时候，加入新的锚点，形成较小的波形，以确保动画的流畅。这些
置上，对于辅助圆的相切，可以不用那么的严格，以线条流畅为第一前提。比如在第三帧，
可以这样绘制，如图 7.35 所示。

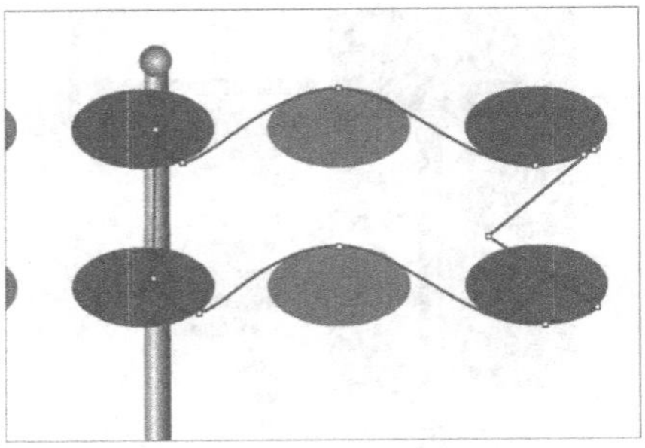

图 7.35　第三帧生成新的小波形

对于绘制成的红旗路径，可以选择“部分选取工具”对局部的形状进行调整，如果有要的话，可以控制锚点两边的手柄设为不同的长度，如图 7.36 所示。

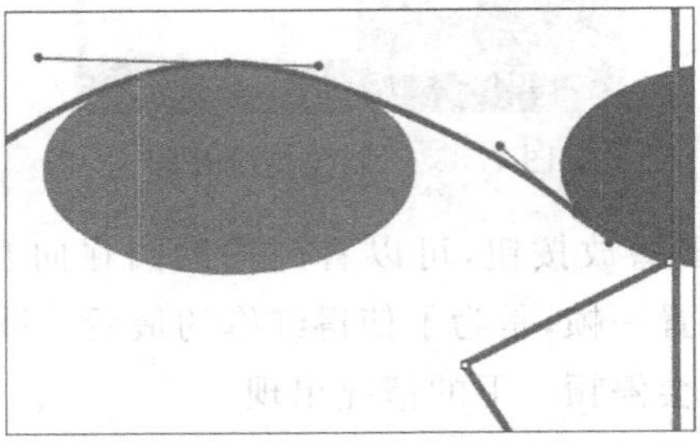

图 7.36　部分选区工具调整锚点

当所以帧都完成绘制后，可以按下 Ctrl＋回车进行动画预览。如果没有问题，就可以油漆桶工具进行红旗颜色的填充了。如果出现填充不成功的情况，那是因为路径没有完的围成一个封闭区域，可以在工具栏底端选择“封闭大空隙”。

为了遮掩红旗左端的跳动，可以将旗杆图层拖动到红旗图层的上方。

(8)选择“多角星形工具”，点选属性栏底端的“选项”按钮，在弹出的窗口中设置样为星形，变数为 5，如图 7.37 所示。

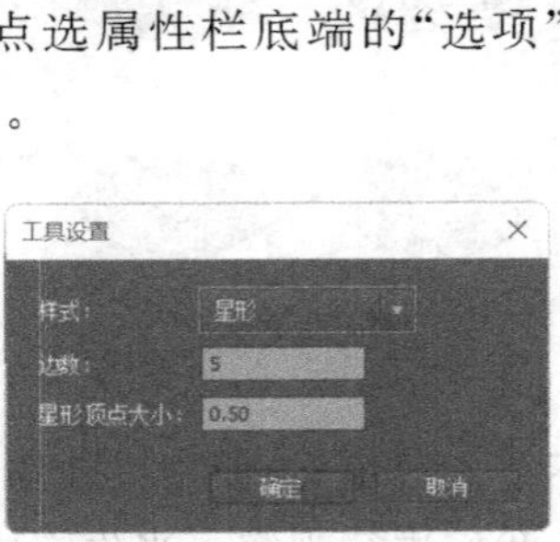

图 7.37　工具设置

(8)最后，改变舞台的背景颜色，加上文字“中国万岁!”，对文字添加发光、投影等滤完成作品的全部制作。最终效果如图 7.9 所示。

(9)导入音乐到，将音乐从库里应用到时间轴中。

(10)发布动画，保存文件。

展知识

Flash CC 的铅笔工具、刷子工具及快捷键

1. “铅笔工具”

“铅笔工具”用于在场景中的指定帧上绘制线和形状，它的效果就好像用真的铅笔画画样。帧是 Flash 动画创作中的基本单元，也是所有动画及视频的基本单元，将在后面的章中介绍。Flash CC 中的“铅笔工具”有些属于自己的特点，它可以在绘图的过程中拉直线或者平滑曲线，还可以识别或者纠正基本几何形状。另外，我们还可以使用“铅笔工具”修图形来创建特殊形状，也可以手工修改线条和形状。

选择工具箱中的“铅笔工具”的时候，在工具箱下部的选项部分中将显示如图 7.38 所示选项，其中左侧的“对象绘制”按钮，用于绘制互不干扰的多个图形，单击右侧按钮下方的三角形，会出现如图 7.39 所示的选项。这三个选项是“铅笔工具”的三个绘图模式。

选择“直线化”选项时，系统会将独立的线条自动连接，接近直线的线条将自动拉直，摇的曲线将实施直线式的处理，效果如图 7.40 所示。

7.38　“铅笔工具”选项栏

图 7.39　下拉选项

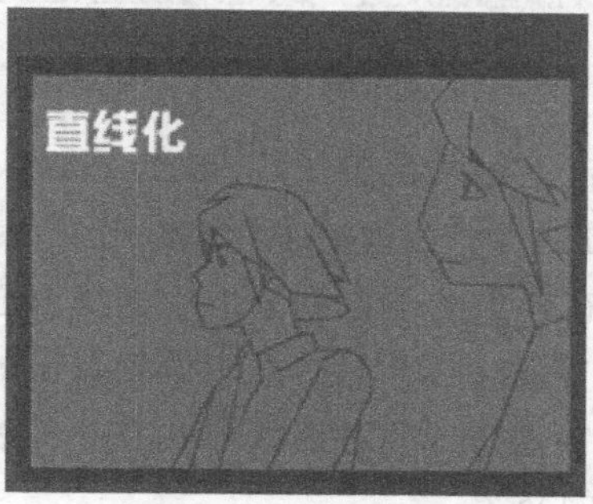

图 7.40　直线化效果

选择“平滑”选项时，将缩小 Flash 自动进行处理的范围。在“平滑”选项模式下，线条拉和形状识别都被禁止。绘制曲线后，系统可以进行轻微的平滑处理，端点接近的线条彼此以连接，效果如图 7.41 所示。

图 7.41　平滑效果

选择“墨水”选项时，将关闭 Flash 自动处理功能。画的是什么样，就是什么样，不做何平滑、拉直或连接处理，效果如图 7.42 所示。

选择“铅笔工具”的同时，在其属性面板中也会出现如图 7.43 所示的笔触颜色、笔触度、线条样式、自定义、端点类型和接合类型等。

图 7.42　墨水效果

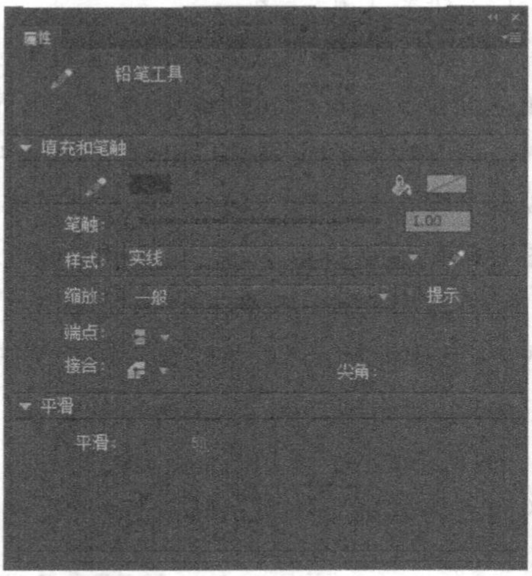

图 7.43　“铅笔工具”属性面板

单击笔触颜色按钮，会弹出 Flash 自带的 Web 颜色系统，从中可以定义所需的笔触色；拖动“笔触”右边的游标，用户可以自由设定线条的宽度；单击“样式”下拉列表框，户可以在弹出的下拉列表框中选择自己所需要的线条样式；单击自定义按钮，用户也可以弹出的“笔触样式”对话框中设置自己的线条样式。

在“笔触样式”对话框中共有 6 种线条的类型，如图 7.44 所示。下面就这 6 种线条做下简单的介绍。

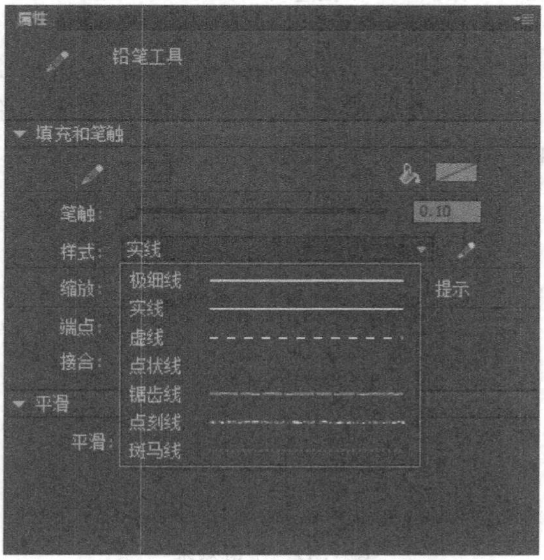

图 7.44　“笔触样式”对话框

实线：这是最适合在Web上使用的线型。此线型的设置可以通过“粗细”和“锐化转角”项来设定。

虚线：这是带有均匀间隔的实线，其中短线和间隔的长度是可以调整的。

点状线：绘制的直线由间隔相等的点组成，同虚线有些相似，但只有点的间隔距离可整。

锯齿线：绘制的直线由间隔相等的粗糙短线构成。它的粗糙程度可以通过图案、波高波长三个选项来进行调整。在“图案”选项中有“实线”“简单”“随机”“点状”“随机点状”三点状”和“随机三点状”7种样式可供选择；在“波高”选项中有“平坦”“起伏”“剧烈起伏”“强烈”4个选项可供选择；在“波长”选项中有“非常短”“短”“中”和“长”4个选项可供择。

点刻线：绘制的直线可用来模拟艺术家手刻的效果。点描的品质可通过点大小、点变、密度选项来调整。在“点大小”选项中有“很小”“小”“中”和“大”4个选项可供选择；在点变化”选项中有“同一大小”“微小变化”“不同大小”和“随机大小”4个选项可供选择；在密度”选项中有“非常密集”“密集”“稀疏”和“非常稀疏”4个选项可供选择。

斑马线：绘制复杂的阴影线，可以精确模拟艺术家手画的阴影线，产生无数种阴影效，这可能是Flash绘图工具中复杂性最高的操作，它的参数有粗细、间隔、微动、旋转、曲线长度。其中，“粗细”选项中有“极细”“细”“中”和“粗”4个选项可供选择；“间隔”选项中有常近”“近”“远”和“非常远”4个选项可供选择；“微动”选项中有“无”“弹性”“松散”和“强”4个选项可供选择；“旋转”选项中有“无”“轻微”“中”和“自由”4个选项可供选择；“曲线”项中有“直线”“轻微弯曲”“中等弯曲”和“强烈弯曲”4个选项可供选择；“长度”选项中有于”“轻微变化”“中等变化”和“随机”4个选项可供选择。

2.“刷子工具”

利用“刷子工具”可以绘制出刷子般的特殊笔触(包括书法效果)，就好像在涂色一样。外，在使用“刷子工具”时还可以选择刷子大小和形状。图7.45为使用“刷子工具”绘制的面效果。

图7.45 使用“刷子工具”绘制的画面效果

与“铅笔工具”相比，“刷子工具”创建的是填充形状，笔触高度为 0。填充可以是色、渐变色，或者用位图填充。而“铅笔工具”创建的只是单一的线条。另外，“刷子工允许用户以非常规方式着色，可以选择在原色的前面或后面绘图，也可以选择只在特定填充区域中绘图。

选择工具箱中的“刷子工具”，在工具箱下部的选项部分中将显示如图 7.46 所示选项。这里共有 5 个选项：对象绘制、刷子模式、锁定填充、刷子大小和刷子形状。

“对象绘制”按钮用于绘制互不干扰的多个图形。

在“刷子模式”选项中有“标准绘画”“颜料填充”“后面绘画”“颜料选择”和“内部绘画种模式可供选择，如图 7.47 所示。图 7.48 为使用这 5 种刷子模式绘制图形的效果比较。

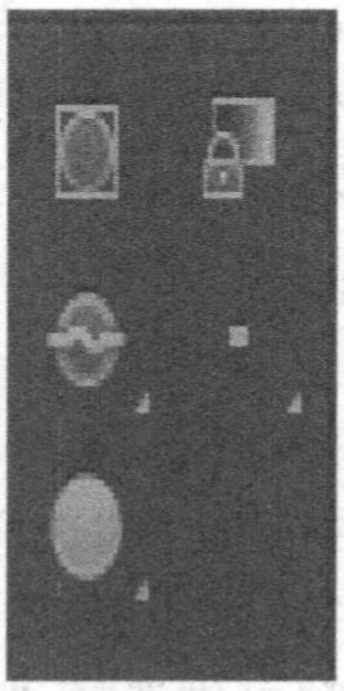

图 7.46 “刷子工具”选项

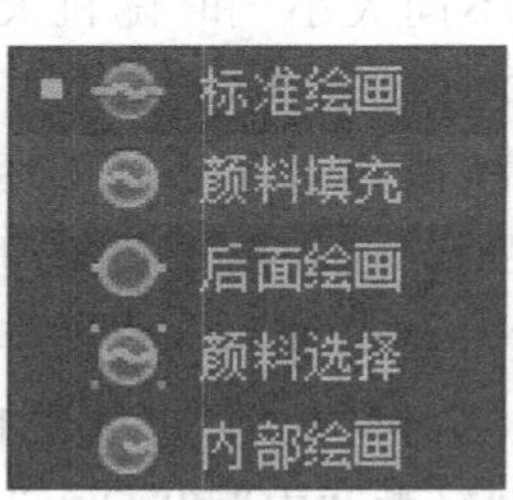

图 7.47 刷子模式

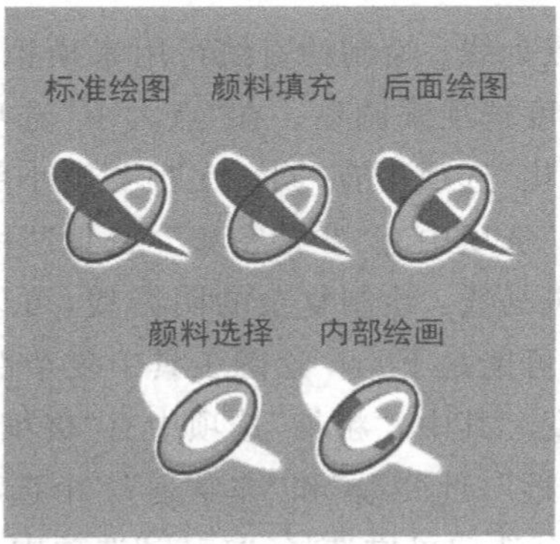

图 7.48 使用 5 种刷子模式的效果

如果选择了“锁定填充”按钮，将不能再对图形进行填充颜色的修改，这样可以防止误操作而使填充色被改变。

在“刷子大小”选项中共有从细到粗的 8 种刷子可供选择，如图 7.49 所示；在“刷子状”选项中共有 9 种不同类型的刷子可供选择，如图 7.50 所示。

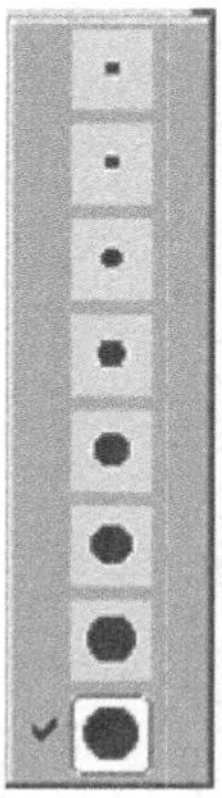

图 7.49 刷子大小

图 7.50 刷子形状

3. Flash CC 的快捷键

表 7.1 列出了 Flash CC 的常用快捷键。

表 7.1 Flash CC 常用快捷键

分类	功能	快捷键	分类	功能	快捷键
工具命令	选择工具	V	菜单命令	新建 Flash 文件	Ctrl+N
	部分选取工具	A		打开 FLA 文件	Ctrl+O
	线条工具	N		保存	Ctrl+S
	套索工具	L		另存为	Ctrl+Shift+S
	钢笔工具	P		导入	Ctrl+R
	文本工具	T		发布预览	Ctrl+F12
	椭圆工具	O		发布	Shift+F12
	矩形工具	R		撤销命令	Ctrl+Z
	铅笔工具	Y		剪切到剪贴板	Ctrl+X
	刷子工具	B		复制到剪贴板	Ctrl+C
	任意变形工具	Q		粘贴剪贴板内容	Ctrl+V
	填充变形工具	F		粘贴到当前位置	Ctrl+Shift+V
	墨水瓶工具	S		全部选取	Ctrl+A
	颜料桶工具	K		取消全选	Ctrl+Shift+A
	滴管工具	I		放大视图	Ctrl+"+"
	橡皮擦工具	E		缩小视图	Ctrl+"−"
	手形工具	H		100%显示	Ctrl+1
	缩放工具	Z 或 M		缩放到帧大小	Ctrl+2
				全部显示	Ctrl+3
				组合	Ctrl+G
				取消组合	Ctrl+Shift+G
				打散分离对象	Ctrl+B
				分散到图层	Ctrl+Shift+D

小结

本单元主要介绍了 Adobe Flash CC 动画制作的相关知识，学习了 Adobe Flash CC 的工具箱和快捷键，并通过两个实际动画处理任务，重点学习了矩形工具、椭圆工具等工具的使用，学习了遮罩层、引导层的建立和使用方法，最后完成了两个实际的动画制作项目。

习 题

一、填空题

1. Adobe Flash CC 中有三种动画形式，分别是________、________和________。

2. 在 Adobe Flash CC 中按住________键移动图形可以实现复制图形，按________键以打散图形，按________键可以选择全部。

二、选择题

1. 在 Adobe Flash CC 颜色面板中，删除一个色标时，在用鼠标单击色标前要按住________。

A. Shift 键　　B. Alt 键　　C. Ctrl 键　　D. Shift+ Ctrl 键

2. 在 Adobe Flash CC 中矩形绘制完成后________。

A. 不能对填充和线条属性进行修改

B. 只能修改填充属性，不能修改线条属性

C. 只能修改线条属性，不能修改填充属性

D. 可以修改填充和线条属性，不能修改矩形角和半径

三、判断题

1. 在 Adobe Flash CC 中遮罩层是将被遮罩层的内容遮住，使其不可见。　（　）

2. Adobe Flash CC 中的图层位置与显示效果无关。　（　）

四、简答题

遮罩层的作用是什么？

五、操作题

请发挥自己的创新意识，自行设计完成一个遮罩层的动画制作。

单元 8

特效动画设计

识教学目标

- 理解 Flash CC 特效文字的制作原理；
- 掌握 Flash CC 中图片变动画的原理；
- 掌握 Flash CC 中音频设置的相关概念。

能培养目标

- 能在 Flash CC 中制作空心字；
- 能在 Flash CC 中使用声音素材；
- 能使用 Flash CC 中墨水瓶工具处理图形素材。

任务8.1 特效文字

务描述

本任务要制作一个具有三棱效果的文字特效，显示文字轮转的效果。学生可根据自己想象力，制作出其他的效果。动画效果的一个画面如图 8.1 所示。

图 8.1 效果画面

识准备

1. “墨水瓶工具”

利用“墨水瓶工具”可以改变现存直线的颜色、线型和宽度，这个工具通常与“滴管工具”用。

使用“墨水瓶工具”的具体操作步骤如下：

(1) 选择工具箱中的“墨水瓶工具”。

(2) 选择“窗口”→“属性”命令，打开如图 8.2 所示的属性面板。

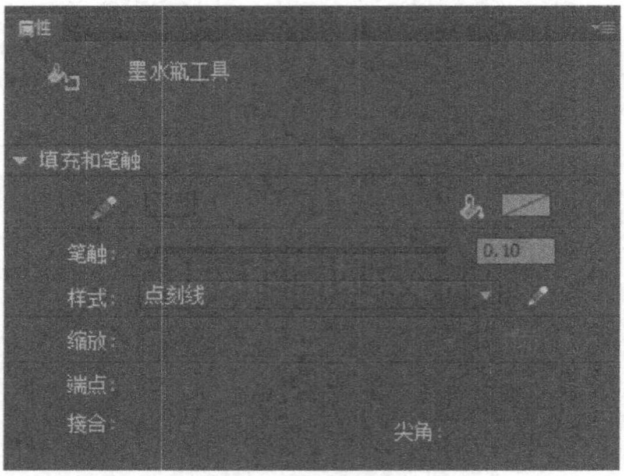

图 8.2 “墨水瓶工具”属性面板

(3) 在属性面板中单击“笔触”按钮，从弹出的“颜色样本”对话框中选择笔触颜拖动“笔触”右边滑标，设置笔触线的宽度。笔触样式选项仍使用默认的“实线”样式，或根实际需要选择其他笔触样式。

(4) 将鼠标指针移至所需填充的线条上(或者图形的外边框附近)，单击完成线条颜及样式的修改。

2. “滴管工具”

“滴管工具”用于从现有的钢笔线条、画笔描边或者填充上取得(或者复制)颜色和风信息。“滴管工具”没有任何参数。

当“滴管工具”不是在线条、填充或者画笔描边的上方时，其光标显示为，类似于工具中的“滴管工具”图标；当“滴管工具”位于直线上方时，其光标显示为，即在标准的“滴管具”的右下方显示一个小的铅笔；当“滴管工具”位于填充上方时，其光标显示为，即在标的“滴管工具”光标右下方显示一个小的刷子。当“滴管工具”位于直线、填充或者画笔描上方时，按住 Shift 键，其光标显示为，即在光标的右下方显示为倒转的“U”字形状。在种模式下，使用“滴管工具”可以将被单击对象的编辑工具的属性改变为被单击对象的属按住 Shift 键，单击对象，可以取得被单击对象的属性并立即改变相应编辑工具的属性，例“墨水瓶工具”“铅笔工具”或者“文本工具”。“滴管工具”还允许用户从位图图像取样用填充。

用“滴管工具”可取得被单击直线或者填充的所有属性(包括颜色、渐变、风格和宽度)。但是，如果内容不是正在编辑，那么组的属性不能用这种方式获取。

3. “任意变形工具”

利用“任意变形工具”可以对图形对象进行旋转、缩放、扭曲和封套变形等操作。

选择工具箱中的“任意变形工具”，单击要变形的图形，此时图形四周会被一个带有 8 个控制点的方框所包围，如图 8.3 所示。工

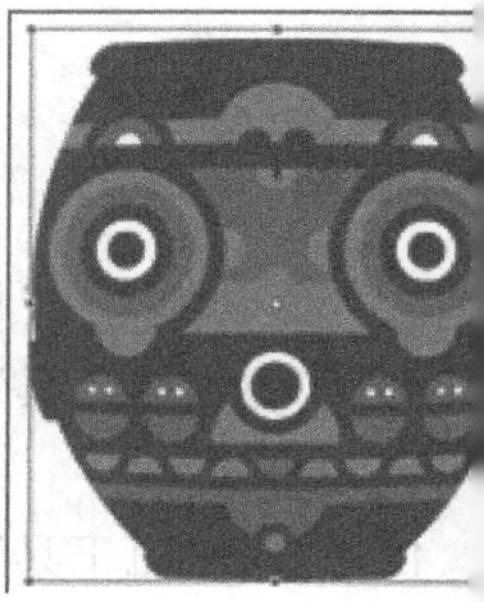

图 8.3 选择要变形的

箱的下方也会出现相应的 5 个选项按钮，如图 8.4 所示。这 5 个按钮的功能如下。

● 紧贴至对象：激活该按钮，拖动图形时可以进行自动吸附。

● 旋转与倾斜：激活该按钮，然后将鼠标指针移动到外框顶点的控制柄上，鼠标指针为旋转形状，此时拖动鼠标即可对图形进行旋转，如图 8.5 所示；将鼠标指针移动到中间控制柄上，鼠标指针变为垂直或水平形状，此时拖动鼠标可以将对象进行倾斜，如图 8.6 示。

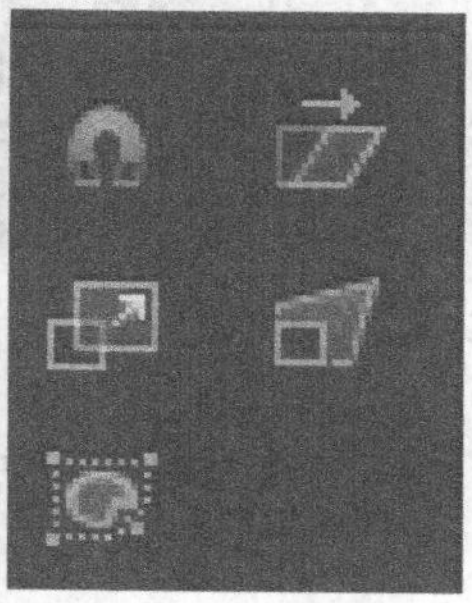
图 8.4 选项按钮

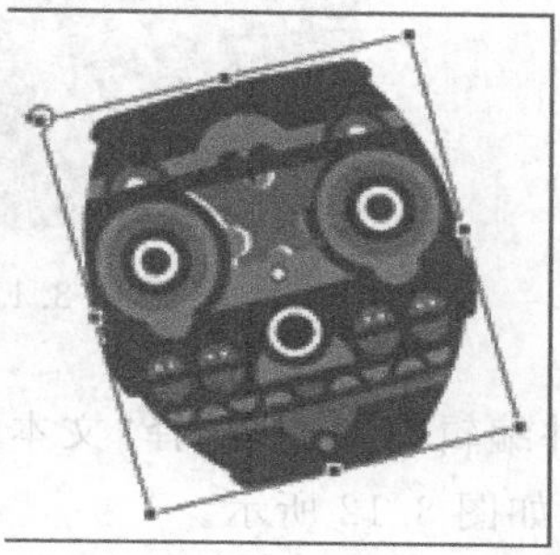
图 8.5 旋转效果

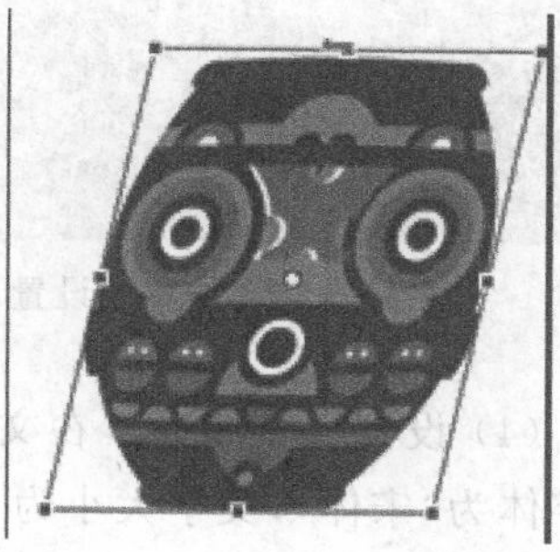
图 8.6 倾斜效果

● 缩放：激活该按钮，然后将鼠标指针移动到图形外框的控制柄上，鼠标变为双向箭形状，此时拖动鼠标可以改变图形的尺寸大小。

● 扭曲：激活该按钮，然后将鼠标指针移动到外框的控制柄上，鼠标指针变为形状，此拖动鼠标可以对图形进行扭曲变形，如图 8.7 所示。

● 封套：激活该按钮，此时图形的四周会出现很多控制柄，如图 8.8 所示。拖动这些制柄，可以对图形进行更细微的变形，如图 8.9 所示。

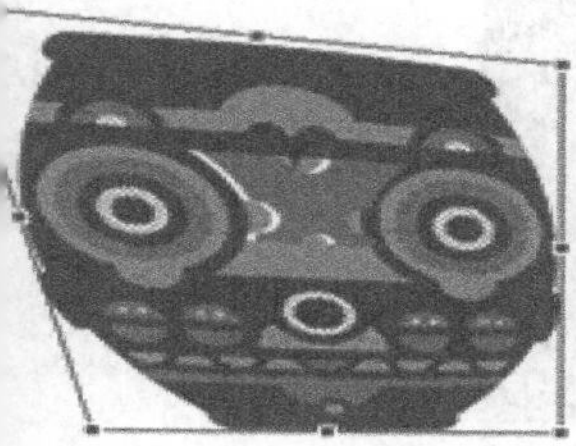
图 8.7 扭曲变形效果

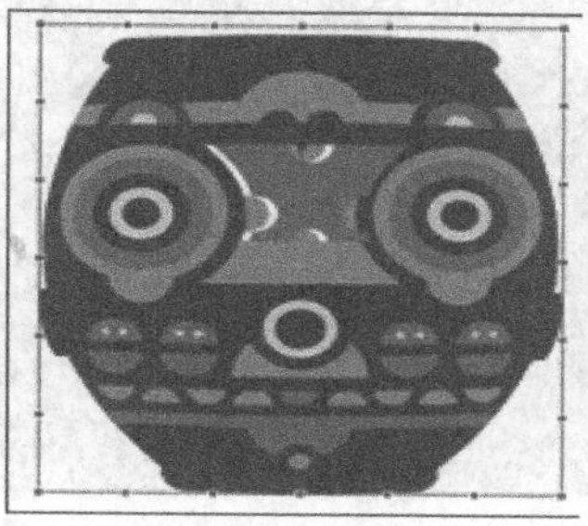
图 8.8 封套控制柄

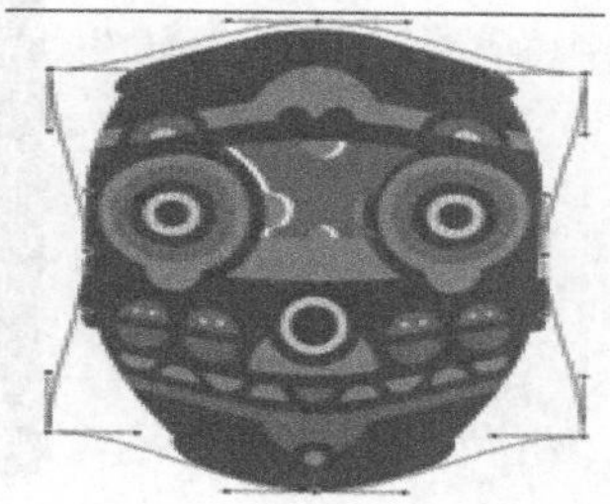
图 8.9 封套变形效果

务实施

任务流程：新建文档→新建元件→输入文本→制作空心字→填充图案→动画设置→保结果。

(1) 启动 Flash CC，新建 Flash 文件(ActionScript 3.0)，创建一个新电影。

(2) 设置文档属性。在“文档”属性面板中设置背景颜色为白色，宽和高分别设置为 700 素和 400 像素，如图 8.10 所示，单击“确定”按钮。

(3) 创建新元件。选择“插入”→“新元件”命令,在弹出的“创建新元件”对话框中,选
元件类型为“图形”,输入元件名称为“文字”,如图 8.11 所示,单击“确定”按钮。

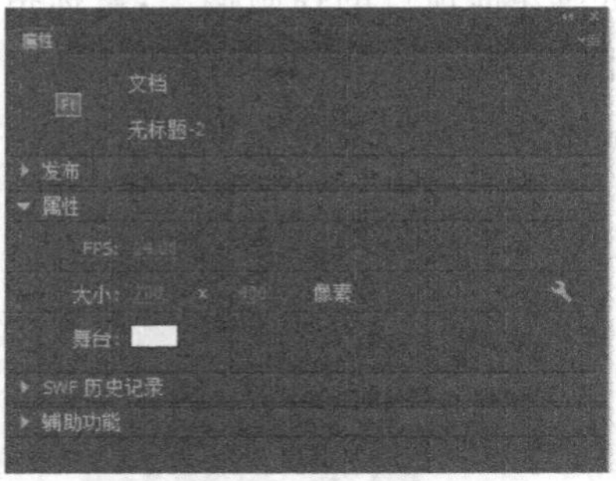

图 8.10　文档属性设置

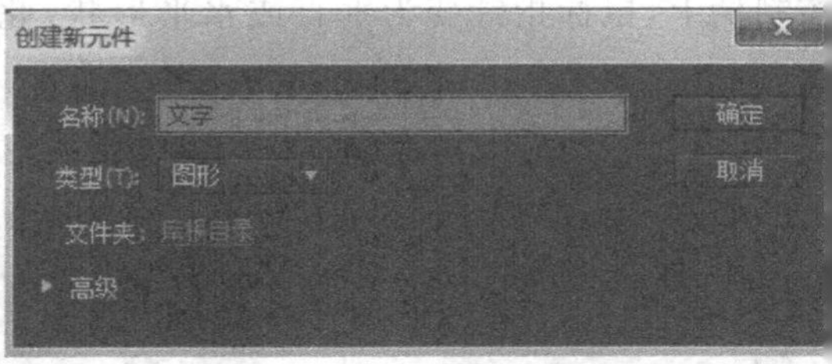

图 8.11　创建“文字”元件

(4) 设置文字属性。在文字元件编辑窗口中,选择“文本工具” T ,在其属性面板中
置字体为“宋体”,文字大小为 80 磅,如图 8.12 所示。

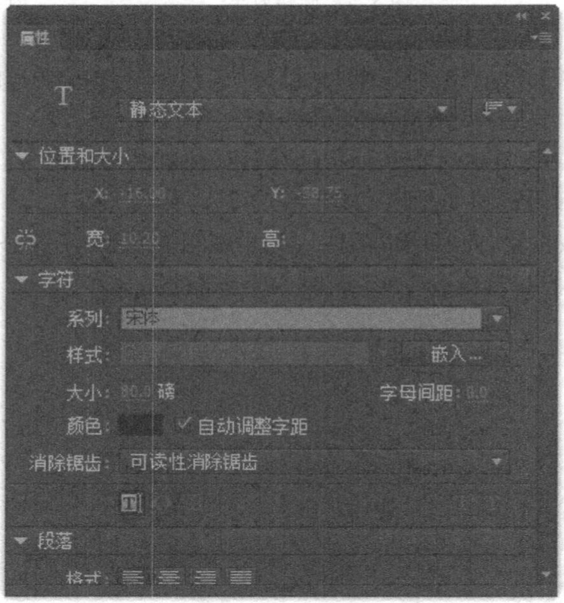

图 8.12　设置文字属性

(5) 输入文字。在元件编辑场景中拖动鼠标,拖出一个适当宽度的矩形框,在其中输
文字“三棱文字制作效果”,如图 8.13 所示。

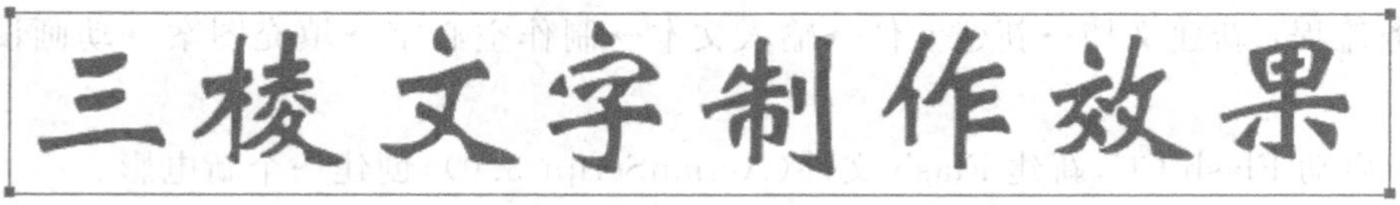

图 8.13　输入文字

(6) 打散文字。选择“选择工具” ，选择刚输入的文字，按 Ctrl+B 键将文字分解成独的文字，如图 8.14 所示。再按 Ctrl+B 键把每一个文字打散，如图 8.15 所示。

图 8.14 打散成独立文字

图 8.15 每个文字都被打散

(7) 文字打散后在场景空白处单击，取消文字的选中状态。

(8) 设置“墨水瓶工具”属性。选择“墨水瓶工具” ，在其属性面板中设置笔触粗细、笔颜色、笔触类型，如图 8.16 所示。

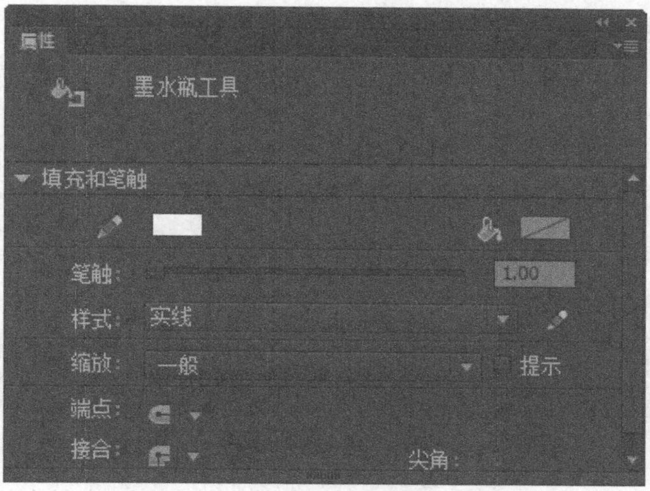

图 8.16 “墨水瓶工具”属性设置

图 8.17 空心字

(9) 制作空心字。用“墨水瓶工具” 单击文字的各部分，使每个文字都描上边框线，选“选择工具” ，单击文字内部的颜色，按 Backspace 键，删除内部颜色，如图 8.17 所示。

(10) 导入图片。选择“文件”→“导入”→“导入到舞台”命令，把素材中的图片(6.jpg)导进来，选择“任意变形工具” 将图片拖到与文字宽度一致，如图 8.18 所示。

(11) 给文字填充色彩。按 Ctrl+B 键，将图片打散，把文字拖到图片上，如图 8.19 示。

图 8.18　改变图片大小

图 8.19　将文字拖到图片上

(12) 选择“选择工具”，单击图片上文字以外的地方，按 Backspace 键，删除文字以的图形，如图 8.20 所示。

图 8.20　背景颜色文字

(13) 图层 1 帧设置。返回场景中，将库中的文字拖到舞台，在第 30 帧处按 F6 键插关键帧，再选择第 1 帧，选择“任意变形工具”，将元件的调节点拖到下边线上，然后再元件下边往上拖动，使得元件的高度变小，如图 8.21 所示。

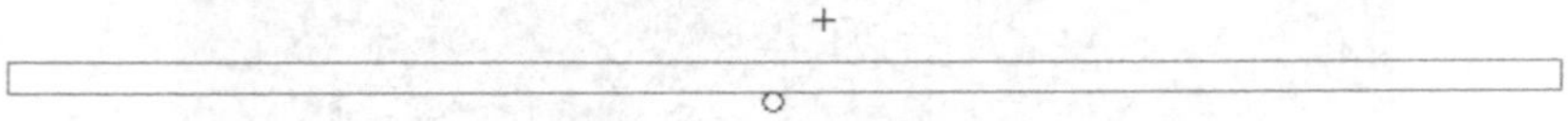

图 8.21　图层 1 第 1 帧

(14) 设置透明度。在属性面板中设置透明度为 5%，如图 8.22 所示。

图 8.22　透明度设置

(15) 创建图层 1 的补间动画。选择图层 1 的第 1 帧，右击，在弹出的菜单中选择“创传统补间”命令。此时，时间轴上出现一条有向实线，如图 8.23 所示。

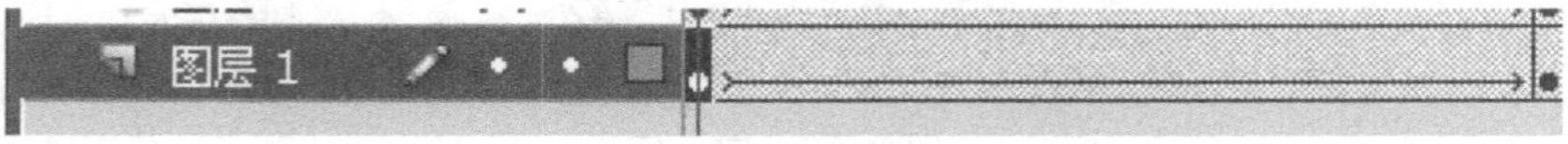

图 8.23　图层 1 时间轴

(16) 图层 2 帧设置。新建“图层 2”，将库中的文字拖到舞台，在第 30 帧处按 F6 键插关键帧，再选择第 30 帧，选择“任意变形工具”，将元件的调节点拖到下边线上，然后再元件下边往上拖动，使得元件的高度变小，如图 8.24 所示。

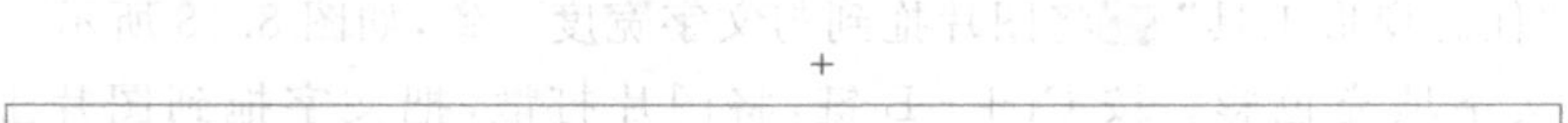

图 8.24　图层 2 第 30 帧

(17) 设置透明度。在属性面板中设置透明度为 5%，如图 8.25 所示。

图 8.25　透明度设置

(18) 创建图层 2 的补间动画。选择图层 2 的第 1 帧，右击，在弹出的菜单中选择“创建充补间”命令。此时，时间轴上出现一条有向实线，如图 8.26 所示。调整第 30 帧图片的置。

图 8.26　图层 2 时间轴

(19) 测试运行，直到满意为止，保存文件。按 Ctrl＋Enter 键导出结果。

任务 8.2　跨界变形动画

务描述

本任务利用 Flash 软件中灵活好用的矢量绘制工具，制作一个具有较强趣味性的逐帧画。动画效果的开始状态和结束状态如图 8.27 所示。

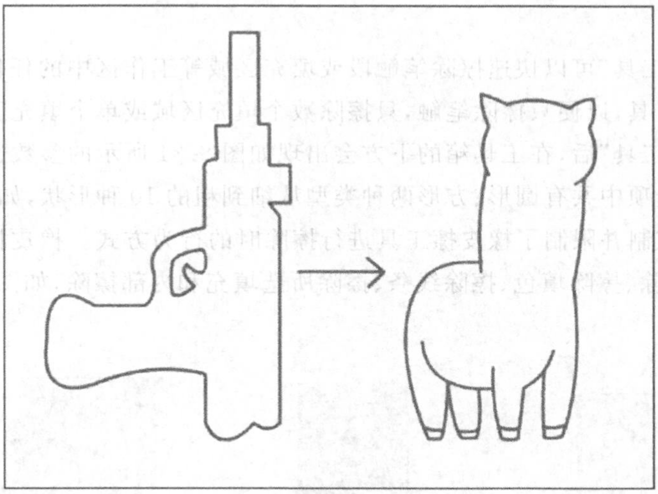

图 8.27　逐帧动画的起始状态和结束状态

识准备

1. “套索工具”

“套索工具”是一种选取工具，使用它可以勾勒任意形状的范围来进行选择。该工具主用于处理位图。

选择工具箱中的“套索工具”，该工具包括三个选项，如图 8.28 所示。这三个选项的能如下。

● 魔术棒：用于选取位图中的同一色彩的区域。

● 魔术棒设置：单击该按钮将弹出如图 8.29 所示的属性面板。该面板中“阈值”于定义所选区域内相邻像素的颜色接近程度，数值越高，包含的颜色范围越广，如果数值0，表示只选择与所单击像素的颜色完全相同的像素；“平滑”用于定义所选区域边缘的平程度，一共有 4 个选项可供选择，如图 8.30 所示。

● 多边形模式：激活该按钮，可以绘制多边形区域作为选择对象。单击设定多边形择区域起始点，然后将鼠标指针放在第一条线要结束的地方后单击，以设定其结束点。理，继续设定其他线段的结束点。如果要闭合选择区域，只需双击即可。

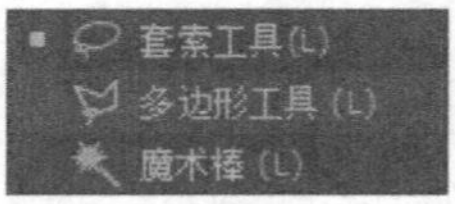

图 8.28 套索工具选项按钮

图 8.29 魔术棒设置对话框

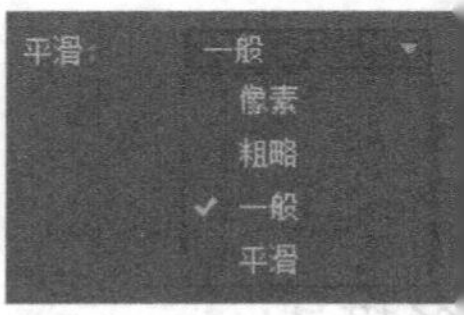

图 8.30 平滑下拉列表

2. “橡皮擦工具”

“橡皮擦工具”作为绘图和着色工具的主要辅助工具，在整个 Flash 绘图中有着不可代的作用。

使用“橡皮擦工具”可以快速擦除笔触段或填充区域等工作区中的任何内容。用户还以自定义橡皮擦工具，以便只擦除笔触，只擦除数个填充区域或单个填充区域。

选择“橡皮擦工具”后，在工具箱的下方会出现如图 8.31 所示的参数选项。

橡皮擦形状选项中共有圆形、方形两种类型从细到粗的 10 种形状，如图 8.32 所示。

橡皮擦模式控制并限制了橡皮擦工具进行擦除时的行为方式。橡皮擦模式选项中共 5 种模式：标准擦除、擦除填色、擦除线条、擦除所选填充和内部擦除，如图 8.33 所示。各说明如下。

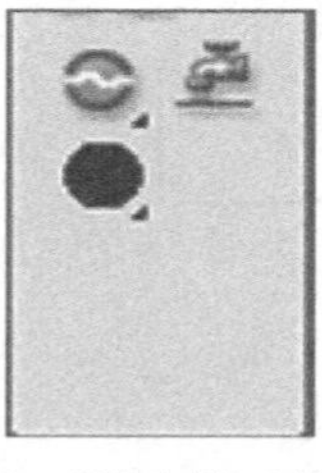

图 8.31 “橡皮擦工具”选项

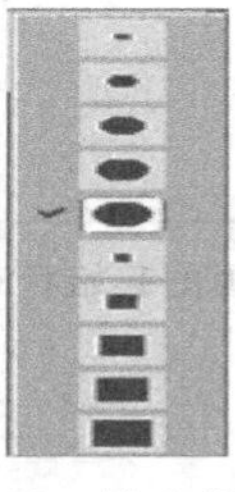

图 8.32 橡皮擦形状

图 8.33 橡皮擦模式

● 标准擦除：这时“橡皮擦工具”就像普通的橡皮擦一样，将擦除所经过的所有线条填充色，只要这些线条或者填充色位于当前图层中。

● 擦除填色：这时"橡皮擦工具"只擦除填充色，而保留线条。

● 擦除线条：与擦除填色模式相反，这时"橡皮擦工具"只擦除线条，而保留填充色。

● 擦除所选填充：这时"橡皮擦工具"只擦除当前选中的填充色，保留未被选中的填充以及所有的线条。

● 内部擦除：只擦除橡皮擦笔触开始处的填充色。如果从空白点开始擦除，则不会擦任何内容。以这种模式使用橡皮擦并不影响笔触。

务实施

任务流程：新建文档→导入图片→绘制起始状态手枪的路径→绘制终结状态神兽羊驼路径→添加辅助线→依次运用中间取值法完成变换过程帧的绘制→测试、存盘、发布。

（1）启动 Flash CC，新建 Flash 文件（ActionScript 3.0），创建一个新电影，在"文档属性"活框中设置宽为 550 像素，高为 400 像素，背景颜色为＃0000ff，如图 8.34 所示，单击"确'按钮。

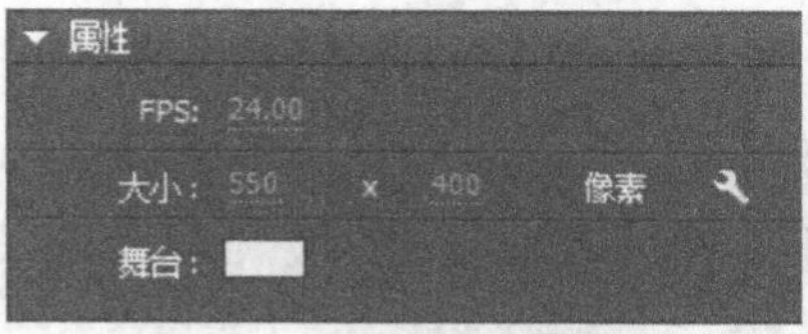

图 8.34 文档属性设置

（2）选择"文件"→"导入"→"导入到库"命令，将素材"手枪.jpg"和"羊驼.jpg"文件导入车，将图层 1 命名为"参考图片"，新建一个名为"动画"的图层，放在上方，如图 8.35 所示。

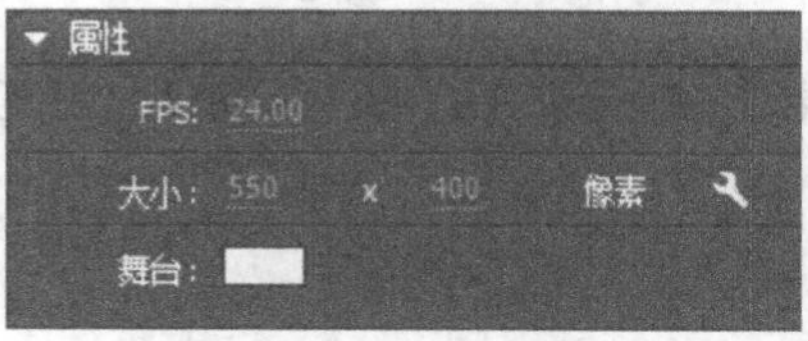

图 8.35 图层管理

点击选中"参考图片"图层的第 1 帧，打开库面板，找到之前导入的图片素材"手枪.:"，将其拖拽到主舞台松开，应用为实例。使用"任意变形工具"，调整图片的位置和大，如图 8.36 所示。

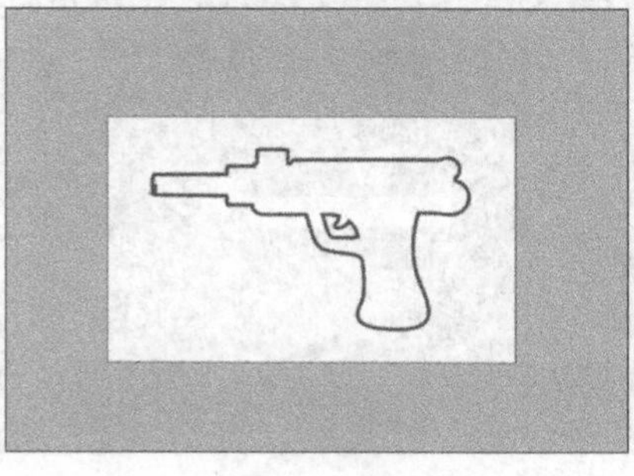

图 8.36 拖入手枪图片到舞台

再次点击选中“参考图片”图层的第 9 帧，按下快捷键 F7 或者在第 9 帧上右击选择“入空白关键帧”。打开库面板，找到之前导入的图片素材“羊驼.jpg”，将其拖拽到主舞台开，应用为实例。使用“任意变形工具”，调整图片的位置和大小，如图 8.37 所示。

图 8.37　拖入羊驼图片到舞台

锁定图层“参考图片”，以免在绘制路径时不小心拖动图片，或出生其他误操作。如8.38 所示。

图 8.38　锁定图层

点击选中“动画”图层的第 1 帧，选取“直线工具”或“钢笔工具”来绘制手枪的路设置填充和笔触参数为笔触 2.00，笔触颜色为＃FF0000（红色），宽度为均匀，如图 8.所示。

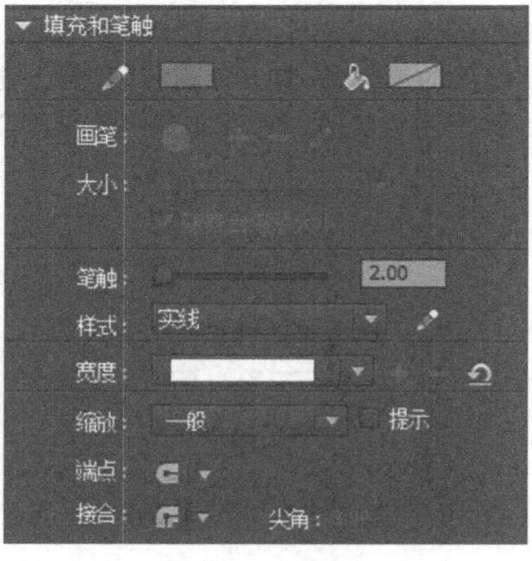

图 8.39　笔触设置

用钢笔绘制路径时，容易出现判断失误，没有把锚点添加在最合适的地方，可以及时用捷键 Ctrl＋Z 来撤销。对于多次尝试都没能达到满意效果的地方，可以用“部分选取工”来选中这些锚点，通过对两端控制手柄的调整，来改变路线的形状，如图 8.40 所示。

图 8.40　锚点调整

完成所有路径的绘制之后，全选所有路径，使用“任意变形工具”调整大小并旋转，完效果如图 8.41 所示。

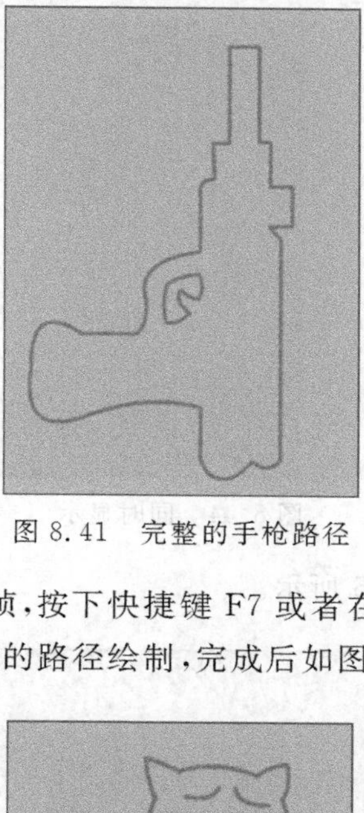

图 8.41　完整的手枪路径

点击选中“动画”图层的第 9 帧，按下快捷键 F7 或者在第 9 帧上右击选择“插入空白关帧”，参照上面的方法，完成羊驼的路径绘制，完成后如图 8.42 所示。

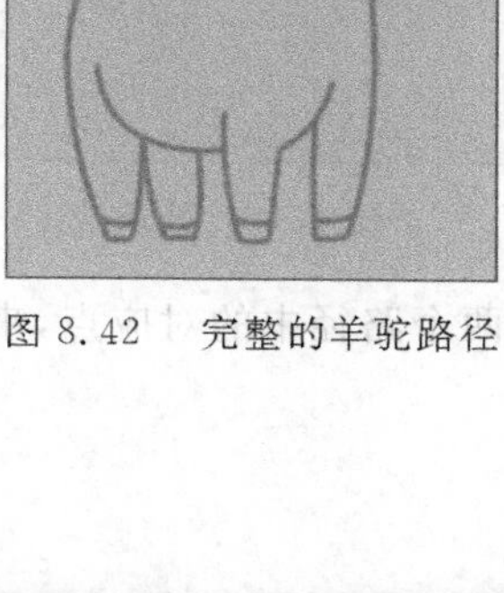

图 8.42　完整的羊驼路径

完成路径的绘制后，“参考图片”图层的任务就完成了，可以直接将整个图层删除。可选中图层点击下方的垃圾桶按钮，也可以直接将图层拖拽到垃圾桶按钮上松开，即可完删除。注意，直接按下 delete 键只会删除图层中的内容，并不会删除改图层。

点击时间轴面板底部的【绘图纸外观】按钮，打开绘图纸外观，调整绘图纸外的有效区域的左端到第一帧，如图 8.43 所示。

图 8.43　调整绘图纸外观的范围

这时候，我们可以同时看到手枪和羊驼的路径，如图 8.44 所示。我们可以利用这一来进行基本的对齐和缩放。

图 8.44　同时显示

完成对齐和缩放后，如图 8.45 所示。

图 8.45　对齐

接下来，我们需要来找出一些两个路径中的对应点，来创建辅助线。通过对两个现状析，我们可以根据自己的习惯来确立对应关系。比如羊驼的两个耳朵尖对应手枪的枪口，如枪托对应羊驼的屁股，再比如手枪的右下角的撞针对应羊驼的左前腿等。确立了关键对应关系后，就可以用辅助线将这两者连接起来，如图 8.46 所示。

图 8.46 辅助线

这里需要注意以下几点：

● 对于没有办法建立有效对应关系的那部分内容，需要试着去无中生有；

● 受形状的现状，辅助线的长度都比较短，所以其作用也比较受限，可以考虑灵活应对；

● 要把所以部分的变化均匀分布在我们的 9 帧动画之中，不要出现前 5 帧变头，后 4 帧尾的这种情况，这是因为种类形体变化较大的动画，用 9 帧来体现也就捉襟见肘，只能基保障流畅，如果分段制作会使得变化更快，必然会出现较为明显的卡顿；

● 可以对两个路径形状的相交点加以利用，因为在所有的动画帧中，这些相交点的位置会发生改变，所以在缩放和对齐时，可以制造更多的相交点；

● 中间取值法制作逐帧动画的核心思想是变化均分，1 和 9 帧取中间值得到 5，接着利 1 和 5 帧取中间值得到 3，依次类推。所以在逐帧动画的制作中，我们经常会用奇数帧来成整个动画的制作。

现在我们有了 1 和 9 帧，并绘制了辅助线，接下来就要通过自己的努力和想象来绘制它的中间值第 5 帧，完成效果如图 8.47 所示。

图 8.47 第 5 帧

通过观察我们可以发现，这类中间状态，它的形状是不可捉摸的，甚至让你觉得跟两原型都毫无关系。如果你真这么觉得，那么你可能真的需要重新再来一次了，这说明你对原先建立的那套对应关系已经完全失去信心了。

这里特别提一下，考虑到羊驼的四条腿是没处可以对应的，所以需要无中生有，所以这里提早做了这边，先生成了四个小的凸起，这样才可以保障腿的顺利生成。

为了方便我们观察变化均分的过程，我特意将这 9 帧的路径放在一起并排成一横，得的效果如图 8.48 所示。

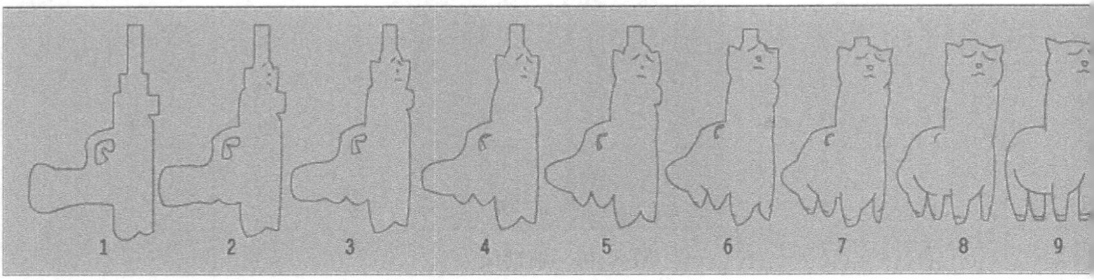

图 8.48　全 9 帧水平排列

如果你在本次任务的制作中碰到了困难，那你可以先来进行观察和对比，归纳出一套自己的对应法则，然后，你肯定能顺利地完成整个任务的制作。

另外，这类练习的形式是发散性的，你可以去互联网搜索你喜欢的两个简笔画造型，为你的起始状态和终结状态，进而去分析和制作中间的那些状态。所以，这是一个充满了味性的任务。

(14)保存文件，按 Ctrl+Enter 键测试并导出文件。

拓展知识

Flash 的应用领域

Flash 应用的领域主要有以下几个方面。

(1) 娱乐短片：这是当前国内最火爆，也是广大 Flash 爱好者最热衷应用的一个领域，就是利用 Flash 制作动画短片，供大家娱乐。这是一个发展潜力很大的领域，也是一Flash 爱好者展现自我的平台。

(2) 片头：都说人靠衣装，其实网站也一样。精美的片头动画，可以大大提升网站的金量。片头就如电视的栏目片头一样，可以在很短的时间内把自己的整体信息传播给访者，既可以给访问者留下深刻的印象，同时也能在访问者心中建立良好形象。

(3) 广告：这是最近两年开始流行的一种形式。有了 Flash，广告在网络上发布才成了可能，而且发展势头迅猛。根据调查资料显示，国外的很多企业都愿意采用 Flash 制作告，因为它既可以在网络上发布，同时也可以存为视频格式在传统的电视台播放。一次作，多平台发布，所以必将会越来越得到更多企业的青睐。

(4) MTV：这也是一种应用比较广泛的形式。在一些 Flash 制作的网站，几乎每周斩的 MTV 作品产生。在国内,用 Flash 制作 MTV 也开始有了商业应用。

(5) 导航条:Flash 的按钮功能非常强大,是制作菜单的首选。通过鼠标的各种动作,可实现动画、声音等多媒体效果。利用 Flash 开发"迷你"小游戏,在国外一些大公司比较流他们把网络广告和网络游戏结合起来,让观众参与其中,大大增强了广告效果。

(6) 产品展示:由于 Flash 有强大的交互功能,所以一些大公司,如戴尔、三星等,都喜利用它来展示产品。可以通过方向键选择产品,再控制观看产品的功能、外观等,互动的示比传统的展示方式更胜一筹。

(7) 应用程序开发的界面:传统的应用程序的界面都是静止的图片,由于任何支持 tiveX 的程序设计系统都可以使用 Flash 动画,所以越来越多的应用程序界面应用了 sh 动画。

(8) 开发网络应用程序:目前 Flash 已经大大增强了网络功能,可以直接通过 XML(可展标记语言)读取数据,又加强与 ColdFusion、ASP(活动服务器页面)、JSP(Java 服务器页和 Generator 的整合,所以用 Flash 开发网络应用程序肯定会越来越广泛地被采用。

小结

本单元介绍了 Adobe Flash CC 音频资源的相关知识,学习了 Adobe Flash CC 空心字的制作方法和由图片到动画的制作方法和技巧,学习了音频的设置和使用方法,并通过两个实际动画处理任务,重点学习了墨水瓶工具、任意变形工具、套索工具、橡皮擦工具等的使用,最后完成了两个实际的动画制作项目。

习 题

一、填空题

1. 墨水瓶工具属性中,常用的属性有________、________和________三种。

2. 任意变形工具可以对图形对象进行________、________、________、________等作。

二、选择题

1. 在套索工具的魔术棒设置中,叙述正确的是________。

A. 阈值越大,选取的区域越大　　B. 阈值越大,选取的区域越小

C. 阈值与选取的区域大小无关　　D. 以上都不对

2. 关于橡皮擦工具,叙述正确的是________。

A. 橡皮擦工具只能擦除笔触

B. 橡皮擦工具只能擦除填充区域

C. 橡皮擦工具只能将笔触和填充区域同时擦除

D. 橡皮擦工具可以设置为只擦除笔触或只擦除填充区域

三、判断题

1. 利用墨水瓶工具不能改变现存直线的颜色、线型和宽度。　　(　　)

2. Flash CC包括事件声音和音频流，音频流可以在前几帧下载了足够的数据后就开始播放。 ( )

四、简答题

如何设置单个音频和所有音频属性？

五、操作题

发挥自己的想象力，从网上下载一幅图片，自行设计完成一个使图片中的一部分产生动感的动画，并配上相应的音乐。

单元 9

转动与引导动画设计

知识教学目标

- 掌握 Flash CC 中转动动画的概念；
- 掌握 Flash CC 中引导动画的原理；
- 掌握 Flash CC 中封套的概念。

技能培养目标

- 能利用 Flash CC 制作转动动画；
- 能在 Flash CC 中制作逐帧动画；
- 能在 Flash CC 中使用复制并应用变形进行图像处理。

任务 9.1　转动的风车

务描述

本任务需制作一个转动的风车，并使风车具有大小、颜色、转动方向变化的效果，动画效的一个画面如图 9.1 所示。

图 9.1　动画效果的一个画面

识准备

1. 变形面板

选择“窗口”→“变形”命令，可以打开变形面板，如图 9.2 所示。在这里可以设置图形的宽度、高度、旋转角度和倾斜角度等变形参数，单击“复制并应用变形”按钮，可以应用这变形复制出一个新的图形。

2. 对齐面板

选择“窗口”→“对齐”命令，可以打开对齐面板，如图 9.3 所示。在这里可以设置图相对舞台的位置及排列方式等。“对齐”包括水平居中、垂直居中等；“分布”包括顶部布，底部分布等；“匹配”包括匹配高度、匹配宽度等；“间隔”包括水平平均间隔和垂直平间隔。

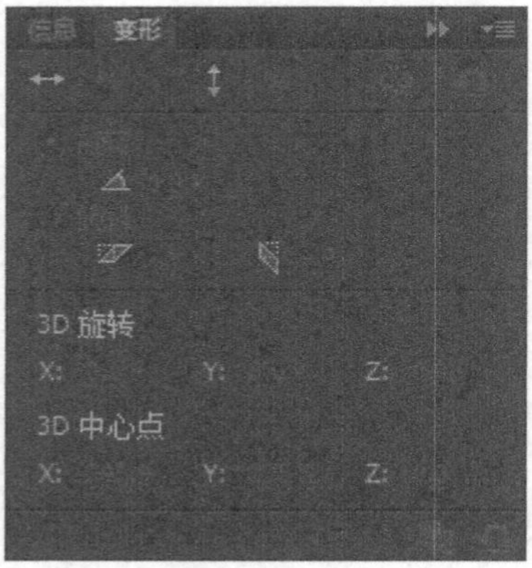

图 9.2　变形面板

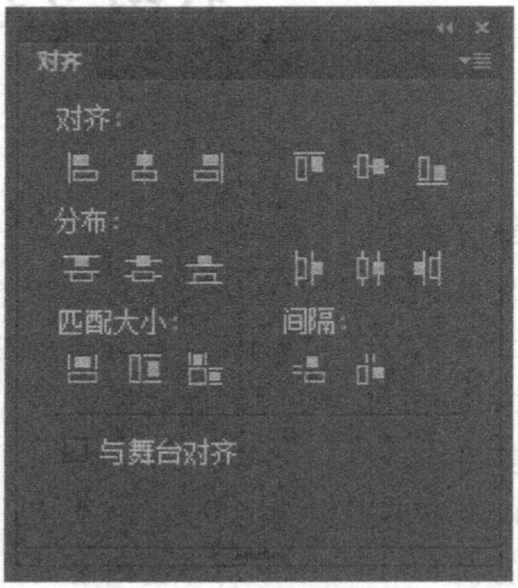

图 9.3　对齐面板

3. 对补间动画的特殊控制

补间动画产生后，还可以利用属性面板中的相关选项实现进一步的控制，比如旋转置，使用运动产生旋转效果，缓动设置使运动产生非匀速运动效果等，如图 9.4 所示。

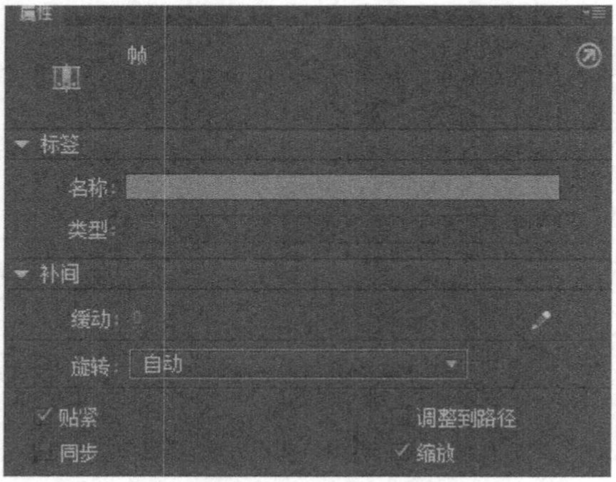

图 9.4　对补间动画的特殊控制

务实施

任务流程：新建文档→新建元件→转动动画设置→帧设置→保存结果→导出文件。

(1) 启动 Flash CC，新建 Flash 文件(ActionScript 3.0)，创建一个新电影。

(2) 设置文档属性。在“文档”属性面板中设置背景颜色为白色，宽和高分别设置为 550 素和 400 像素，如图 9.5 所示，单击“确定”按钮。

(3) 创建新元件。选择“插入”→“新元件”命令，在弹出的“创建新元件”对话框中，选择件类型为“图形”，输入元件名称为“风车”，如图 9.6 所示，单击“确定”按钮。

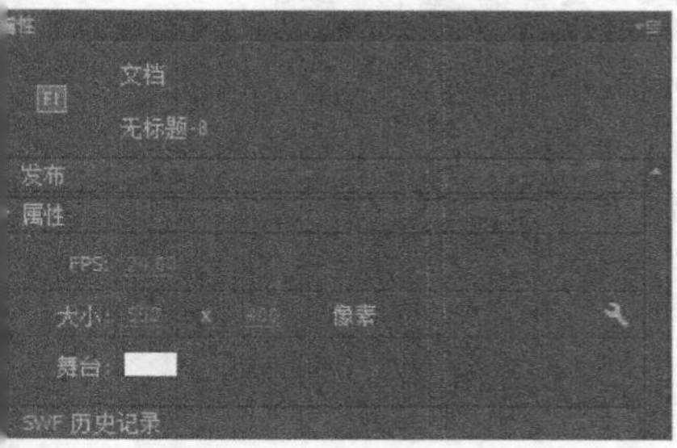

图 9.5　文档属性设置

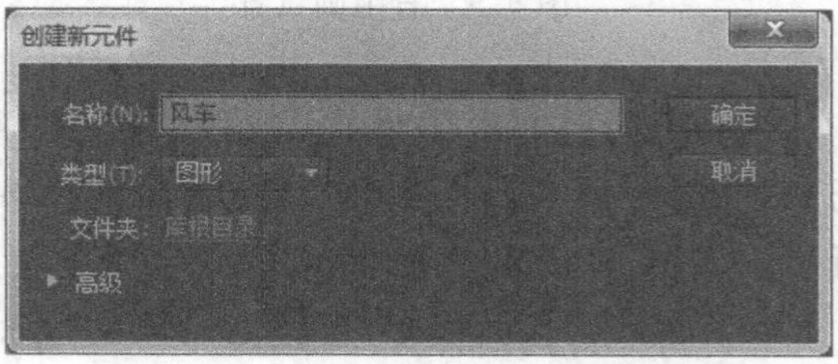

图 9.6　创建“风车”元件

(4) 选择“椭圆工具”，在“椭圆工具”属性面板中设置“笔触”为无，填充色为红色，如 9.7 所示。

(5) 按住 Shift 键在元件编辑场景中拖动鼠标，拖出一个圆形，选择“选择工具”后单圆形，在其属性面板中设置宽、高都为 130，如图 9.8 所示。

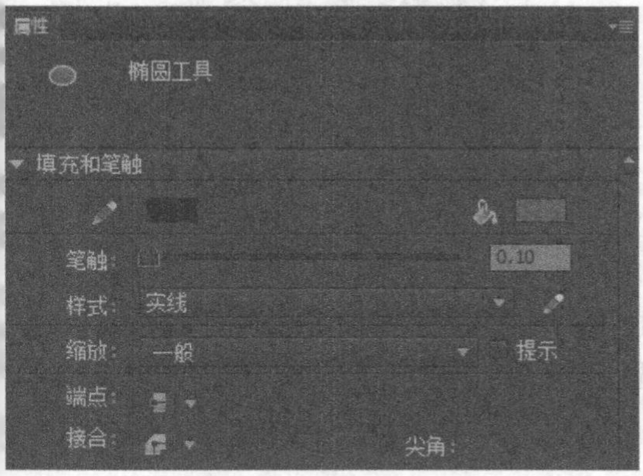

图 9.7　设置“椭圆工具”属性

图 9.8　椭圆属性设置

(6) 选择“选择工具”，在圆形上拖动鼠标，框选出左边半个圆，按 Backspace 键，删除半圆，并把右半圆下边线移动到元件中心位置，如图 9.9 所示。

(7) 选中右半圆，选择“任意变形工具”，选择“窗口”→“变形”命令，弹出变形面板，如 9.10 所示。

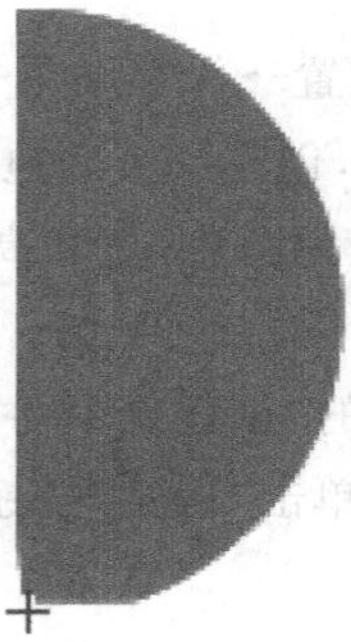

图 9.9　右半圆位置

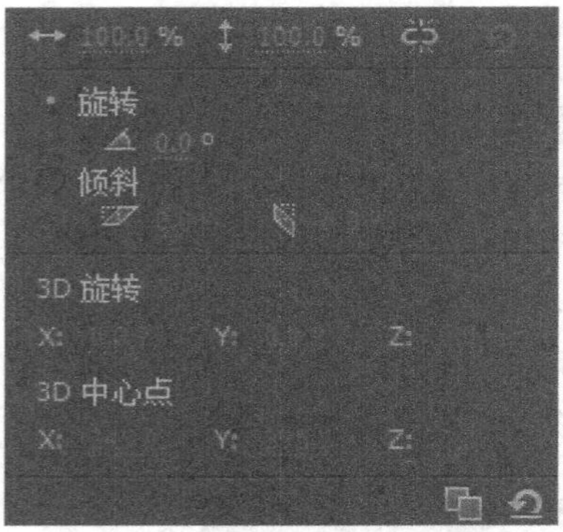

图 9.10　变形面板

(8) 在变形面板中设置“旋转”为 90°，单击“复制并应用变形”按钮，此时在元场景中出现另一个半圆，移动复制出的半圆，使其左边线对齐元件中心位置，如图 9.所示。

(9) 在其属性面板中，设置填充颜色为绿色。用同样的方法再复制两个半圆，填充颜分别为蓝色和黄色，并对齐于元件中心，制作出风车图形，如图 9.12 所示。

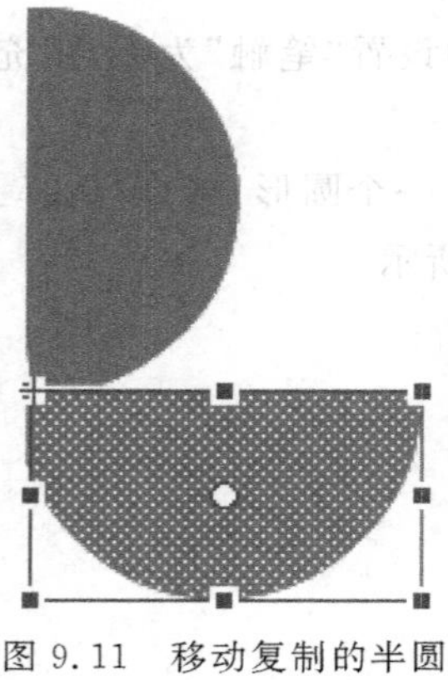

图 9.11　移动复制的半圆

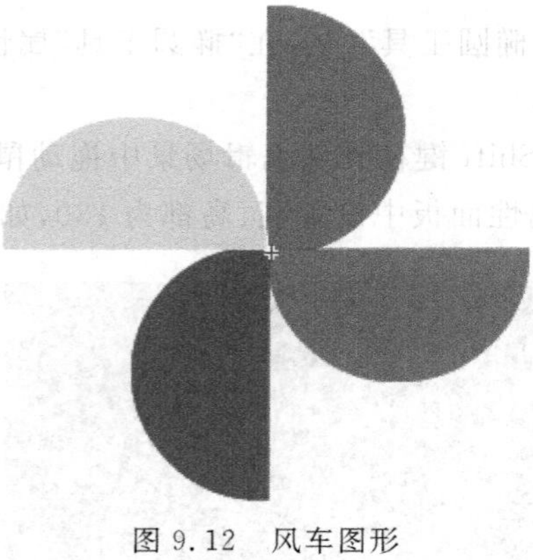

图 9.12　风车图形

(10) 返回场景，单击时间轴的第 20 帧，按 F6 键插入关键帧，单击时间轴的第 40 帧，F6 键插入关键帧，选择第 1 帧，属性中补间选择“动画”，选择第 20 帧，属性中补间选择“画”。这时时间轴如图 9.13 所示。

图 9.13　时间轴

(11) 选择第 1 帧，在属性面板中设置“缓动”为“100”，旋转为“顺时针”，如图 9.14 所示。

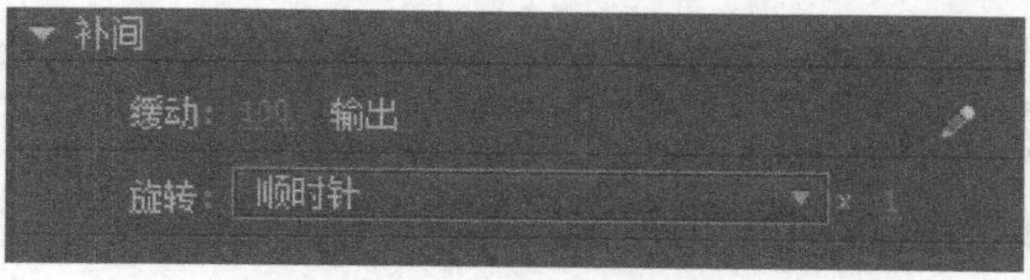

图 9.14　第 1 帧转动属性设置

(12) 选择第 20 帧，在属性面板中设置“缓动”为“−100”，旋转为“逆时针”，如图 9.15 所
。

图 9.15　第 20 帧转动属性设置

(13) 单击时间轴的第 20 帧，选择“选择工具”，选中第 20 帧的图形，在属性面板中颜
选择“Alpha”选项，Alpha 值设置为 5%，如图 9.16 所示。

图 9.16　Alpha 设置

(14) 选择“任意变形工具”，单击第 20 帧的图形，图形四周出现控制柄，拖动控制柄
图形变小。

(15) 保存文件，按 Ctrl+Enter 键，测试结果并导出文件。

任务 9.2　翻书效果

务描述

本任务制作一个翻书的动画效果，动画效果的一个画面如图 9.17 所示。

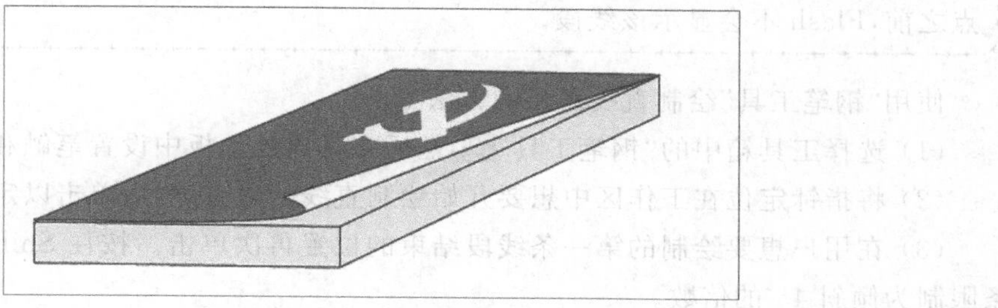

图 9.17　效果画面

知识准备

下面介绍“钢笔工具”的使用。

使用“钢笔工具”可以绘制精确的路径，如直线或者平滑流畅的曲线，并可调整直线段角度、长度以及曲线段的斜率。图 9.18 为使用“钢笔工具”绘制的图形。

图 9.18　使用“钢笔工具”绘制的图形

用户可以指定“钢笔工具”指针外观的首选参数，以便在画线段时进行预览，或者查看定锚点的外观。

选择工具箱中的“钢笔工具”，执行菜单中的“编辑”→“首选参数”命令，然后在弹出“首选参数”对话框中单击“绘制”选项，如图 9.19 所示。

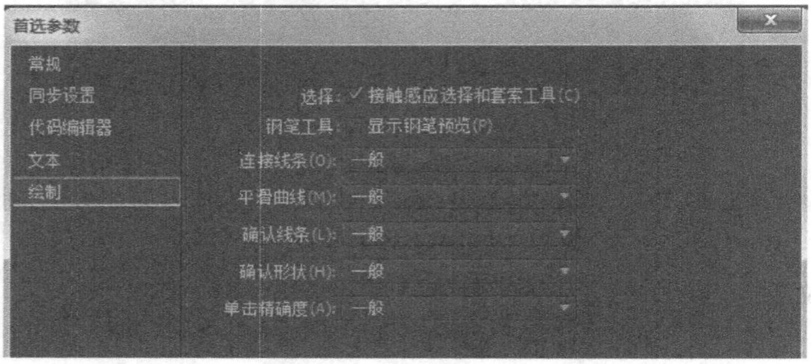

图 9.19　“钢笔工具”的首选参数

提示

显示钢笔预览：选择该选项，可在绘画时预览线段。单击创建线段的终点之前，在工作区周围移动指针时，Flash 会显示线段预览。如果未选择该选项，则在创建线段终点之前，Flash 不会显示该线段。

使用“钢笔工具”绘制直线路径的方法如下：

(1) 选择工具箱中的“钢笔工具”，然后在其属性面板中设置笔触和填充属性。

(2) 将指针定位在工作区中想要开始绘制直线的地方，然后单击以定义第一个锚点。

(3) 在用户想要绘制的第一条线段结束的位置再次单击。按住 Shift 键单击，可以将条限制为倾斜 45°的倍数。

(4) 继续单击以创建其他直线段。

(5) 要以开放或闭合形状完成此路径,请执行以下操作之一。

①结束开放路径的绘制。方法：双击最后一个点或单击工具箱中的“钢笔工具”。

②封闭开放路径。方法：将“钢笔工具”放置到第一个锚点上。如果定位准确,就会在近钢笔尖的地方出现一个小圆圈,单击即可。

使用“钢笔工具”绘制曲线路径的方法如下：

(1) 选择工具箱中的“钢笔工具”。

(2) 将“钢笔工具”放置在工作区中曲线开始的地方,然后单击,此时出现第一个锚点,且钢笔尖变为箭头。

(3) 向想要绘制曲线段的方向拖动鼠标。按下 Shift 键拖动鼠标可以将该工具限制为制 45°的倍数。随着拖动,将会出现曲线的切线手柄。

(4) 释放鼠标,此时切线手柄的长度和斜率决定了曲线段的形状。可以在以后移动切手柄来调整曲线。

(5) 将指针放在想要结束曲线段的地方,单击鼠标左键,然后朝相反的方向拖动,并按 Shift 键,会将该线段限制为倾斜 45°的倍数。

(6) 要绘制曲线的下一段,可以将指针放置在想要下一线段结束的位置上,然后拖动该线,即可绘制出曲线的下一段。

在使用“钢笔工具”绘制曲线时,创建的是曲线点,即连续的弯曲路径上的锚点。在绘制线段或连接到曲线段的直线时,创建的是转角点,即在直线路径上或直线和曲线路径接合的锚点。

按住 Alt 键拖动转角点可以将直线段转换为曲线段,单击转角点可以将曲线段转换为线段。选择“钢笔工具”在非锚点处单击可以添加锚点,按住 Ctrl 键拖动锚点可以移动锚,按住 Ctrl 键单击锚点后按 Backspace 键可以删除锚点。

务实施

任务流程：新建文档→新建元件→制作羽毛→输入文字→动画设置→引导层设置→写效果制作→导出文件。

引导动画制作视频

(1) 启动 Flash CC,新建 Flash 文件(ActionScript 3.0),创建一个新电影。

(2) 保持文档默认属性,大小为 550×400 像素,背景颜色为白色。

(3) 选择“矩形工具”,设置笔触颜色为黑色,填充颜色为无,如图 9.20 和图 9.21 所示。

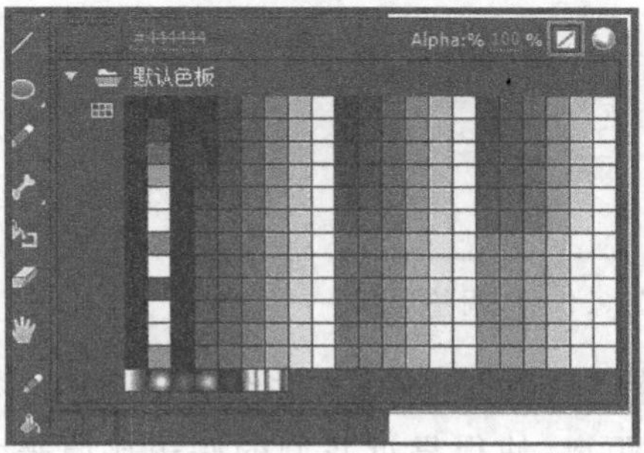

图 9.20　设置填充颜色为无

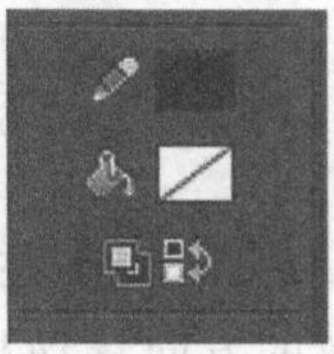

图 9.21　颜色设置

(4)在工作窗口，拖拽得到一个长方形的路径，如图 9.22 所示。

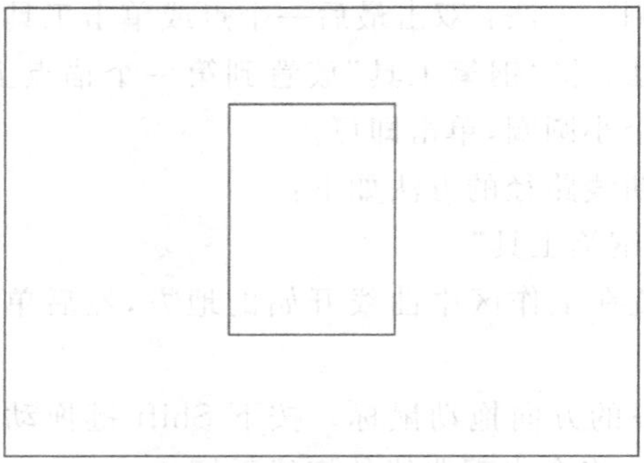

图 9.22 “钢笔工具”的首选参数

(5)选择“任意变形工具”，在矩形路径上双击，确保四个边被同时选中，在顶端中部控制点附近移动鼠标，直到出现双向箭头时，向右拖动，使得矩形出现定边的右移，如图 9.所示。

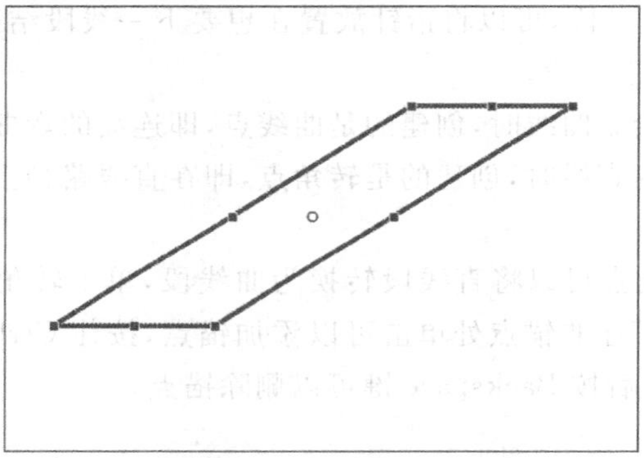

图 9.23 斜切效果

控制其余的控制点，调整矩形的形状，使其呈现为放置在桌面上的一张纸的透视效如图 9.24 所示。

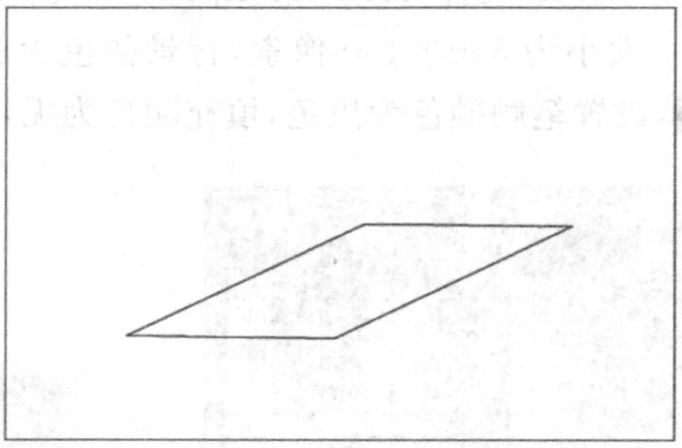

图 9.24 调整形状

选中“部分选取工具”，在底端路径的顶点上单击，并结合键盘的左右方向键，使得个顶点分别按远离的方向移动相同的距离，使得靠近我们的底边比原来我们的顶边要这是因为在透视中，都会呈现近大远小的趋势。这里，我们在移动顶点时，分别点击了方

13 次，移动后效果如图 9.25 所示。

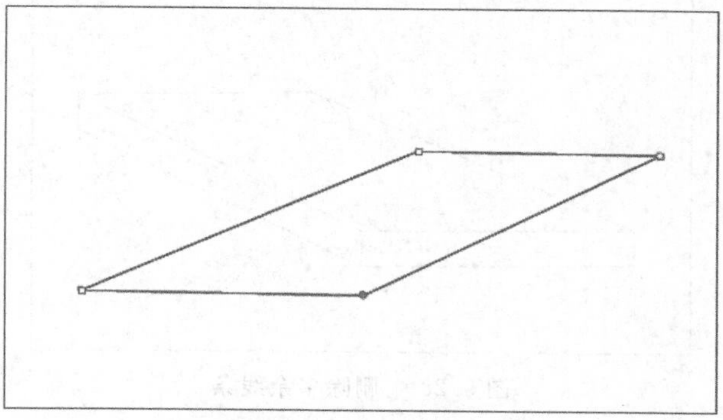

图 9.25　调整底边

(6)选中“选择工具”，在任意一条路径上双击，或者框选，以确保同时选中全部四条，按下快捷键 Ctrl+D 进行克隆，用键盘的向上按钮，使得克隆得到的路径移动到原路径上方，如图 9.26 所示。

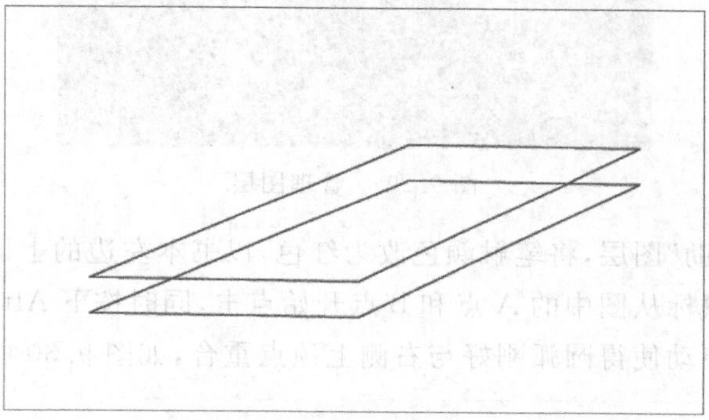

图 9.26　克隆并移动上方

(7)选中“直线工具”，将上下两个矩形的同向顶点相互连接，如图 9.27 所示。

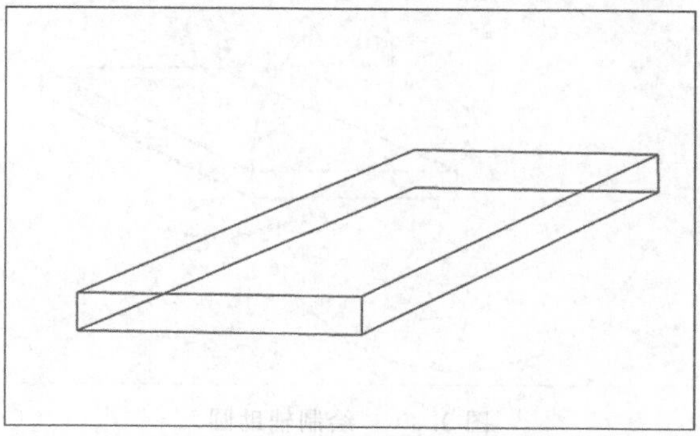

图 9.27　连接顶点

这样，我们就得到了书本的透视结构图，但是在书本的实体视线中，有部分线条是被遮住不可见的，所以要将这部分线删除，删除后如图 9.28 所示。

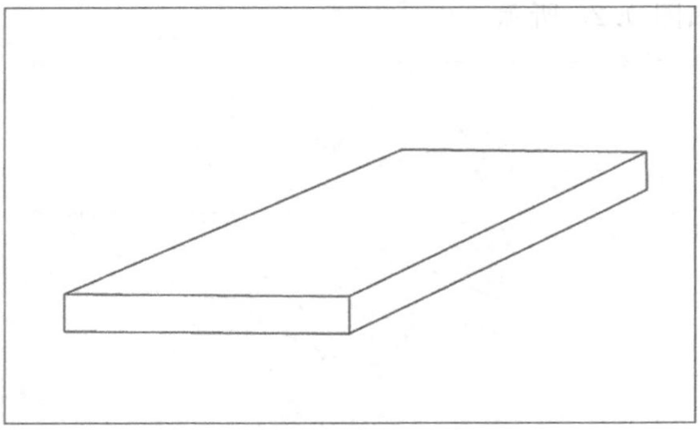

图 9.28　删除多余线条

(8)将图层 1 改名为“书本主体”，并新建两个新图层分别命名为“封面”和“辅助”，如
9.29 所示。

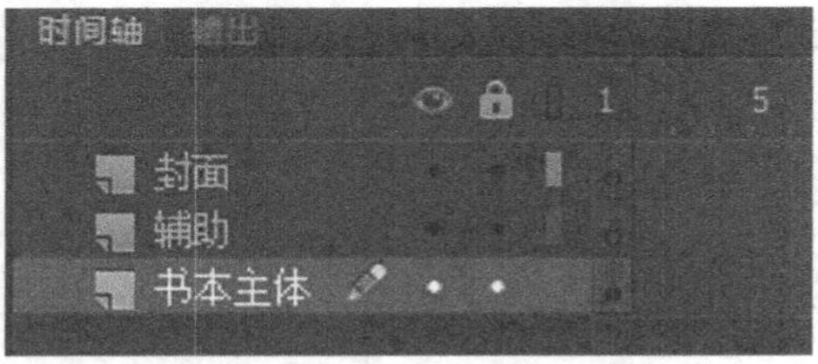

图 9.29　管理图层

(9)点击选中“辅助”图层，将笔触颜色改为红色，以书本左边的上面两个顶点为圆心，
制两个正圆，绘制时鼠标从图中的 A 点和 B 点开始点击，同时按下 Alt 键和 Shift 键，使得
始点击的点为圆心，拖动使得圆弧刚好与右侧上顶点重合，如图 9.30 所示。

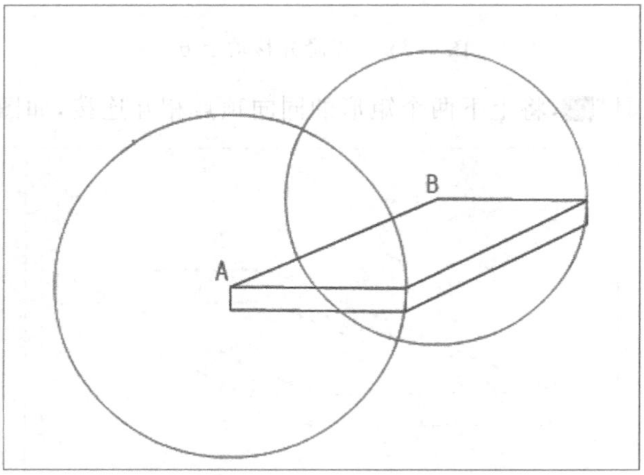

图 9.30　绘制辅助圆

(10)用“直线工具”在实例中绘制几条辅助线，并删除多余的圆弧，完成后效果如图 9.
所示。

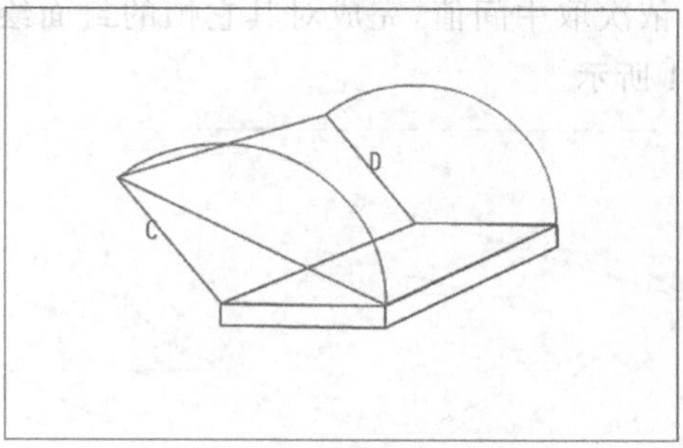

图 9.31　添加和整理辅助线

其中,直线 C 和 D 为平行关系,可以将 C 克隆后移动到 D 的位置,并将跟圆相交后上端出的部分删除。

在图层“书本主体”和“辅助”的第 9 帧加入普通帧,并将图层锁定为不可编辑。

选中图层“封面”的第一帧,沿着书本主体的上平面绘制封面合拢的初始形态。在第九插入空白关键帧,参考辅助线,绘制封面打开时的最终形态。

(11)在第 5 帧插入空白关键帧,根据辅助线的中点,绘制封面的路径,如图 9.32 所示。

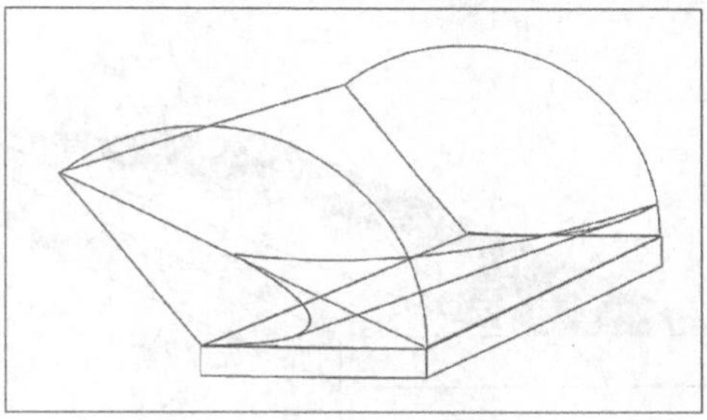

图 9.32　绘制第 5 帧

这里假设书本封面为柔软的,当手指捏住一角后沿着辅助直线运动,1 帧和 9 帧之间的间位置第 5 五帧,也正好对应于辅助线的中点。

当封面翻起后,封面内侧会沿着底端出现遮挡,所欲要添加一条相切线,同时,部分被挡不可见的线条,应当及时删除。

不要忘记左侧的那条边。

注意控制好封面底端的弧长度伸直后与原来长度要基本一致,这里只是弯曲,并不会有缩出现。

(12)根据第 1 帧和第 5 帧,取第 3 帧绘制出它们的中间状态,如图 9.33 所示。

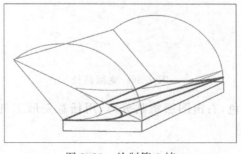

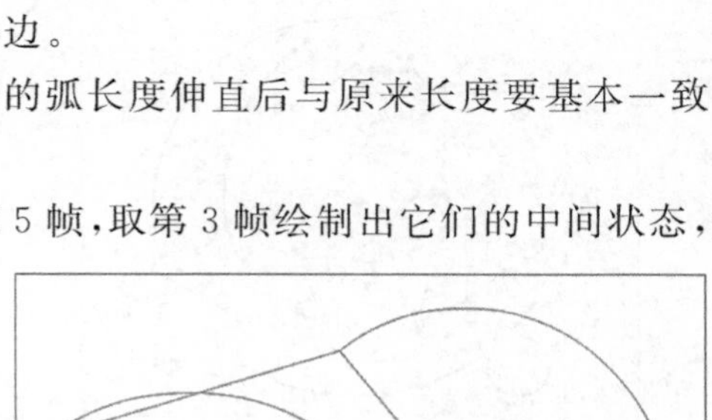

图 9.33　绘制第 3 帧

(13)使用相同的方法，依次取中间值，完成对其它帧的封面绘制。打开绘图纸外观的情况下，得到的效果如图 9.34 所示。

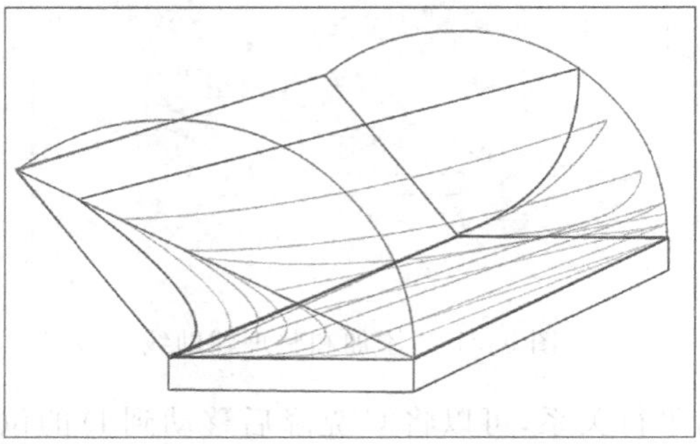

图 9.34　完成 9 帧绘制

(14)按下 Ctrl＋回车键，预览动画，如果有问题就技术修正，如果没有问题，就开始填颜色，为了区分封面的正反面，可以给封面的正反面填充不同的颜色，完成填充后的效果如图 9.35 所示。

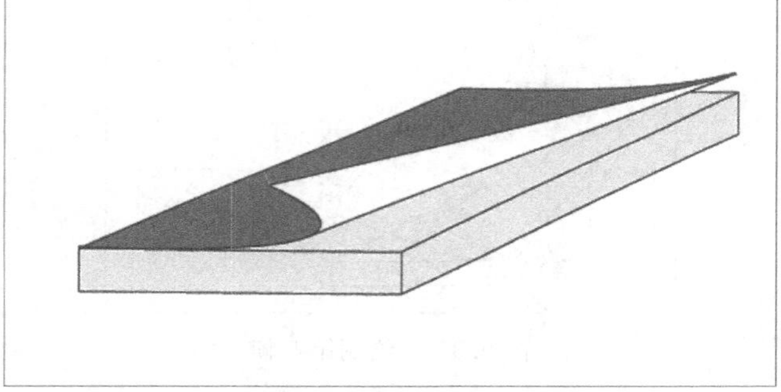

图 9.35　填充效果

(15)交替使用直线工具和选择工具，绘制党徽图案的矢量路径，得到效果如图 9.36 所示。

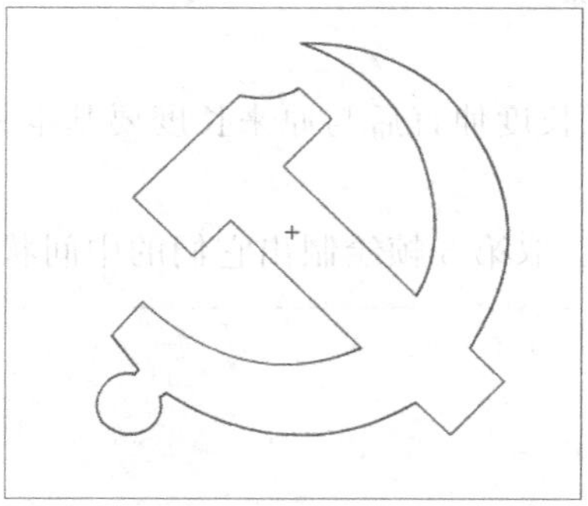

图 9.36　党徽路径

(16)给党徽填充上金色，右击图层将其分离，用任意变形工具斜切后放置到封面上。

9.37 所示。

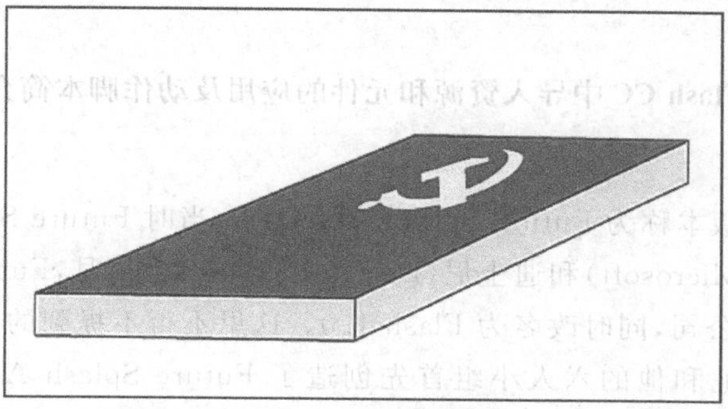

图 9.37　放入封面

这里的党徽图案存放于独立的一个图层中，当封面翻起时，会有部分或全部内容被挡，需要插入多个关键帧，每一帧检查一遍，用橡皮擦工具擦除被遮挡部分的内容，如图 9.38 示。

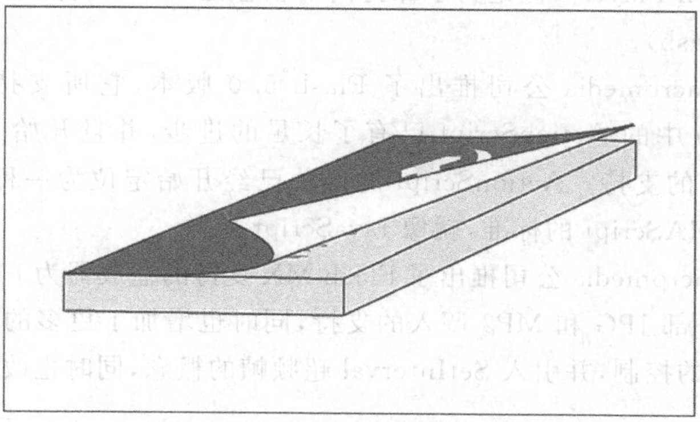

图 9.38　擦除遮挡部分

(17)在书本主体的图层上新建一个图层，添加文字“永远跟党走”，并对文字进行自由变，使得文字与书本的方向保持一致，最终效果如图 9.39 所示。

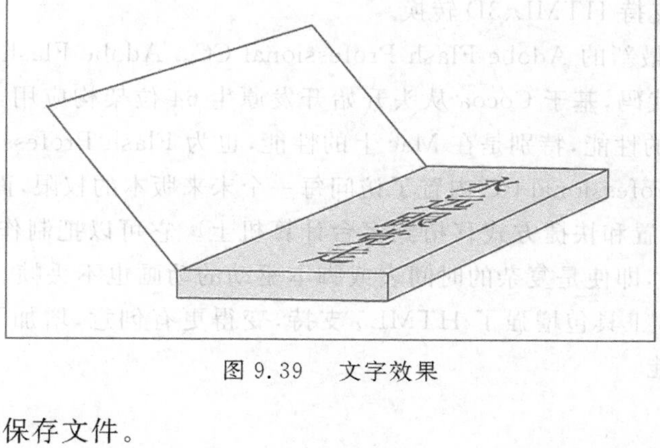

图 9.39　文字效果

(18)发布动画，保存文件。

拓展知识

Flash CC 中导入资源和元件的应用及动作脚本简介

1. Flash 的发展

Flash 最早期的版本称为 Future Splash Animator，当时 Future Splash Animator 最
的两个用户是微软(Microsoft)和迪士尼(Disney)。1996 年 11 月，Future Splash Anima
卖给了 Macromedia 公司，同时改名为 Flash 1.0。这里不得不提到的人物是乔纳森·盖
(Jonathan Gay)，是他和他的六人小组首先创造了 Future Splash Animator，也就是现
Flash 的真正前身。

Macromedia 公司在 1997 年 6 月推出了 Flash 2.0 版本，1998 年 5 月推出了 Flash 3
版本。但是这些早期版本的 Flash 使用的都是 Shockwave 播放器。自 Flash 进入 4.0 版
以后，原来所使用的 Shockwave 播放器便仅供 Director 使用。Flash 4.0 开始有了自己专
的播放器，称为“Flash Player”，但是为了保持向下相容性，Flash 仍然沿用了原有的扩展
.swf(Shockwave Flash)。

2000 年 8 月 Macromedia 公司推出了 Flash 5.0 版本，它所支持的播放器为 Fl
Player 5。Flash 5.0 中的 ActionScript 已有了长足的进步，并且开始了对 XML 和 Sm
Clip(智能影片剪辑)的支持。ActionScript 的语法已经开始定位为一种完整的面向对象
语言，并且遵循 ECMAScript 的标准，就像 JavaScript 那样。

2002 年 3 月 Macromedia 公司推出了 Flash MX 支持的播放器为 Flash Player 6。Fl
Player 6 开始了对外部 JPG 和 MP3 调入的支持，同时也增加了更多的内建对象，提供了
HTML 文本更精确的控制，并引入 SetInterval 超频帧的概念，同时也改进了 SWF 文件的
缩技术。

2005 年 10 月，Macromedia 公司推出了 Flash 8.0 版本，增强了对视频的支持，可以
Flash 源文件打包成 Flash 视频(即 *.flv 文件)，并改进了动作脚本面板。

2010 年 发布了 Adobe Flash CS5，增加对 FlashBuilder、TLF 文本的支持；2011 年推
Adobe Flash CS5.5 Professional，支持 iOS 项目开发；2012 年 Adobe Flash C
Professional 问世，支持 HTML、3D 转换。

2013 年推出了最新的 Adobe Flash Professional CC。Adobe Flash Professional CC
全放弃原有结构和代码，基于 Cocoa 从头开始开发原生 64 位架构应用，极为显著地提升
Flash Professional 的性能，特别是在 Mac 上的性能，也为 Flash Professional 未来的发展
定了基础。Flash Professional CC 内置了访问每一个未来版本的权限，而且它支持云同步
置，可以把我们的设置和快捷方式移植到多台计算机上。它可以把制作的内容导出为全
清(HD)视频和音频，即使是复杂的时间表或脚本驱动的动画也不丢帧。Flash Professio
CC 更新的 CreateJS 工具包增强了 HTML5 支持，变得更有创意，增加了包括按钮、热区
运动曲线等的新功能。

2. Flash CC 中导入资源和元件的应用

1）插图与视频

Flash CC 能够识别多种矢量和位图格式，使用时，可以将插图导入到当前 Flash 文档的台或库中，从而将其放置到 Flash 中，也可以通过将位图粘贴到当前文档的舞台中来导入们。所有直接导入到 Flash 文档中的位图都会自动添加到该文档的库中。

常见的视频格式包括以下几种。

（1）AVI 格式：是由微软公司从 Windows 3.1 时代开始发布的音频、视频交错格式，其点是兼容好，调用方便，位图质量好，缺点是体积过于庞大。

（2）MPG/MPEG 格式：主要包括了 MPEG 1、MPEG 2 和 MPEG 4 在内的多种视频格。

（3）MOV 格式：是 Apple 公司针对专业视频编辑、网站创建和附盘媒体内容的制作等发的流媒体格式，它能够在 Mac 和 Windows（MOV）两个平台上得到同样的支持。

（4）ASF 格式：高级流格式（Advanced Streaming Format）。由于它使用了 MPEG 4 的缩算法，所以压缩率和图像的质量都不错。因为 ASF 格式是以一个可以在网上即时观赏视频"流"格式存在的，所以它的图像质量比 VCD 差一点，但比 RAM 视频"流"格式要好。

（5）WMV 格式：是一种独立编码方式的在网上实时传播多媒体的技术标准。其主要点包括本地或网络回放，可扩充的媒体类型，部件下载，可伸缩的媒体类型，流的优先级，多语言支持，环境独立性及扩展性等。

2）元件与实例

元件是指创建一次即可以多次重复使用的矢量图形、按钮、字体、组件或影片剪辑。想为一位成熟的 Flash 软件用户，一定要学会熟练创建和应用元件。当创建一个元件时，该件会存储在文件的库中。

常见的元件类型有以下 3 种。

（1）图形元件：对于静态位图可以使用图形元件，并可以创建几个连接到主影片时间轴的可重用动画片段。图形元件与影片的时间轴同步运行。

（2）按钮元件：使用按钮元件可以在影片中创建响应鼠标单击、滑过或其他动作的交互按钮，其中包括"弹起""指针经过""按下"和"单击"按钮。

（3）影片剪辑元件：使用影片剪辑元件可以创建可重用的动画片段。影片剪辑拥有它自己的独立于主影片的时间轴播放的多帧时间轴，既可以将影片剪辑看作主影片内的小片，也可以将影片剪辑实例放在按钮元件的时间轴内，以创建动画按钮。

3）滤镜及应用

使用滤镜，可以为文本、按钮和影片剪辑增添丰富的视觉效果，投影、模糊、发光和斜角是常用的滤镜效果。Flash CC 还可以使用补间动画让应用的滤镜活动起来。应用滤镜，可以随时改变其选项，或者重新调整滤镜顺序以试验组合效果。滤镜面板如图 9.40示。

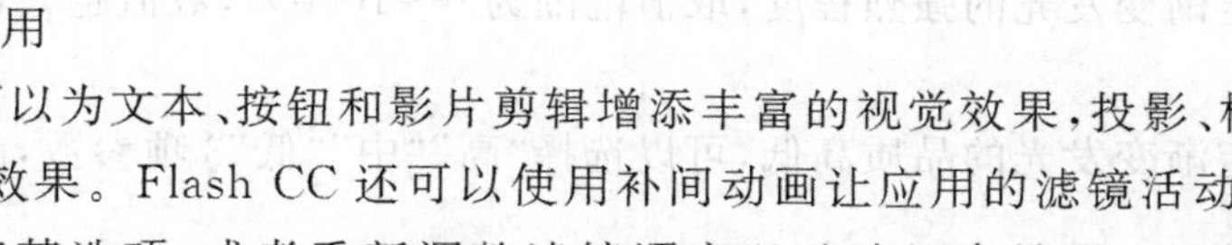

图 9.40　滤镜面板

单击图 9.40 中的按钮，弹出下拉菜单，其中包括各种滤镜，主要有以下几种。

(1)“投影”。投影滤镜可以模拟对象向一个表面投影的效果，或者在背景中剪出一形似对象的洞，来模拟对象的外观。投影滤镜主要包括选项如下。

● 模糊：可以指定投影的模糊程度，可分别对 X 轴和 Y 轴两个方向设定，取值范围 0～100。如果单击其后的锁定按钮，可以解除 X、Y 方向的比例锁定，再次单击可以锁比例。

● 强度：设定投影的强烈程度，取值范围为 0～1000%，数值越大，投影的显示效果就清晰强烈。

● 品质：设定投影的品质，可以选择“高”“中”“低”3 项参数，品质越高，投影越清晰。

● 颜色：设定投影的颜色，单击“颜色”按钮，可以打开调色板选择颜色。

● 角度：设定投影的角度，取值范围为 0～360°。

● 距离：设定投影的距离，取值范围为－32～32。

● 挖空：在投影作为背景的基础上挖空对象的显示。

● 内阴影：设置阴影的生成方向指向对象内侧。

● 隐藏对象：只显示投影而不显示原来的对象。

(2)“模糊”。模糊滤镜可以柔化对象的边缘和细节。模糊滤镜的参数比较少，主要括模糊程度和品质。两项参数作用如下。

● 模糊：可以指定投影的模糊程度，设置方法同“投影”。

● 品质：设定模糊的品质高低。

(3)“发光”。发光滤镜参数设置面板和“模糊”滤镜参数设置面板中的各选项基一致。

(4)“渐变斜角”。渐变斜角滤镜就是为对象应用加亮效果，使其看起来凸出于背景面。可以创建内斜角、外斜角或者完全斜角。

(5)“渐变发光”。渐变发光滤镜可以在发光表面产生带渐变颜色的发光效果。渐变光要求选择一种颜色作为渐变开始的颜色，该颜色的 Alpha 值为 0，且无法移动其位置，可以改变该颜色。

渐变发光滤镜面板中各选项作用如下。

● 模糊：可以设置渐变发光的模糊程度，可分别对 X 轴和 Y 轴两个方向设定，取值范为 0～100。如果单击其后的锁定按钮，可以解除 X、Y 方向的比例锁定，再次单击可以锁比例。

● 强度：设定渐变发光的强烈程度，取值范围为 0～1000%，数值越大，渐变发光的显越清晰强烈。

● 品质：设定渐变发光的品质高低，可以选择“高”“中”“低”3 项参数，品质越高，发光清晰。

● 挖空：将渐变发光效果作为背景，然后挖空对象的显示。

● 角度：设置渐变发光的角度，取值范围为 0～360°。

● 距离：设置渐变发光的距离大小，取值范围为－32～32。

● 类型：设置渐变发光的应用位置，可以是“内侧”“外侧”或“整个”。

● 渐变：用于控制渐变颜色，默认情况下为白色到黑色的渐变。

(6)“斜角”。斜角滤镜参数设置面板和“模糊”滤镜基本一致，专用选项作用如下。

● 加亮：设置斜角的高光加亮颜色，可以在调色板中选择颜色。

● 类型：设置斜角的应用位置，可以是“内侧”“外侧”和“整个”，如果选择“整个”类型，在内侧和外侧同时应用斜角效果。

(7)“渐变斜角”。渐变斜角滤镜可以产生一种凸起效果，使对象看起来好像从背景上出来，且斜角表面有渐变颜色。

(8)“调整颜色”。调整颜色滤镜可以调整所选影片剪辑、按钮或者文本对象的亮度、对度、色相及饱和度。

调整颜色滤镜面板中各选项作用如下。

● 亮度：调整对象的亮度。向左拖动滑块可以降低对象的亮度，向右拖动滑块可以增对象的亮度，取值范围为－100～100。

● 对比度：调整对象的对比度，取值范围为－100～100，向左拖动滑块可以降低对象的比度，向右拖动可以增强对象的对比度。

● 饱和度：设定色彩的饱和程度，取值范围为－100～100，向左拖动滑块可以降低对象包含颜色的浓度，向右拖动可以增加对象中包含颜色的浓度。

● 色相：调整对象中各个颜色色相的浓度，取值范围为－180～180。

3. Flash CC 中动作脚本简介

选择“窗口”→“动作”命令，打开动作面板，如图 9.41 所示。动作脚本程序就在这里辑。

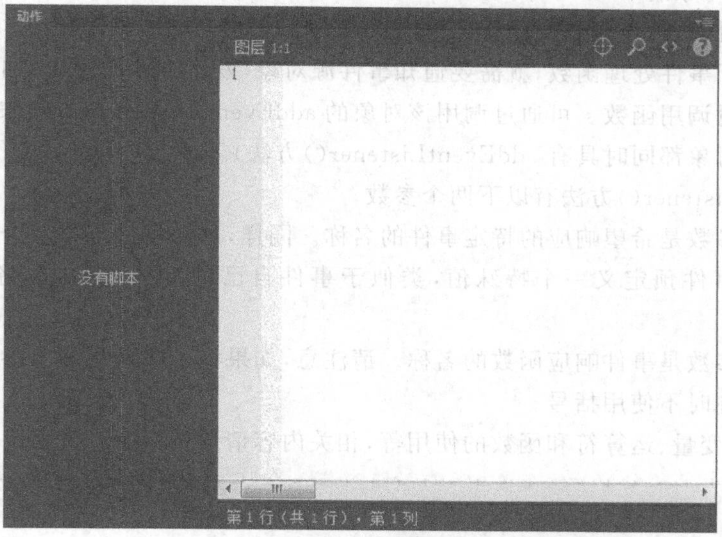

图 9.41　动作面板

ActionScript 程序一般由语句、函数和变量组成，主要涉及变量、函数、数据类型、表达式运算符等，它们是 ActionScript 的基石。ActionScript 程序可以由单一动作语句组成，如示动画停止播放的操作；也可以由一系列动作语句组成，如先计算条件，再执行动作。

ActionScript 是一种面向对象的编程语言。对象是 ActionScript 3.0 语言的核心，程所声明的每个变量，编写的每个函数以及创建的每个实例都是一个对象。

在 ActionScript 面向对象的编程中，任何对象都可以包含以下 3 种类型的特性。

(1) 属性：表示与对象绑定在一起的若干数据项的值，如矩形的长、宽和颜色。

(2) 方法：可以由对象执行的操作，如动画播放、停止或跳转等。

(3) 事件：由用户或系统内部引发的，可被 ActionScript 识别并响应的事情，如鼠标击、用户输入、定时时间到等事件。

语句、函数和变量共同用于管理程序使用的数据块，并用于确定执行哪些动作以及动的执行顺序。ActionScript 为响应特定事件而执行某些动作的过程称为“事件处理”。在写执行事件处理代码时，Flash 需要识别以下 3 个重要元素。

(1) 事件源：发生该事件的是哪个对象。

(2) 事件：将要发生什么事情，以及程序希望响应什么事情。

(3) 响应：当事件发生时，程序希望执行哪些步骤。

无论何时编写处理事件的 ActionScript 代码，都会包括这 3 个元素，并且代码将遵循下基本结构。

```
function eventResponse(eventObject: EventType): void
{
  //此处是为响应事件而执行的动作
}
eventSource.addEventListener(EventType.EVENT_NAME, eventResponse);
```

此代码执行两个操作。首先，定义一个函数，指定为响应事件而要执行的动作的方法接下来，调用源对象的 addEventListener()方法，实际上就是为指定事件“订阅”该函数，以当该事件发生时，执行该函数的动作。

一旦编写了事件处理函数，就需要通知事件源对象（发生事件的对象，如按钮）程序希在该事件发生时调用函数。可通过调用该对象的 addEventListener()方法来实现此目的（有具有事件的对象都同时具有 addEventListener()方法）。

addEventListener()方法有以下两个参数。

- 第一个参数是希望响应的特定事件的名称。同样，每个事件都与一个特定类关联，该类将为每个事件预定义一个特殊值，类似于事件自己的唯一名称（应将其用于第一参数）。

- 第二个参数是事件响应函数的名称。请注意，如果将函数名称作为参数进行传递，在写入函数名称时不使用括号。

另外，还有变量、运算符和函数的使用等，相关内容请读者参考有关书籍。

小结

本单元主要介绍了 Adobe Flash CC 中资源和元件的应用，学习了 Adobe Flash CC 中滤镜的相关知识，重点讲述了转动动画、引导动画的设置和使用方法，并通过两个实际动画处理任务，学习了钢笔工具、任意变形工具、封套工具等工具的使用，最后完成了两个实际的动画制作任务。

习 题

一、填空题

1. Adobe Flash CC 中变形面板可以设置________、________、________、________等主参数。

2. 选择钢笔工具在非锚点处________可以添加锚点，按住________键拖动锚点可以移锚点，按住 Ctrl 键单击锚点后按________键可以删除锚点。

二、选择题

1. 变形面板中可以设置的参数有________。

A. 宽度、高度、位置　　B. 高度、旋转角度、形状

C. 宽度、倾斜角度、形状　　D. 宽度、高度、旋转角度、倾斜角度

2. 使用钢笔工具绘制路径时，结束绘制的操作是________。

A. 双击最后一个点　　B. 按 Enter 键

C. 双击内部锚点　　D. 按 Space 键

三、判断题

1. Adobe Flash CC 的对齐面板只能设置对齐方式。（　　）

2. 补间动画设置中，缓动值只能使动画由慢到快。（　　）

四、简答题

元件的中心位置与运动引导动画有什么关系？

五、操作题

请根据学习、生活实际，自行设计制作一个综合动画作品。

单元 10

影片剪辑动画设计

知识教学目标

- 掌握 Flash CC 中元件的概念；
- 掌握 Flash CC 中元件的分类；
- 掌握 Flash CC 中库的概念。

技能培养目标

- 能利用 Flash CC 制作影片剪辑类动画；
- 能在 Flash CC 中制作复杂图形；
- 能在 Flash CC 中使用应用变形进行图像处理。

任务 10.1　星光闪闪

任务描述

本任务主要使用绘图工具并使用旋转和颜色的变化制作一个星光闪闪的图像效果，果的一个画面如图 10.1 所示。

图 10.1　效果画面

识准备

1. 图形元件

图形元件可用于静态图像并可用来创建连接到主时间轴的可重用动画片段。图形元件主时间轴同步运行。交互式控件和声音在图形元件的动画序列中不起作用。

2. 按钮元件

按钮元件可以创建响应鼠标单击、滑过或其他动作的交互式按钮；可以定义与各种按钮态关联的图形，然后将动作指定给按钮实例。

3. 影片剪辑元件

影片剪辑元件可以创建可重用的动画片段。影片剪辑拥有它们自己的独立于主时间轴多帧时间轴。可以将影片剪辑看成是主时间轴内的嵌套时间轴，它们可以包含交互式控、声音甚至其他影片剪辑实例。也可以将影片剪辑实例放在按钮元件的时间轴内，以创建画按钮。

影片剪辑元件使用视频

4. 库面板

库面板用于存储和组织在 Flash 中所创建的图标以及导入的声音文件。其中，图标由片、按钮、电影片段构成。库面板也包括在文件夹中存储的库存项目列表，从中可以看出影中的一个图标使用的频度，并且可以将其按照类型排序。

库面板的主要操作都在单击右上角的按钮后打开的弹出菜单中。库面板的相关操作包以下内容。

(1) 显示库面板：在主菜单中选择“窗口”→“库”，可以显示或者隐藏库面板。

(2) 在库面板中查看项目：库面板中的每个 Flash 文件包括元件、位图和声音文件。当户在库面板中选择项目时，该项目的内容就出现在窗口上部的预览界面中。如果选定的目是动画或是声音文件，也可以应用控制器进行预览的控制。库面板的纵栏依次是列表的名字、类型、在动画文件中使用的次数、链接和上一次修改的时间。可以在库面板中按何项目排序。单击纵栏项目头，按照字母顺序等进行排列，也可以单击右上角的三角形按使项目按某一列的逆向排序。

(3) 使用库面板中的文件夹：单击下部的“新建文件夹”按钮，可以加入一个新的文件。当创建新元件时，新元件将出现在当前选定的文件夹里。如果没选定文件夹，它将出现库面板的最下边，可以把它从某个文件夹拖到另一个文件夹中。

务实施

任务流程：新建文档→新建元件→绘制图形→变形设置→保存结果→导出文件。

(1) 启动 Flash CC，新建 Flash 文件(ActionScript 3.0)。

(2) 设置文档属性。在“文档”属性面板中设置背景颜色为黑色，宽和高分别设置为 800 素和 600 像素，如图 10.2 所示，单击“确定”按钮。

(3) 制作一个球体。新建一个元件，取名为“光球”，行为为“图形”，然后在工具箱里选“椭圆工具”，在工作区绘制一个正圆形。

(4) 设置颜色效果。选择“窗口”→“颜色”命令，打开颜色面板，选择渐变色中的径向渐变，再设置两个滑块的渐变色。其中第一个滑块颜色选取成白色，Alpha 值设置100%，表示不透明，最好不要放在最左边，否则中间的白点就太小；第二个滑块为浅色，Alpha 值设置成 0，即为全透明。这样设置以后，将会达到很好的视觉效果，图 10.3 所示。

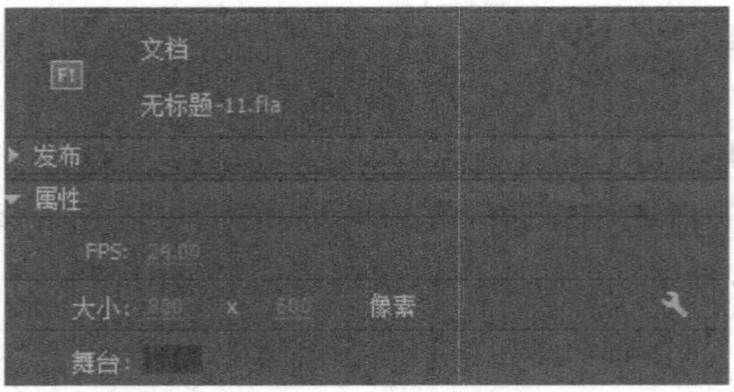

图 10.2　文档属性设置

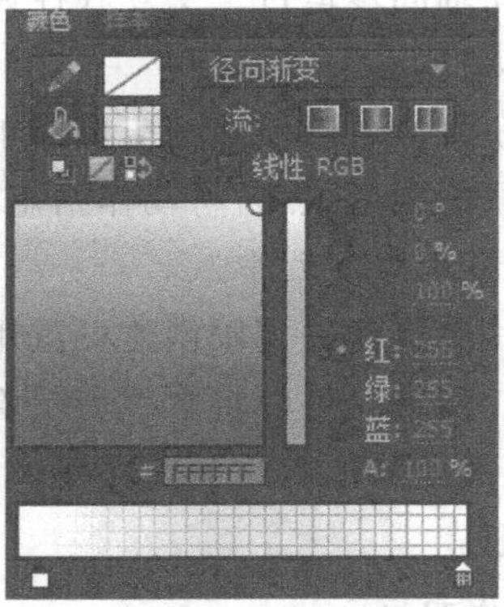

图 10.3　渐变设置

(5) 用渐变色填充图形，得到如图 10.4 所示的图形，小球有了放射式的效果。

(6) 制作光线 1。首先设置第一种光线色彩效果，选择“矩形工具”，并在“混色器”面中选择渐变色中的线性渐变，再设置 4 个滑块的渐变色。其中两头的滑块颜色选取成黄但 Alpha 值设置为 0，即全透明的黄色；中间滑块的颜色也选取成黄色的，但 Alpha 值设为 80%，部分透明，如图 10.5 所示。

图 10.4　绘制小球

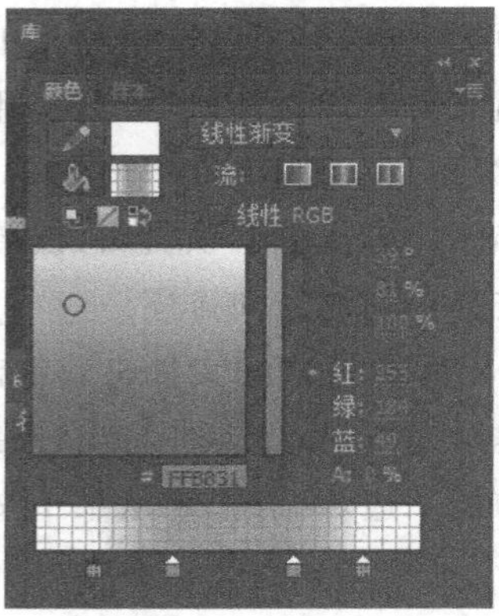

图 10.5　光线 1 渐变设置

(7) 新建一个元件，取名为“光线 1”，选择“矩形工具”，在黑色背景的电影上任意画一区域，矩形框高度大概为 1 像素左右，此时会有光线的效果，如图 10.6 所示。

(8) 制作光线 2。首先设置第二种光线色彩效果。按照第(6)步，设置 4 个滑块的渐色，其中在两边的滑块颜色设为粉红色，Alpha 值为 0，中间滑块的颜色设为白色，Alpha 为 100%，如图 10.7 所示。

(9) 按照第(7)步的制作方法,制作一个元件,并命名为“光线 2”。准备工作到现在已经成了,接下来要应用做好的元件,制作另外一个星星的元件。

图 10.6　光线 1

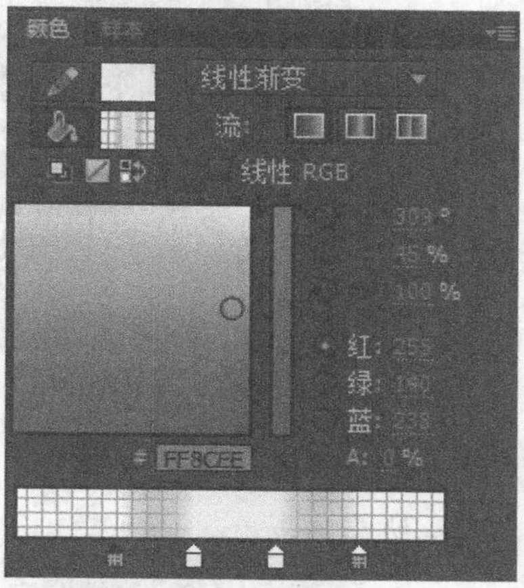

图 10.7　光线 2 渐变设置

(10) 新建一个元件,设为“影片剪辑”,并命名为“星星”,直接按 Ctrl+L 组合键调出元库,将“光线 1”拖入,按 Ctrl+Alt+S 组合键,弹出对话框,调整它的大小和旋转角度,设转角度为 20°,如图 10.8 所示。

(11) 再拖入一条“光线 1”,与前一条光线的中心重合,按照同样的方法,旋转角度 40°,小设为不同于前光线。同理再拖入三条“光线 1”,分别旋转 40°、50°和 80°不等,角度、大小有所变化,如图 10.9 所示。

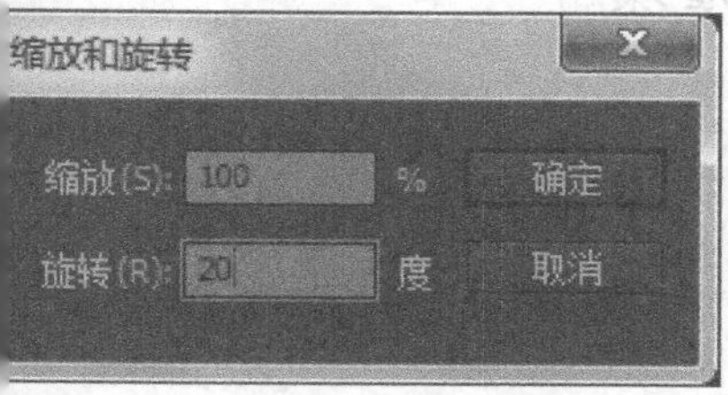

图 10.8　旋转角度为 20°

图 10.9　角度、大小均有变化

(12) 新建一图层,在新图层中拖入“光线 2”,一条旋转 90°,一条不旋转,并把它们的大设为比“光线 1”大,这样才能重点突出它们,注意中心与前面的光线一致,如图 10.10示。

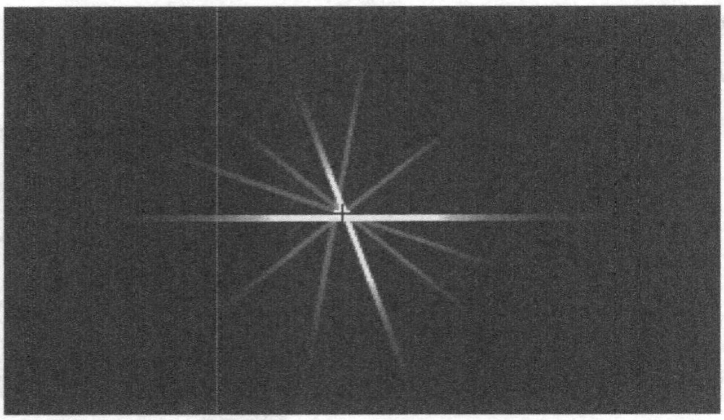

图 10.10　光线 1 与光线 2 合成

（13）再新建一图层，将“光球”拖入，调整大小和位置。这样星星的整体形状就做出了，如图 10.11 所示。

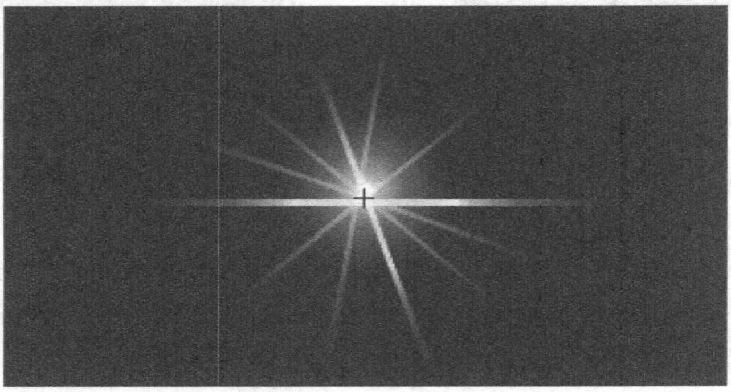

图 10.11　星星的效果

（14）选择“文件”→“保存”命令，保存文件。

任务 10.2　群星璀璨

任务描述

本任务主要利用任务 10.1 所绘制的“星星”制作一个群星璀璨的动画效果，效果的一画面如图 10.12 所示。

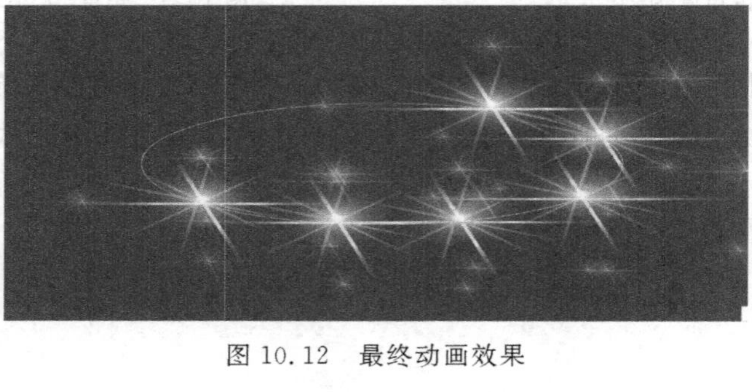

图 10.12　最终动画效果

识准备

帧就是影像动画中最小单位的单幅影像画面，相当于电影胶片上的每一格镜头。

下面介绍 Flash 中的几种帧。

1. 普通帧

(1) 位置：往往跟在一个关键帧之后。

(2) 作用：起到延长关键帧的播放时间的效果。普通帧里的对象是静态的。

(3) 插入方法：单击关键帧之后的帧，在不松开鼠标左键的前提下，向后拉。这一步是置想插入普通帧的区域。松开鼠标左键，右击，在快捷菜单中选择“插入帧”命令。

(4) 要想让一个画面保持一段时间而不是一闪即逝，就采用普通帧。插入的普通帧越，在主时间轴上占用的时间越长，播放的时间也越长。

2. 关键帧

(1) 作用：关键帧是制作动画的基本元素。任何一段动画，都是在两个关键帧之间进的。

(2) 插入方法：构思好希望插入关键帧的位置，右击，在弹出的下拉菜单中选择“插入关帧”命令。

(3) 应用：插入关键帧，目的就是创建动画。要想在两个关键帧之间创建动画，可以在个关键帧中间的任意一帧上右击，在弹出的下拉菜单中选择“创建补间动画”命令，这时创的是动作类的动画。如果想创建“移动补间动画”即“变形动画”，必须在帧属性面板中的间”选项中单击向下的箭头，在弹出的类型中选择“移动”。

3. 空白关键帧

(1) 作用：与“关键帧”刚好相反。通过空白关键帧，可以结束前面的关键帧，以便重打鼓另开张，为创建下一段新的动画打基础。

(2) 插入方法：构思好希望插入空白关键帧的位置，右击，在弹出的下拉菜单中选择“插空白关键帧”命令。

(3) 应用：空白关键帧是一张白纸，需要画上新的图形或插入新的元件实例才能发。当在它上面创建了一些对象之后，其实它又变成“关键帧”了，又可以创建新的动了。

4. 过渡帧

在两个关键帧之间，计算机自动完成过渡画面的帧叫作过渡帧。

普通帧和关键帧的区别在于普通帧主要用于延续效果，而关键帧则是构成动画的基本元，没有关键帧就不能制作动画；空白关键帧和关键帧的区别是关键帧中有对象而空白关帧中没有，需添加上去。

两个关键帧的中间可以没有过渡帧(如逐帧动画)，但过渡帧前后肯定有关键帧，因为过帧附属于关键帧；关键帧可以修改该帧的内容，但过渡帧无法修改该帧内容。关键帧中可包含形状、剪辑、组等多种类型的元素或诸多元素，但过渡帧中对象只能是剪辑(影片剪、图形剪辑、按钮)或独立形状。

任务实施

任务流程：新建文档→新建元件→绘制图形→动画设置→保存结果→导出文件。

(1) 打开任务 10.1 制作的文件。

(2) 选择“插入”→“创建新元件”命令新建一个影片剪辑，命名为“运动的星星”，按 Ctrl+
组合键调出元件库，把刚才做好的星星拖放到工作区中心，注意和十字重合，如图 10.13 所示

图 10.13　星星元件

(3) 选取这个星星，运用工具箱中的“任意变形工具”把这个星星放大，然后在第 20
按 F5 键，插入一个普通帧，并且锁住这个层。

(4) 再新建一个图层，从元件库中拖入一个星星，放在刚做好的那个大星星的中心，
在第 20 帧按 F6 键插入一个关键帧。

(5) 把第 20 帧的那个星星拖到大星星的一个角上，再把这个星星的透明度设为 40
返回第 1 帧设为“运动渐变”动作，如图 10.14 所示。

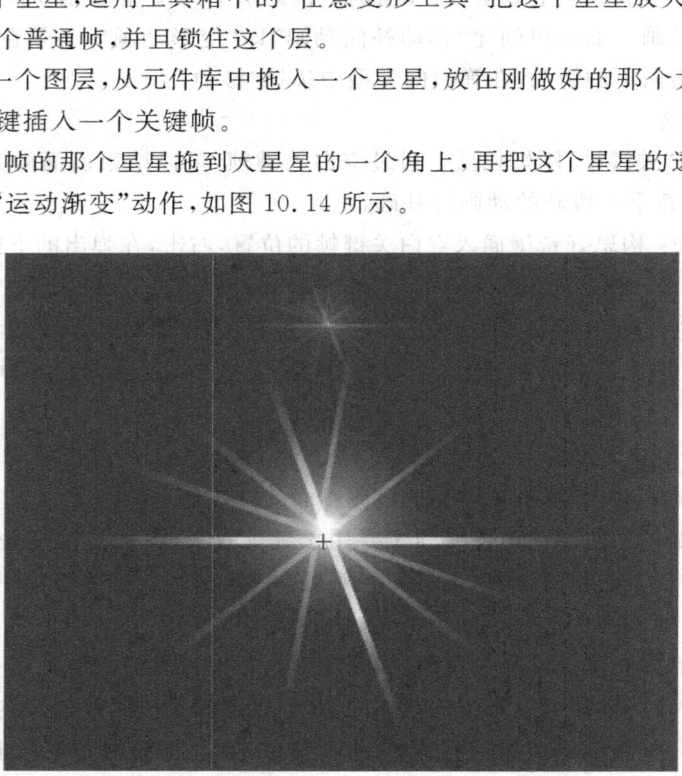

图 10.14　大小星星位置

(6) 再新建一个图层，把第二层第 1 帧的星星复制到第三层的第 1 帧，这样做是为了使星能重合，按照第二层的做法把它设为运动渐变，这次要把第 20 帧的星星放到大星星的一个角上，依次做好几个层的运动星星，如图 10.15 所示。

图 10.15　多个星星位置

(7) 把那个大星星层连同星星一起删除，因为它只是用来起辅助作用的。

(8) 选择“插入”→“新建新元件”命令再新建一个影片剪辑，命名为“运动”，现在是设计星的运动路径。选择“椭圆工具”，在元件中画一个椭圆。也可以根据目的的不同画出不同的运动路径。在第 100 帧按 F5 键插入一个帧，然后锁定这个层，如图 10.16 所示。

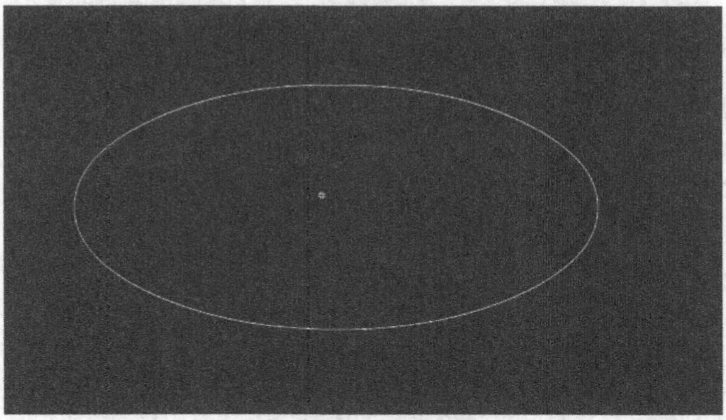

图 10.16　画一个“椭圆”

(9) 新建一个图层，把刚才做好的那个“运动的星星”元件拖到第 1 帧，中心点对好运动路径的开头，再在第 20 帧按 F7 键(插入空白关键帧)，这样“运动的星星”做完了 20 帧的运动后就会停下来，如图 10.17 所示。

(10) 新建一个图层，在第 2 帧按 F7 键，然后把“运动的星星”拖到第 2 帧，这颗星一定要放到第一颗星的后面，中心点对好运动路径，再在第 21 帧按 F7 键，如图 10.18 所示。

(11) 新建一个图层，在第 3 帧按 F7 键，然后把“运动的星星”拖到第 3 帧，这个星星放在第二个星星的后面，中心也要对好运动路径，然后在第 22 帧按 F7 键。依照这样的方法把星星依次排在你设定的运动路径上，如图 10.19 所示。

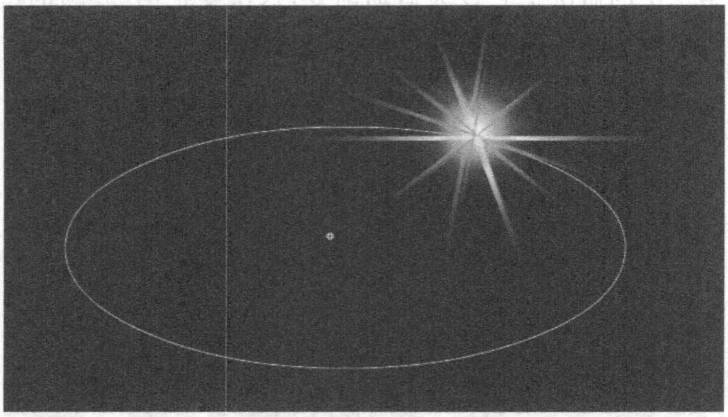

图 10.17　一颗运动的“星星”

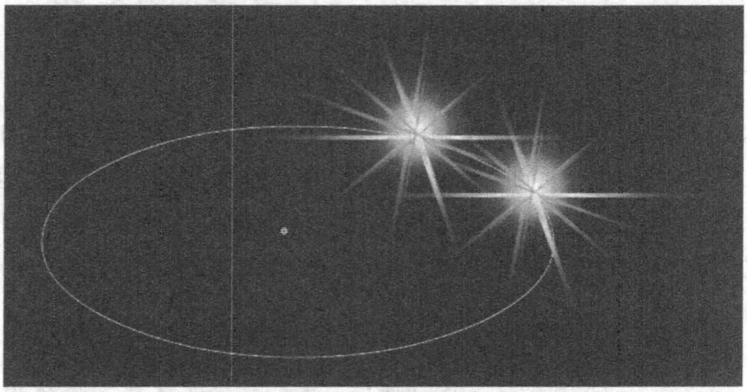

图 10.18　两颗运动的“星星”

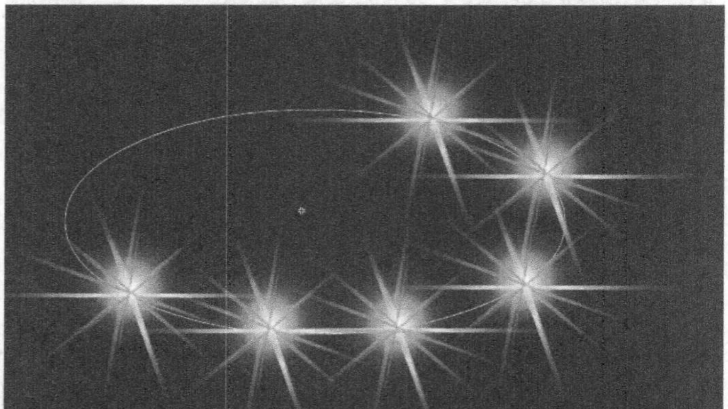

图 10.19　“运动”元件

(12) 返回场景，把“运动”的影片剪辑拖放到绘制的背景图上，按 Ctrl＋Enter 组合键赏动画，如图 10.12 所示，有了群星璀璨的艺术效果。

小结

本单元主要介绍了 Adobe Flash CC 中变形工具和元件的应用，学习了 Adobe Flash CC 中影片剪辑的相关知识，重点讲述了变形操作、影片剪辑元件的设置和使用方法，并通过两个实际动画处理任务，学习了矩形工具、任意变形工具等工具的使用，最后完成了两个实际的动画制作任务。

习　题

一、填空题

1. Flash 动画制作完成后，生成影片的方法有两种：一种是________；另一种是________。

2. 为了保证影片在网上能够流畅地播出，应该尽量把动画中用到的图片等元素转换成________，尽量多用________，少用________。

二、选择题

1. Flash 中提供了四种声音播放的方式，选择________的方式以后，不受时间轴的影响，声音会一直播放完。

A. 事件　　B. 开始　　C. 停止　　D. 流型

2. Flash 可以导入很多种不同格式的声音文件，但________声音文件在 Flash 当中不能导入。

A. MP3　　B. WAV　　C. rm　　D. Affi

三、判断题

1. Flash 原始工作文件格式是 *.fla。（　）

2. Flash 里的每个场景都拥有自己单独的舞台和时间轴，把一个动画分成几个不同的场景，可以避免时间轴拉得过长，但不方便影片的管理。（　）

四、简答题

制作星光闪烁实例最基本的步骤有哪些？

五、操作题

请根据学习、生活实际，自行设计制作一个节日礼花动画作品。

单元 11

肢体动作类动画设计

知识教学目标

- 掌握 Flash CC 中元件中心点的概念；
- 掌握 Flash CC 中动作动画的原理；
- 掌握 Flash CC 中播放与测试的区别。

技能培养目标

- 能利用 Flash CC 制作动作类动画；
- 能在 Flash CC 中制作和使用影片剪辑动画；
- 能在 Flash CC 中正确使用播放与测试功能。

任务 11.1 海底世界

任务描述

本任务要求完成制作一群鱼在海底畅游的动画，并且使鱼在游动时鱼的嘴、身体、胸鳍、背鳍、腹鳍等肢体随鱼的游动不断变化。动画效果的其中两个画面如图 11.1 所示。注意在不同时刻肢体的不同变化。

图 11.1 动画效果的两个画面

识准备

图形元件与影片剪辑元件的区别

图形元件和影片剪辑元件都是在 Flash 中创建且保存在库中的元素，两者都可以在影
或其他影片中重复使用，是 Flash 动画中最基本、最常用的元素。

图形元件——是可以重复使用的静态图像，可以连接到主影片时间轴上重复播放。图
元件与影片的时间轴同步运行。

影片剪辑元件——可以想象成电影中的小电影，它可以完全独立于主场景时间轴并且
以重复播放。

两种元件的相同点是都可以重复使用，且当需要对重复使用的元素进行修改时，只需编
元件，而不必对所有该元件的实例一一进行修改，Flash 会根据修改的内容对所有该元件
实例进行更新。影片剪辑中可以嵌套另一个影片剪辑，图形元件中也可以嵌套另一个图
元件，两种元件还可以相互嵌套。

影片剪辑元件和图形元件最主要的差别在于：

（1）影片剪辑元件的实例上可以加入动作语句，图形元件的实例上则不能。

（2）影片剪辑里的关键帧上可以加入动作语句，图形元件则不能。

（3）影片剪辑元件中可以加入声音，图形元件则不能。

（4）影片剪辑元件的播放不受场景时间轴长度的制约，它有元件自身独立的时间轴；而
形元件是没有独立时间轴的，图形元件的播放完全受制于场景时间轴。

（5）影片剪辑元件在场景中按 Enter 键测试时看不到实际播放效果，只能在各自的编辑
竟中观看效果，而图形元件在场景中即可实时观看，可以实现所见即所得的效果。

（6）两种元件在舞台上的实例都可以在属性面板中相互改变其行为，也可以相互交换实例。

务实施

任务流程：新建文档→设计动作→制作动作元件→动画设计→保存结果→导出文件。

（1）启动 Flash CC，新建 Flash 文件（ActionScript 3.0），创建一个新电影。

（2）设置文档属性。在“文档”属性面板中设置背景颜色为白色，宽和高分别设置为 550
素和 400 像素，如图 11.2 所示。

（3）创建新元件。选择“插入”→“新建元件”命令，在弹出的“元件属性”对话框中，选择
牛类型为“影片剪辑”，输入元件名称为“身体”，如图 11.3 所示，单击“确定”按钮。

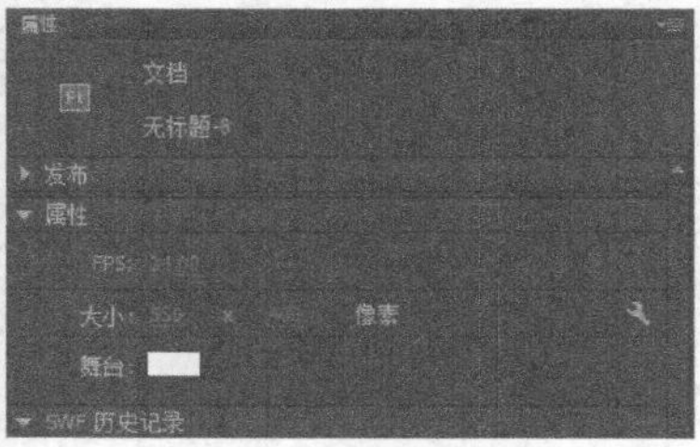

图 11.2　文档属性设置

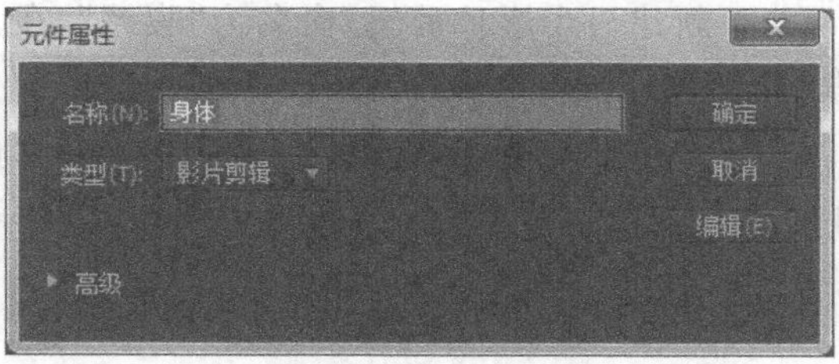

图 11.3　创建“身体”元件

(4) 选择“椭圆工具”“钢笔工具”等，在元件编辑区绘制一个鱼的图形，如图 11
所示。

(5) 创建新元件。选择“插入”→“新建元件”命令，在弹出的“创建新元件”对话框中，
择元件类型为“影片剪辑”，输入元件名称为“张嘴鱼”，在元件编辑区绘制一个张嘴鱼的
形，如图 11.5 所示。

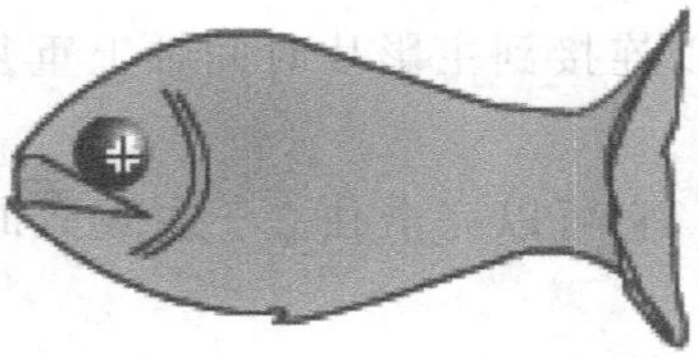

图 11.4 绘制鱼的图形

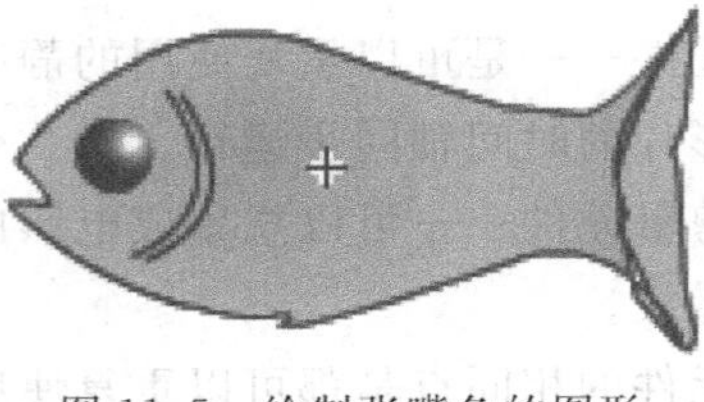

图 11.5 绘制张嘴鱼的图形

(6) 新建一个影片剪辑，命名为“背鳍”，在元件编辑区绘制一个背鳍，注意要让中心
对准背鳍图形的角部，如图 11.6 所示。

(7) 新建一个影片剪辑，命名为“变形背鳍”，在元件编辑区绘制一个变形背鳍，注意
让中心点对准变形背鳍图形的角部，如图 11.7 所示。

图 11.6 绘制背鳍的图形

图 11.7 绘制变形背鳍的图形

(8) 新建一个影片剪辑，命名为“胸鳍”，在元件编辑区绘制一个胸鳍，注意要让中心
对准胸鳍图形的中部，如图 11.8 所示。

(9) 新建一个影片剪辑，命名为“变形胸鳍”，在元件编辑区绘制一个变形胸鳍，如图 11
所示。

图 11.8 绘制胸鳍的图形

图 11.9 绘制变形胸鳍的图形

(10) 新建一个影片剪辑，命名为“腹鳍”，在元件编辑区绘制一个腹鳍，注意要让中心
对准腹鳍图形的中部，如图 11.10 所示。

(11) 新建一个影片剪辑，命名为“变形腹鳍”，在元件编辑区绘制一个变形腹鳍，
图 11.11 所示。

图 11.10 绘制腹鳍的图形

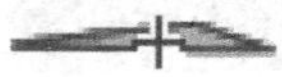

图 11.11 绘制变形腹鳍的图形

(12) 在元件库中双击“身体”元件图标，打开“身体”元件。在第 4 帧插入关键帧，将“张鱼”元件拖入第 4 帧，在第 6 帧插入帧，使“张嘴鱼”延长到第 6 帧，如图 11.12 所示。

(13) 在元件库中双击“胸鳍”元件图标，打开“胸鳍”元件。在第 4 帧插入关键帧，将“变胸鳍”元件拖入第 4 帧，在第 6 帧插入帧，使“变形胸鳍”延长到第 6 帧。

(14) 在元件库中双击“腹鳍”元件图标，打开“腹鳍”元件。在第 4 帧插入关键帧，将“变腹鳍”元件拖入第 4 帧，在第 6 帧插入帧，使“变形腹鳍”延长到第 6 帧。

(15) 在元件库中双击“背鳍”元件图标，打开“背鳍”元件。在第 4 帧插入关键帧，将“变背鳍”元件拖入第 4 帧，在第 6 帧插入帧，使“变形背鳍”延长到第 6 帧。

(16) 新建一个影片剪辑，命名为“动画鱼”，在时间轴建立四个图层，分别命名为“身体”鳍”“背鳍”和“腹鳍”，然后从元件库中将鱼的元件拖拽到元件编辑区，分别对应放在四个层上，最后组合成完整的鱼图形如图 11.13 所示。

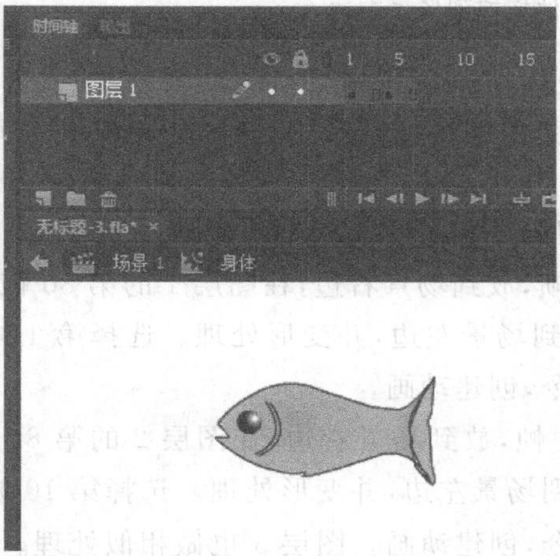

图 11.12　将“张嘴鱼”拖入到第 4 帧

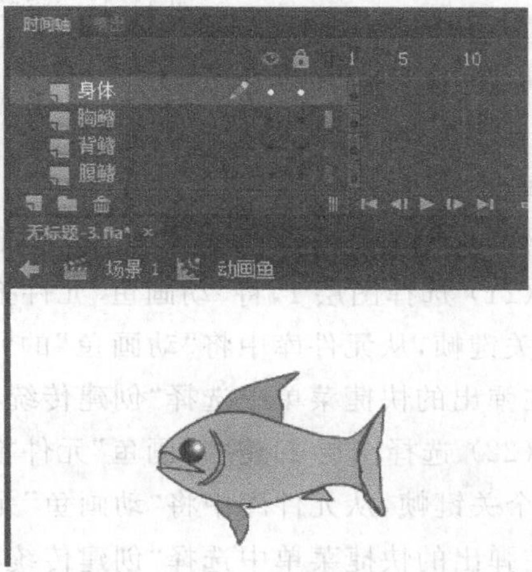

图 11.13　“动画鱼”元件

(17) 回到主场景中，将图层命名为“背景”，选择“文件”→“导入”→“导入到舞台”，将一海底图片导入到图层 1 中，如图 11.14 所示。

图 11.14　导入海底图片

(18) 新建一个图层，回到主场景中，将图层命名为“动画鱼”，从元件库中将“动画鱼”元拖拽到场景右边，如图 11.15 所示。

图 11.15　将“动画鱼”元件拖拽到场景右边

(19) 在“动画鱼”图层的第 80 帧插入一个关键帧，从元件库中将“动画鱼”的元件拖到场景左边，并变形处理。选择第 1 帧，右击，在弹出的快捷菜单中选择“创建传统补间”令，创建动画。

(20) 再新建三个图层，分别命名为图层 1、图层 2 和图层 3。

(21) 选择图层 1，将“动画鱼”元件拖入第 1 帧，放到场景右边，在图层 1 的第 80 帧插一个关键帧，从元件库中将“动画鱼”的元件拖拽到场景左边，并变形处理。选择第 1 帧，击，在弹出的快捷菜单中选择“创建传统补间”命令，创建动画。

(22) 选择图层 2，将“动画鱼”元件拖入第 10 帧，放到场景右边，在图层 2 的第 80 帧入一个关键帧，从元件库中将“动画鱼”元件拖拽到场景左边，并变形处理。选择第 10 帧，击，在弹出的快捷菜单中选择“创建传统补间”命令，创建动画。图层 3 也做相似处理。最结果如图 11.16 所示。如果你喜欢，还可以增加更多的图层。

图 11.16　图层及动画设计

(23) 保存文件，按 Ctrl+Enter 键，测试结果并导出文件。

任务 11.2　健身运动

务描述

本任务要制作一个运动健身的动画效果，动画效果的一个画面如图 11.17 所示。

图 11.17　效果画面

识准备

图层及图层之间的相互关系

由于图层的不透明区域能够覆盖其下面的图层内容，所以在动画的编辑过程中，经常需排列或隐藏某一图层的内容，以使各个图层都能够与显示的内容相互搭配。在一个具有个图层的 Flash 动画中，各图层将会按照一定的顺序排列，形成图层堆栈。通过图层选，用户可以对选单中的各个图层进行叠放顺序的修改，锁定不再编辑的图层或者隐藏已经作完成的图层等操作。

1. 图层的叠放顺序

由于制作的动画有可能在网络环境下运行，因此在图层中放置图形对象时要考虑到动的下载时间和性能。如果要制作的动画比较简单，移动的图形对象较少或较小，就不必考将移动的图形对象和静止的图形对象分开放置在不同的图层内。如果要制作的动画比较杂，运动的图形对象较多而且很大，就必须考虑将移动的图形对象和静止的图形对象分开于不同的图层来提高动画性能。因为将移动对象和静止对象分开的话，整个动画过程只一个对象在运动，那么就只有这个对象需要重画；而如果不将静止对象和移动对象分开置于不同的图层，那么在整个动画过程中，不但移动的图形对象需要重画，而且还要将静止图形对象重画，这将大大延长动画的下载时间并降低动画的性能。因此在设计动画时，最将静止图形对象和移动图形对象置于不同的图层。

图层的叠放顺序决定了图层中图形对象的叠放顺序。排在时间轴最上方图层中的图对象，会蒙版从这个图层以下的所有图层的图形对象；而位于最下方图层中的图形对象，被上方图层中的图形对象蒙版。要改变图层的叠放顺序，可以利用鼠标拖放的方式，直接移或下移图层。按住鼠标左键不放，将选取的图层拖放到其他适当的位置然后松开鼠标，可以发现图层的上下叠放顺序发生了改变。当然，也可以一次选取多个图层，实现多个图顺序的同时改变。

2. 图层的锁定

为了防止在编辑某一图层时影响到其他已经完成的图层或其他图层中的图形对象，以将其他当前不是编辑状态的图层锁定。

(1) 对一个图层加锁：图层加锁的方法比较简单，单击图层窗口中某个图层锁定图标的黑点，就可以看到黑点变成一个锁定图标，表示该图层已经锁定。

(2) 对所有图层加锁：如果想要对所有的图层加锁，可单击图层窗口上方的锁定图标就可以看到所有的图层标签上都有一个锁定图标，表明所有图层都被锁定。

(3) 对一个图层解锁：如果需要对某一锁定的图层解锁，只需单击该图层的锁定图标就可以看到锁定图标变成黑点，表明图层已经解锁。

(4) 对所有图层解锁：如果要对所有加锁的图层解锁，只需单击图层窗口的锁定图标就可以看到所有图层的锁定图标变成黑点，表明所有图层都已经解锁。

(5) 利用快捷菜单对除当前操作图层的所有图层加锁：选取需要操作的图层，右击，在弹的快捷菜单中选择“锁定其他图层”命令，可以发现除了当前图层之外，所有的图层都被锁定。

(6) 利用快捷菜单对所有图层解锁：选取任意图层作为当前操作图层，右击，在弹出快捷菜单中选择“显示全部”命令，可以发现所有的图层都已解锁。

任务实施

任务流程：新建文档→动作设计→制作元件→动画设置→保存结果→导出文件。

(1) 启动 Flash CC，新建 Flash 文件(ActionScript 3.0)，创建一个新电影。

(2) 设置文档属性，大小为 600 像素×800 像素，背景颜色设置为白色，如图 11.18 所示

(3) 选择“插入”→“新建元件”命令，在“创建新元件”对话框中，将元件命名为“heac选择类型为“图形”。

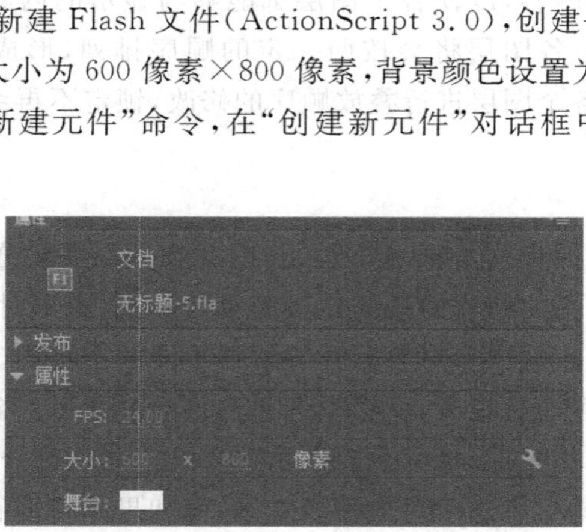

图 11.18 设置文档属性

(4) 选择“铅笔工具”，在属性面板中设定笔触为 20，颜色为黑色，如图 11.19 所示。

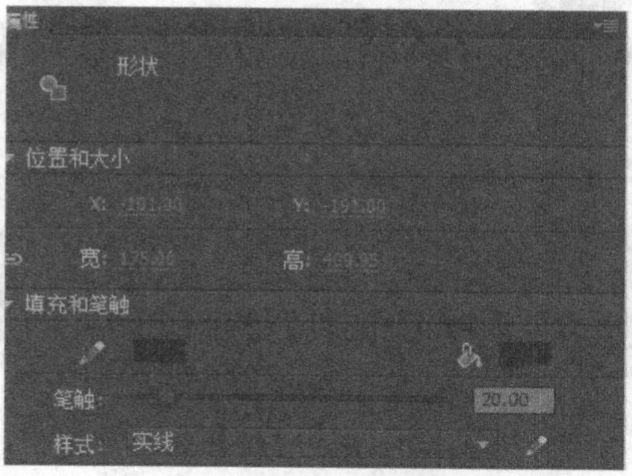

图 11.19　设置“铅笔工具”的属性

(5) 设置完成后，在元件场景中画出“人体”图形，如图 11.20 所示。

(6) 按 Ctrl＋A 键全选。然后右击，在弹出的快捷菜单中选择“分散到图层”命令，如11.21 所示。

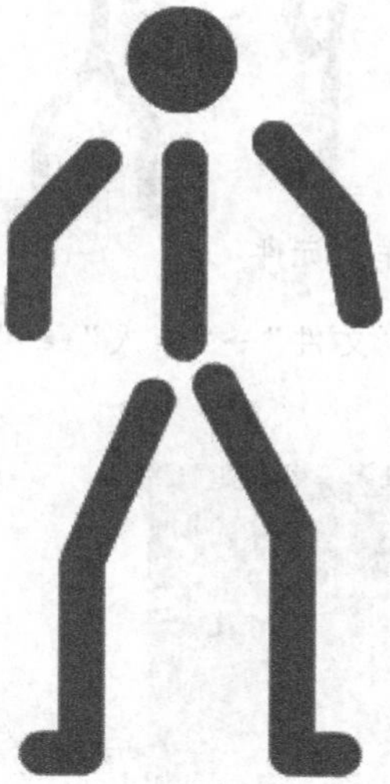

图 11.20　画出“人体”图形

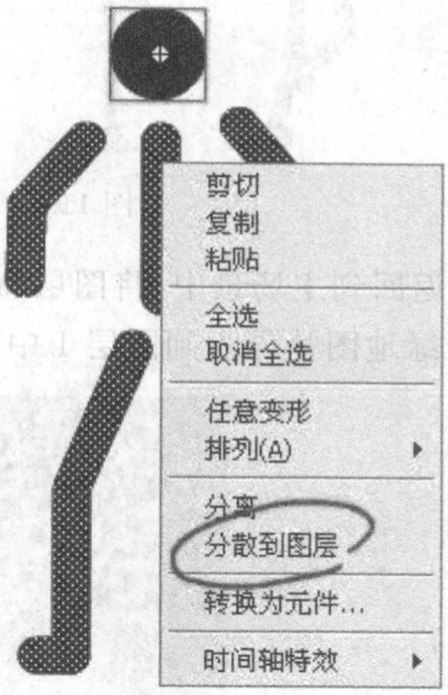

图 11.21　选择“分散到图层”

(7) 在工具箱中单击“紧贴至对象”，选择“选择工具”，组合人物并进行造型的修，以达到良好的比例。头部的大小可根据情况进行调节，最好在内部调节；“紧贴至对象”需运用在腿和身体的连接点上，无须运用在手与身体的连接点，因为手和身体的连接点已被头部覆盖。调整结果如图 11.22 所示。

(8) 选择“插入”→“新建元件”命令，在“创建新元件”对话框中，将元件命名为“动作 1”，择类型为“图形”。将“head”元件拖入到“动作 1”中，按 Ctrl＋B 键打散元件，将图形变形如图 11.23 所示。

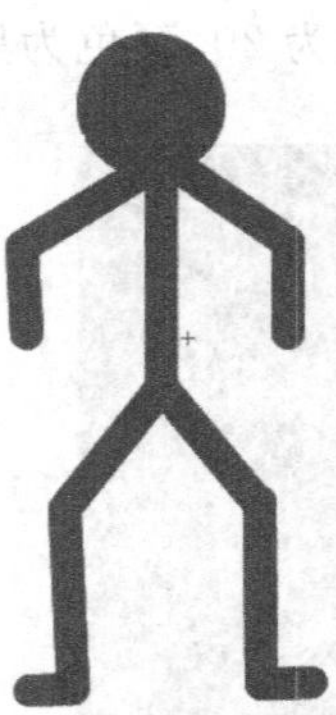

图 11.22 调整后的“身体”

图 11.23 “动作 1”元件

(9) 用(8)的方法分别制作“动作 2”元件到“动作 7”元件，结果如图 11.24 所示。

图 11.24 “动作 2”元件到“动作 7”元件

(10) 返回到主场景中，将图层命名为“背景”，选择“文件”→“导入”→“导入到舞台”令，将一张绿地图片导入到图层 1 中，如图 11.25 所示。

图 11.25 背景图片

逐帧动画制作视频

(11) 新建图层，命名为“动画”。选择第 1 帧，将“head”元件拖入场景；在第 3 帧右击，择“插入帧”延长第 1 帧；选择第 4 帧，右击，选择“插入空白关键帧”；选择第 5 帧，右击，选“插入关键帧”将“动作 1”元件拖入场景；在第 7 帧右击，选择“插入帧”延长第 5 帧；选择第帧，右击，选择“插入空白关键帧”；选择第 9 帧，右击，选择“插入关键帧”将“动作 2”元件拖景；在第 11 帧右击，选择“插入帧”延长第 9 帧；选择第 12 帧，右击，选择“插入空白关键帧”；选择第 13 帧，右击，选择“插入关键帧”将“动作 3”元件拖入场景；在第 15 帧右击，选择“插入帧”延长第 13 帧，选择第 16 帧，右击，选择“插入空白关键帧”。

(12) 选择第 17 帧，右击，选择“插入关键帧”将“动作 4”元件拖入场景；在第 19 帧右击，选择“插入帧”延长第 17 帧；选择第 20 帧，右击，选择“插入空白关键帧”；选择第 21 帧，右击，选择“插入关键帧”将“动作 5”元件拖入场景；在第 23 帧右击，选择“插入帧”延长第 21 帧；选择第 24 帧，右击，选择“插入空白关键帧”；选择第 25 帧，右击，选择“插入关键帧”将“动作 6”元件拖入场景；在第 27 帧右击，选择“插入帧”延长第 25 帧；选择第 28 帧，右击，选择“插入空白关键帧”。

(13) 选择第 29 帧，右击，选择“插入关键帧”将“动作 7”元件拖入场景；在第 31 帧右击，选择“插入帧”延长第 29 帧。

(14) 保存文件，按 Ctrl＋Enter 键，测试结果并导出文件。

小结

本单元主要介绍了 Adobe Flash CC 中播放与测试的区别，学习了 Adobe Flash CC 中影片剪辑动画的相关知识，重点讲述了肢体动画的设计和使用方法，并通过两个实际动画处理任务，学习了任意变形工具、紧贴至对象工具等工具的使用，最后完成了两个实际的动画制作任务。

习　题

一、填空题

1. Adobe Flash CC 动画中插入空白关键帧的快捷键是________。
2. 在动画制作过程中，为了防止图层之间相互影响，经常需要________，让图层________。

二、选择题

1. 测试影片的快捷键是________。

A. Enter　　B. Ctrl＋Enter　　C. Ctrl＋Shift　　D. Enter＋Shift

2. 在 Flash 中，利用时间轴上的________可以改变场景中对象的叠放顺序。

A. 关键帧　　B. 场景　　C. 图层　　D. 工具栏

三、判断题

1. 在 Flash 中，不能有空白关键帧。（　）
2. Flash 中的影片剪辑元件不可重复使用。（　）

四、简答题

图形元件和影片剪辑元件有什么区别？

五、操作题

请根据学习、生活实际，自行设计制作一个肢体动作类动画作品。

单元 12

综合动画设计

知识教学目标

- 掌握 Flash CC 中元件注册点的概念；
- 掌握 Flash CC 中元件转动的原理；
- 掌握 Flash CC 中紧贴至对象的概念。

技能培养目标

- 能利用 Flash CC 制作部分变形物体；
- 能在 Flash CC 中用位图填充图形；
- 能在 Flash CC 中对图形进行等比例缩放。

综合动画设计：双十一手机摇奖广告

任务描述

本任务设计制作一个双十一手机摇奖的宣传广告。广告的创意为：向阿拉神灯神灯愿，不如拿起手机摇一摇，或许你就中奖了呢！广告效果的一个画面如图 12.1 所示。

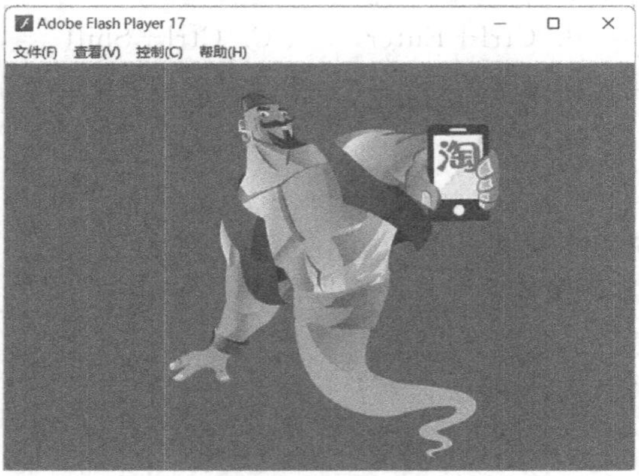

图 12.1　图形效果的一个画面

务分析

1. 需求分析

在任何作品的开发和制作中，需求都是起点。在这里我们需要了解需求的不同种类。见的需求包括情感需求、思想需求、叙事需求、技术需求，如图 12.2 所示。

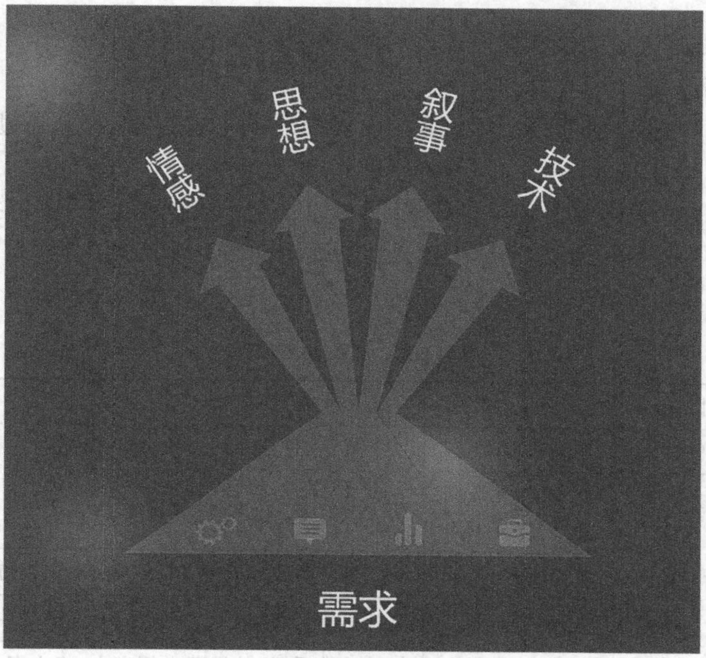

图 12.2　需求的种类

本次练习中，我们的主体为一个活动宣传，着重要满足叙事这一需求：Smart 有摇一摇奖活动，大家快来参加。

在此基础上，还可以附加情感和技术需求。其中，技术需求主要指技术层面的细节要，我们可以从图 12.3 所示的几个方面来确定。

图 12.3　技术需求

2. 内容分析

要在动画中达到预定的创意效果，首先需要有贴合主题和风格的图片元素，这里将要现的内容包括：

(1)阿拉神灯；

(2)灯神；

(3)手机；

(4)双十一专题活动宣传素材；

(5)宣传文字。

作为一个非商业用途的练习作品，我们的原型素材可以在互联网上通过搜索获取。

3. 动画设计

我们可以将整个动画划分为 4 个场景，分别以文字引出创意主题，灯神摇手机抽奖将户的注意力吸引到摇手机活动，Smart 摇奖活动展示介绍具体活动内容，双十一主题页展交代活动环境。具体内容安排如表 12.1 所示。

表 12.1　广告动画设计

场景序号	时长	形式	内容
1	1—90 帧	遮罩动画	文字提问：你还在向阿拉神灯许愿吗？
	91—105 帧	补间动画 神灯、灯神消失	阿拉神灯缩小到屏幕右下角
2	105—150 帧	逐帧动画	阿拉神灯灯嘴出现烟雾，烟雾消散出现灯神
	151—265 帧	补间动画	灯神手指屏幕，出现文字：你 out 了！
	266—278 帧	补间动画	灯神手持手机，从屏幕右侧进入，将文字从屏幕左侧挤出
	278—350 帧	逐帧动画	灯神摇手机
	351—398 帧	补间动画	屏幕顶端出现元宝，将灯神从底部砸出，元宝停顿片刻，变透明消失
3	399—508 帧	补间动画	"Smart 摇一摇有惊喜"专题页渐入、持续、渐出
4	509—600 帧	补间动画	"双十一万店同摇"专题页渐入、持续、渐出

4. 风格设计

淘宝网的主题色为橙色，所以，我们在动画风格设计上，主要以暖色系为主。在背景的选取上，以与淘宝主题色相近的＃DF5C25 为主，文字颜色选用相近的＃FBDC95。具效果如图 12.4 所示。

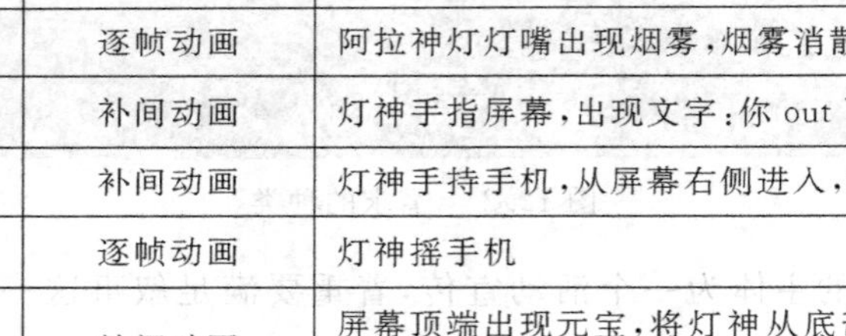

图 12.4　背景、文字颜色设置

情感风格设计上，立足于广告的宣传功能，依循吸引力、诱导、快乐、激动等关键词进行
十。画面元件的设计中可以参考图 12.5 所示的示例。

图 12.5　情感风格

识准备

1. Flash 注册点与中心点

在编辑状态下，当选中一个元件时，总会看到上面有两个标记，如图 12.6 所示。一个是
子，一个是圆圈。其中十字代表的是注册点，即对象自身的参考点，也就是元件编辑界面
的坐标原点(0,0)；圆圈代表的是元件的中心点，元件的中心点在选中状态下可以移动，放
选中则恢复到元件的几何中心。

当将场景中选定的对象转化为元件时，在元件转换窗口就有“对齐”选项，如图 12.7 所
其中九个小方格都是可以选择的。如果选择左上角的小方格建立一个元件，这时会看到
字在元件左上角，圆圈在元件的中心，也就是说元件的注册点在左上角，如图 12.8 所示；
果选择右下角的小方格建立元件，则会看到十字在元件右下角，圆圈仍在元件的中心，如
12.9 所示。选中的方格代表元件注册点的位置。

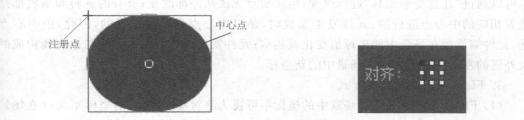

图 12.6　元件两个标记

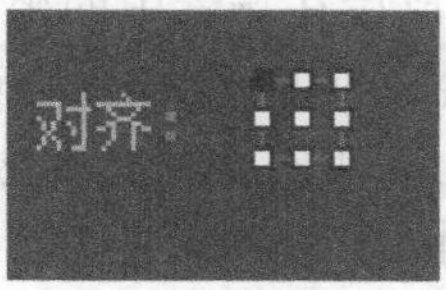

图 12.7　“对齐”选项

图 12.8　注册点在左上角

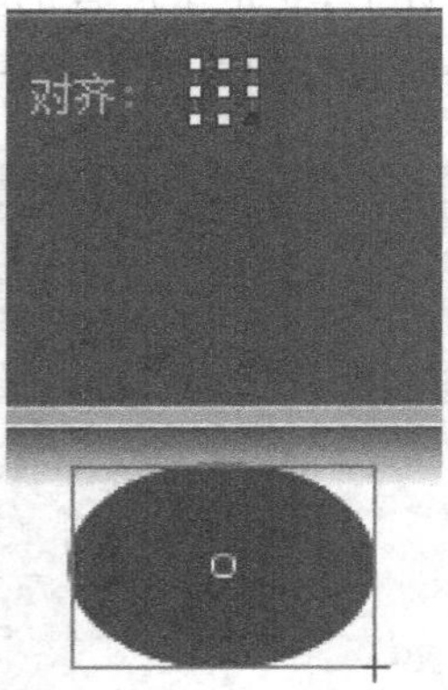

图 12.9　注册点在右下角

2. Flash 中元件的定位

通过实验来测试 Flash 中元件的定位：首先在场景中画一个矩形，并且转化为元件。

(1) 打开信息面板，可以看到元件的信息面板上也有与“对齐”选项中相似的 4 个小格，但只有注册点和中心的两个参数能够点选，如图 12.10 所示。而且元件的坐标(X,Y)信息面板的值与属性面板的一致，无论元件的注册点选在哪里，当信息面板上选左上角的格时，元件的坐标(X,Y)始终与鼠标在元件外边框左上角位置的坐标一致，即与元件最大边框左上角的坐标一致，即使移动元件的位置，结果也是一致的，如图 12.11 所示。

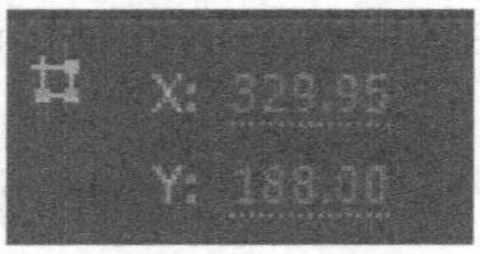

图 12.10　信息面板

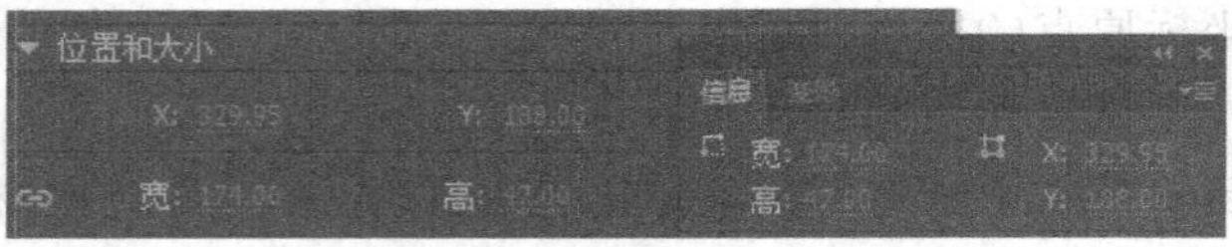

图 12.11　信息面板与属性面板

(2) 在场景中更改元件的坐标和缩放。当元件在拖入场景后，形成中心点，默认情况按钮的中心点与注册点位置重合，元件和图形的中心点位于该元件的几何中心；元件的中点可以通过“任意变形工具”进行改变，但注册点无法从外部改变；所有的旋转和缩放都是绕着相应的中心点进行的；元件发生缩放时，是以中心点为基准进行的，因此，距中心点远，元件缩放后在场景中的坐标值变化就越多；元件发生旋转后由水平线与垂直线构成的大外框的左上角成为元件在场景中的新坐标。

3. Flash 中坐标的运算方式

(1) Flash 中的坐标系。场景中的坐标系可视为绝对参照系，它的坐标原点 O 在场景左上角，水平向右为 X 轴的正向，垂直向下为 Y 轴的正向；元件中的坐标系可视为相对参系，进入元件编辑环境中可以看到一个“+”标志，这个“+”标志为元件的原点，即该坐标的原点 O'，在相对参照系中同样是水平向右为 X' 轴的正向，垂直向下为 Y' 轴的正向。

(2) Flash 中坐标的运算方式。Flash 中元件的位置关系可以分为两种：主场景中的件和主场景中元件中嵌套的元件，这两者坐标的参照是有区别的。主场景中元件的(_X Y)属性点，是由元件的注册点决定的，即由十字的交点在场景中的坐标决定；信息面板中件还有另一坐标(X,Y)，而这个(X,Y)是由元件的坐标点决定的，即信息面板上方框中的点，此点可看作是元件的坐标点，改变该点的位置，相应元件的坐标会发生改变。因为参对象发生了变化：如果选取左上方的黑点，那么坐标的参照点为这个元件图形左边的垂切线和上边的垂直切线的交点，即元件左上角的点；如果选取中间黑点，那么参照点为元上的中心点。

务实施

任务流程：新建文档→图形设计→制作元件→制作动画→保存结果→导出文件。

(1)启动 Flash CC，新建 Flash 文件(ActionScript 3.0)，创建一个新文档。

(2)设置文档属性。在"文档属性"对话框中设置背景颜色为橙色，宽和高分别设置为)0 像素和 800 像素，如图 12.12 所示。

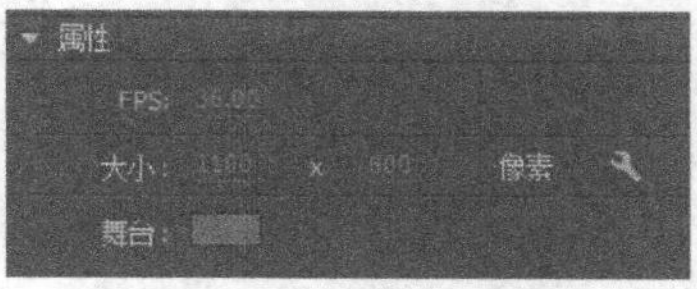

图 12.12 文档属性设置

(3)创建神灯元件。选择"插入"→"新建元件"命令，在弹出的"创建新元件"对话框中，泽元件类型为"图形"，输入元件名称为"神灯"，如图 12.13 所示，单击"确定"按钮。

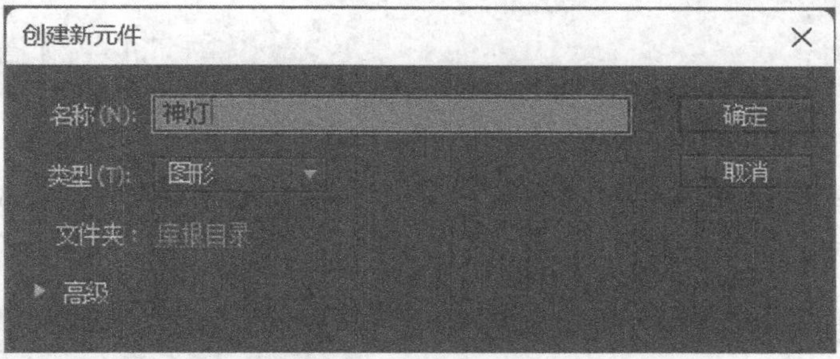

图 12.13 创建"神灯"元件

在神灯的元件塑造上，我们可以通过因特网进行原型的查找，通过在百度中搜索关键词拉神灯"，我们可以看到有大量的相关图片出现，如图 12.14 所示。

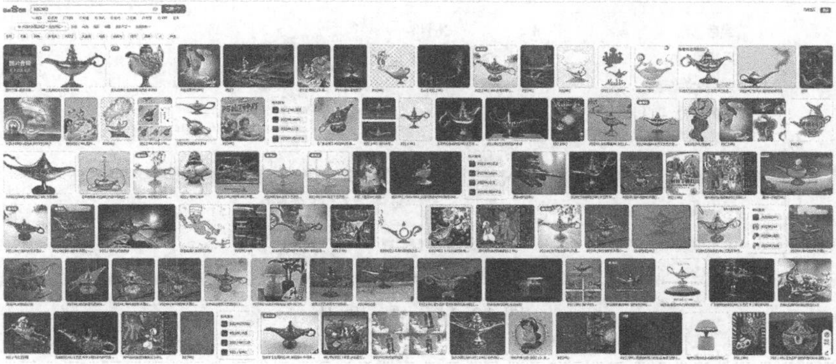

图 12.14 网络搜索

通过对搜索反馈图片的对比和分析，我们可以从尺寸、颜色、造型风格等方面进行综合的评分，进而得到你所需的图片。在这里，我们选择了图 12.15 作为参考原型。

图 12.15　阿拉神灯元件参考原型

(4)在 Flash 软件中选择菜单“文件”→“导入”→“导入到舞台”，将选取下载的图片导入到 Flash 文档中，如图 12.16 所示。

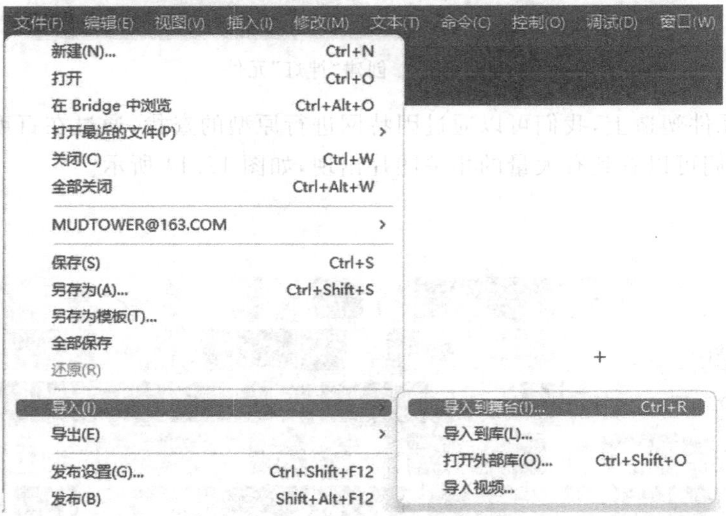

图 12.16　导入图片

为了在元件绘制中，灵活控制参考图片的透明度，我们可以选中图片按下快捷键 F8 将转换为元件，如图 12.17 所示。

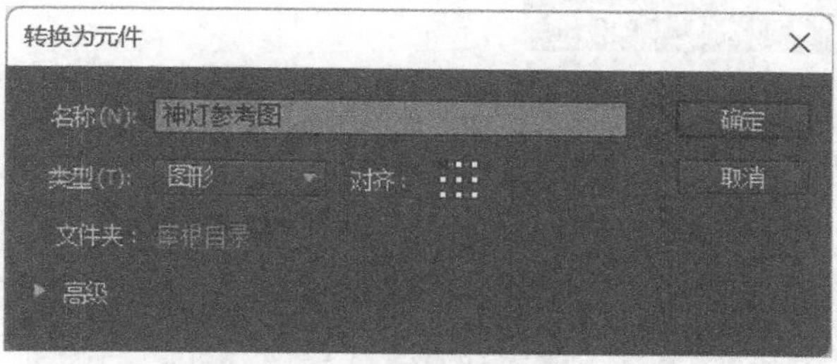

图 12.17　将图片转换为元件

在右侧属性面板的色彩效果中，将样式改为 Alpha，如图 12.18 所示。

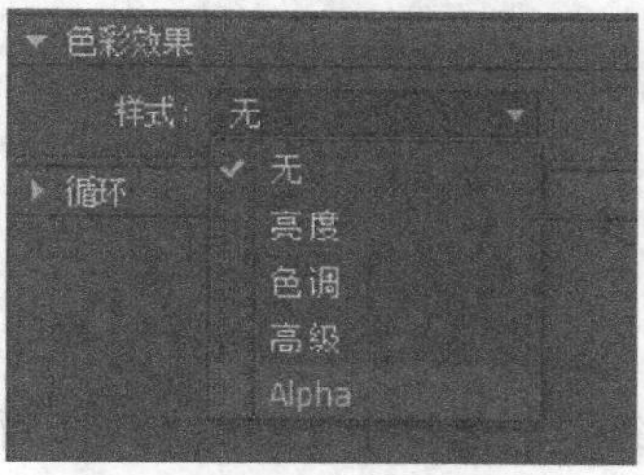

图 12.18　设置 Alpha 样式

这时，通过对新出现的 Alpha 滑块的调整，可以灵活控制图片的透明度，方便我们对阿神灯元件的形态刻画。如图 12.19 和 12.20 所示。

图 12.19　透明度调整

图 12.20　透明度调整效果

(5)选中当前图片所在的图层 1 并点击左侧的，将其锁定为不可编辑，并新建图层

用于绘制灯神的路径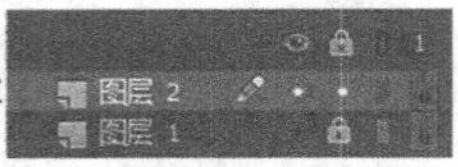

。

大幅度放大视图的缩放比例，然后选择“直线工具”，点击图片中关键的机构点，绘直线，如图 12.21 所示。

图 12.21　绘制直线

为了方便我们观察路径线条的分布，可以框选全部路径线条后，将其笔触颜色改为参考图反差较大的红色。再选取“选择工具”在直线上的合适位置进行拖拽，使其成为们需要的样子，如图 12.22 所示。

图 12.22　调整直线

在这个过程中，我们可以灵活运用直线工具的快捷键“N”和选择工具的快捷键“V”，照加一条线，调整一条线的顺序交替进行。

同时，还要对各个关键点进行优先顺序的区分。尽量做到一个完整的圆弧，优先完成制和调整，然后才让其他线条搭上这个圆弧，切不可被分割开来，这样容易打破整个圆弧流畅性。

依次按照上面的方法，完成整个灯神的形状路径绘制，最终得到的效果如图 12.所示。

图 12.23 灯神路径完整效果

(6)参考原图,对路径进行填充。在适当的位置,需要加入笔触为 0.10 的极细线条,如

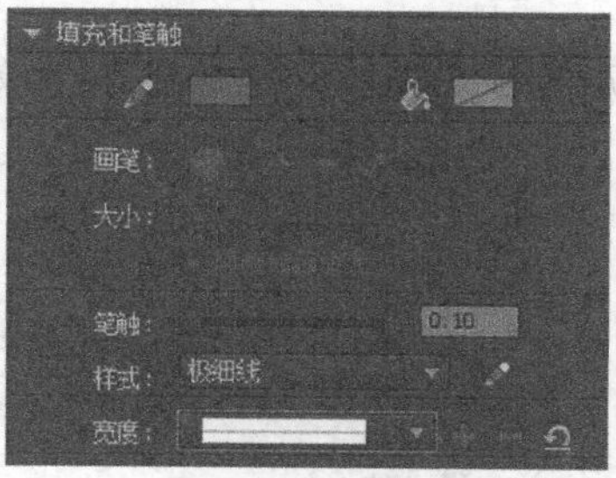

图 12.24 极细线设置

图 12.25 填充效果

图 12.24 所示，以划分不同的颜色填充区域，最终效果如图 12.25 所示。注意：这里的填充本以线性渐变为主，要控制好渐变的颜色层次。如图 12.26 所示。

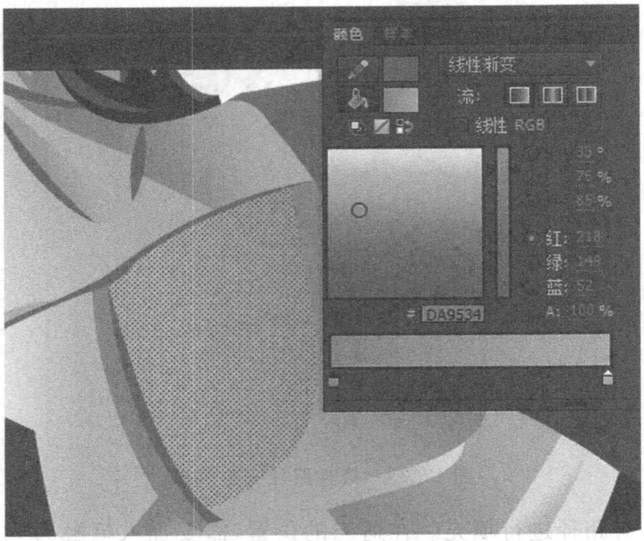

图 12.26　渐变填充控制

(7)使用相同的方法，创建元件并完成神灯的绘制，最终效果如图 12.27 所示。

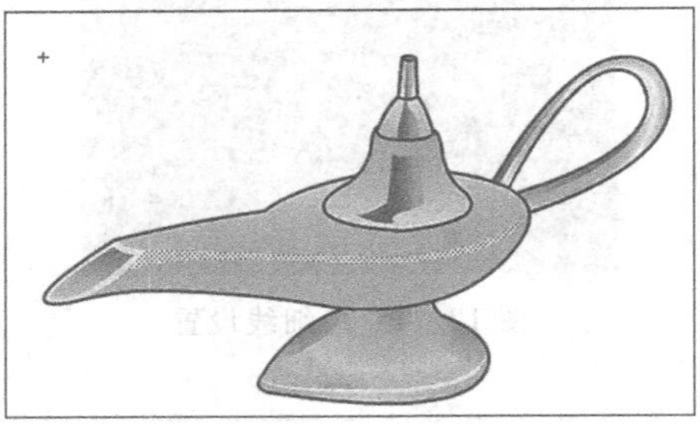

图 12.27　神灯

(8)结合元件"灯神"的手部细节，完成灯神手抓手机的元件绘制，完成效果如图 12.所示。

图 12.28　手抓手机元件效果

这里要注意手机和手指的前后顺序，不可出现图 12.29 所示的手指全在手机背后的况。

图 12.29　错误效果

我们要根据手部细节和手机尺寸，完成对手部的分离，恰到好处地去掉被遮挡的位置，现区域上的分离，完成效果如图 12.30 所示。

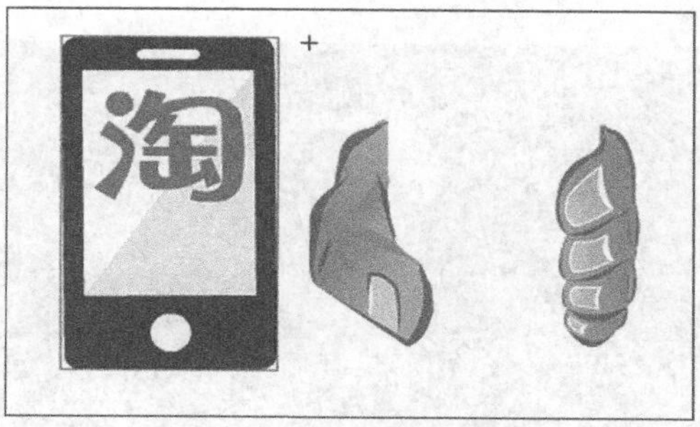

图 12.30　分离效果

(8)创建“元宝”元件，并绘制元宝，如图 12.31 和图 12.32 所示。

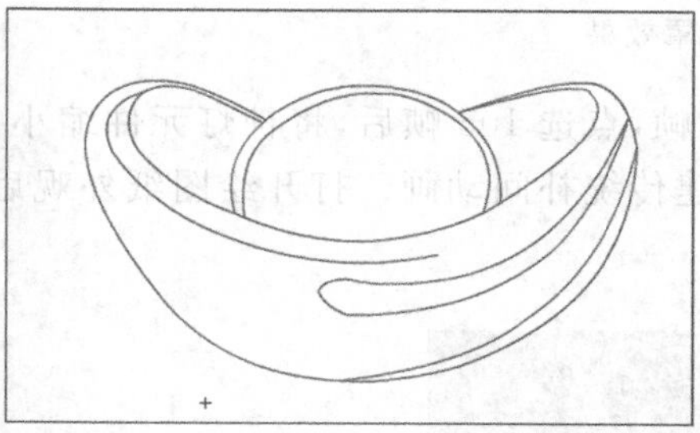

图 12.31　元宝路径

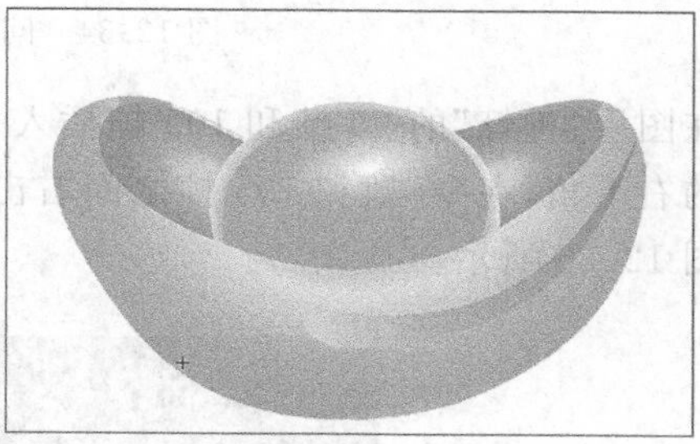

图 12.32　元宝填充效果

(9)创建“文字遮罩”元件并绘制一个任意颜色的矩形。

至此，本作品中所需用到的使用图形元件基本都已绘制成功，接下来进入动画制作节。

(10)将图层 1 命名为“神灯”，并将“神灯”元件从库里拖拽到场景 1 舞台，缩放后放置在司位置。新建名为“问句”的图层，底部键入文字“你还在向阿拉神灯许愿吗?”。并对文字创建从左向右依次显示的遮罩动画，持续时间为 50 帧，其中间效果如图 12.33 所示。

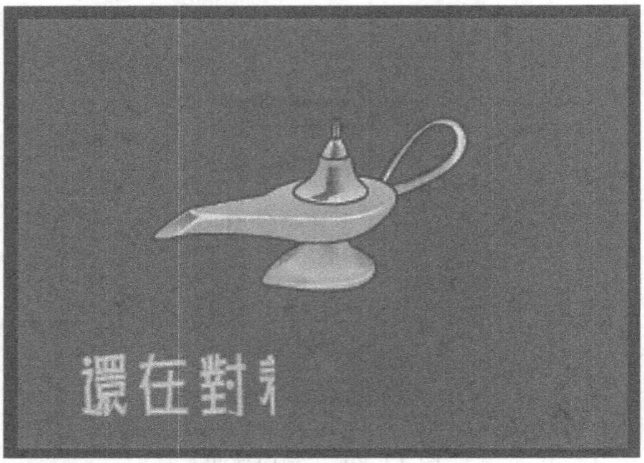

图 12.33　问句遮罩效果

(11)新建图层“问号”，键入一个巨大的问号，并对其制作 30 帧时长的从上往下显示
遮罩动画，其中间效果如图 12.34 所示。

图 12.34　问号遮罩效果

(12)在图层“神灯”的 90 帧和 105 帧插入关键帧，点选 105 帧后，将神灯元件缩小并
动到舞台的右下角，在 90 帧和 105 帧之间右击创建传统补间动画。打开绘图纸外观后，
画效果如图 12.35 所示。

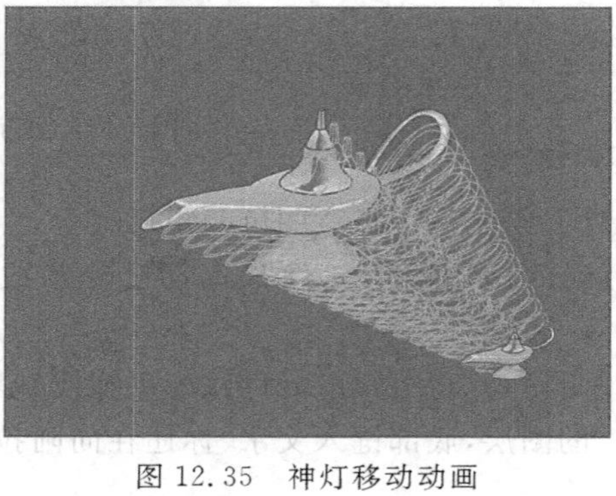

图 12.35　神灯移动动画

(13)在 115 帧到 139 帧之间制作一段烟雾从神灯嘴部冒出的逐帧动画,打开绘图纸外后,动画效果如图 12.36 所示。

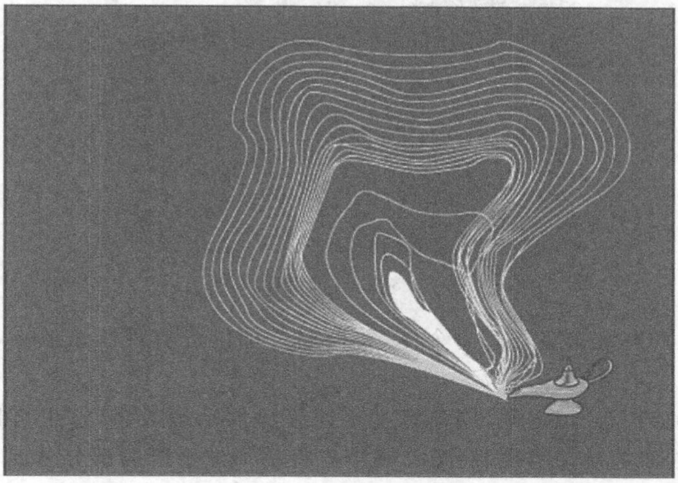

图 12.36 烟雾动画效果

(14)在 150 帧到 175 帧之间,创建烟雾逐渐消隐的动画,显示出烟雾背后的灯神。

(15)在 176 帧到 190 帧之间,创建文字“你 OUT 啦!”从屏幕中间不断放大的动画,放大效果如图 12.37 所示。

图 12.37 文字放大效果

(16)在 191 帧到 200 帧之间,创建灯神从右往左逐渐消隐的动画,保持文字持续显示。

(17)文字持续到 265 帧后,制作手持手机的灯神从屏幕右侧冲入,将文字从屏幕左侧挤的动画,动画持续到 274 帧,其中间效果如图 12.38 所示。

图 12.38　灯神冲挤文字

在这里，需要事先将文字分离为个体，并根据灯神位置实现压缩效果，体现撞击过程的变形。

(18)在 300 帧到 350 帧之间，创建灯神手摇手机的动画效果，这里可以有两个思路，是在主时间轴中创建关键帧直接制作；二是事先将手部加手机的部分分离，制作一个左右转的影片剪辑，再应用实例到主场景 1 当中，具体效果如图 12.39 所示。

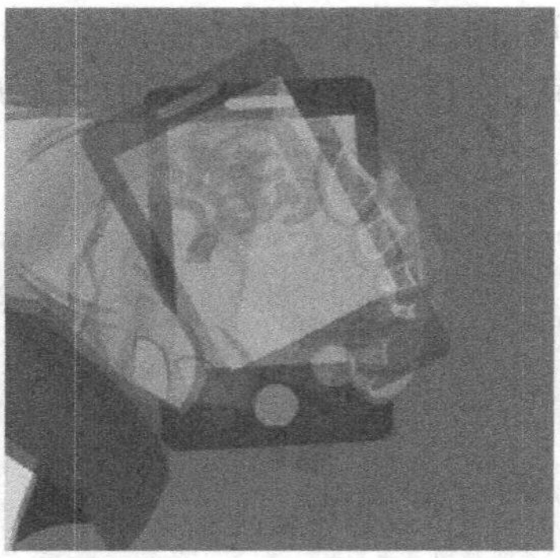

图 12.39　摇手机动画

(19)在 350 帧到 358 帧之间，创建元宝从屏幕顶端掉落，将灯神从屏幕底部砸出的画，这里如果不喜欢这种夸张的效果，也可以直接让元宝掉在灯神前面。具体效果如图 1 40 所示。

图 12.40　元宝砸落动画

(20)在 392 帧到 398 帧之间,创建元宝逐渐消隐的动画,398 帧到 405 帧直接创建
art 摇一摇有惊喜的宣传主页,效果如图 12.41 所示。

图 12.41 Smart 宣传主页

(21)在 500 帧到 517 帧之间,创建元宝逐渐消隐,双十一狂欢节万店同摇的主题宣传页
入的动画,效果如图 12.42 所示。

图 12.42 万店同摇

(22)在 600 帧插入帧使得万店同摇的主题宣传页持续显示 80 帧。

(23)按 Ctrl+Return 键,测试动画,观察结果,调试修改,直到满意为止,保存文件。

小结

本单元主要介绍了 Adobe Flash CC 中网页宣传广告的综合制作,学习了 Adobe Flash CC 中注册点、中心点等的相关知识,重点讲述了项目的设计分析、图形元件的绘制方法,并通过一个实际动画处理任务,学习了部分变形工具、任意变形工具、填充变形工具、渐变填充设置等工具的使用,最后完成了一个实际的动画制作任务。

习　题

一、填空题

1. 在 Flash 时间轴上选取连续的多帧或选取不连续的多帧时，分别需要按下________键和________键后，再使用鼠标进行选取。

2. 在 Flash 中，打开“缩放和旋转”对话框的快捷键是________，保存当前文件的快捷是________。

二、选择题

1. Flash 作品之所以在 Internet 上广为流传，是因为采用了________技术。

A. 矢量图形和流式播放　　B. 音乐、动画、声效

C. 多图层混合　　D. 多任务

2. 下列关于元件和元件库的叙述，不正确的是________。

A. Flash 中的元件有三种类型

B. 元件从元件库拖到工作区就成了实例，对实例可以进行复制、缩放等各种操作

C. 对实例的操作，元件库中的元件会同步变更

D. 对元件的修改，舞台上的实例会同步变更

三、判断题

1. Flash 中的图层可以被复制，图层中的帧也可以被复制。　　(

2. 缩放对象就是将选中的图形对象按比例放大或缩小，也可在水平方向及垂直方向别放大或缩小。　　(

四、简答题

补间动画有几种类型？各有什么特点？

五、操作题

请根据学习、生活实际，自行设计制作一个综合转动动画作品。

参考文献

[1] 李建芳. 多媒体技术与应用[M]. 北京：清华大学出版社，2016.
[2] 庞松鹤. Photoshop 平面设计与制作[M]. 北京：清华大学出版社，2016.
[3] 张振宇. 多媒体技术与应用[M]. 4 版. 北京：科学出版社，2015.
[4] 赵勤，张俊杰. Flash 动画与网页创意设计[M]. 南京：南京大学出版社，2017.
[5] 赵洛育. Premiere Pro CS6 影视编辑实例教程[M]. 北京：清华大学出版社，2014.
[6] 钟玉琢. 多媒体技术基础及应用[M]. 北京：清华大学出版社，2015.
[7] 李泽年，马克・S. 德鲁，刘江川. 多媒体技术教程[M]. 于俊清，胡海苗，韦世奎，等译. 北京：机械工业出版社，2019.
[8] 李建，山笑珂，周苑，等. 多媒体技术基础与应用教程[M]. 北京：机械工业出版社，2021.
[9] 龙飞. 剪映短视频剪辑从入门到精通[M]. 北京：化学工业出版社，2021.